高职高专立体化教材　计算机系列

网络互联及路由器技术
(第 2 版)

姜大庆　吴　强　主　编

杨明胜　副主编

清华大学出版社

北　京

内容简介

本书以思科 2811、3640 路由器和 Catalyst 3560、2960 交换机作为硬件平台，以思科 IOS(12.4 版本)作为软件平台，并辅以思科 SDM 路由器管理软件，从实际应用的角度介绍了网络互联中相关的路由、交换和远程接入技术。本书在内容的选取、组织和编排上强调先进性、技术性和实用性，淡化理论，突出实践，强调应用。全书共分为 10 章，主要内容包括网络互联基础、路由器基本知识、路由器的基本配置、静态路由的配置和 SDM、动态路由的配置、局域网交换技术、虚拟局域网、生成树协议、访问控制列表的配置、广域网接入技术。每章均配有复习自测题供学生课后复习巩固。使本书更具实用性和实效性。

本书由多年从事计算机网络技术教学工作并富有实际网络工程经验的多位教师编写而成，语言通俗易懂，内容丰富翔实。本书可作为高职高专计算机网络及相关专业的教材，也可作为网络应用技术培训及自学用书。对于从事网络设计、管理和维护的技术人员来说，本书也是一本很实用的技术参考书。

图书在版编目(CIP)数据

网络互联及路由器技术/姜大庆主编. —2 版. —北京：清华大学出版社，2014 (2025.1 重印)
(高职高专立体化教材　计算机系列)
ISBN 978-7-302-35597-7

Ⅰ. ①网… Ⅱ. ①姜… Ⅲ. ①互联网络—高等职业教育—教材 ②计算机网络—路由选择—高等职业教育—教材 Ⅳ. ①TP393.4 ②TN915.05

中国版本图书馆 CIP 数据核字(2014)第 043596 号

责任编辑：桑任松
封面设计：刘孝琼
责任校对：周剑云
责任印制：丛怀宇
出版发行：清华大学出版社
　　　网　　址：https://www.tup.com.cn, https://www.wqxuetang.com
　　　地　　址：北京清华大学学研大厦 A 座　　　邮　　编：100084
　　　社 总 机：010-83470000　　　　　　　　　邮　　购：010-62786544
　　　投稿与读者服务：010-62776969, c-service@tup.tsinghua.edu.cn
　　　质量反馈：010-62772015, zhiliang@tup.tsinghua.edu.cn
　　　课件下载：https://www.tup.com.cn, 010-62791865
印 装 者：三河市龙大印装有限公司
经　　销：全国新华书店
开　　本：185mm×260mm　　　印　　张：18.25　　　字　　数：438 千字
版　　次：2008 年 8 月第 1 版　　2014 年 5 月第 2 版　　印　　次：2025 年 1 月第 11 次印刷
定　　价：48.00 元

产品编号：054174-02

《高职高专立体化教材 计算机系列》丛书序

一、编写目的

关于立体化教材，国内、外有多种说法，有的叫"立体化教材"，有的叫"一体化教材"，有的叫"多元化教材"，其目的是一样的，就是要为学校提供一种教学资源的整体解决方案，最大限度地满足教学需要，满足教育市场需求，促进教学改革。我们这里所讲的立体化教材，其内容、形式、服务都是建立在当前技术水平和条件基础上的。

立体化教材是一个"一揽子"式的，包括主教材、教师参考书、学习指导书、试题库在内的完整体系。主教材讲究的是"精品"意识，既要具备指导性和示范性，也要具有一定的适用性，喜新不厌旧，内容愈编愈多，本子愈编愈厚的低水平重复建设在"立体化"的世界中将被扫地出门。和以往不同，"立体化教材"中的教师参考书可不是千人一面的，教师参考书不只是提供答案和注释，而是含有与主教材配套的大量参考资料，使得老师在教学中能做到"个性化教学"。学习指导书更像一本明晰的地图册，难点、重点、学习方法一目了然。试题库或习题集则要完成对教学效果进行测试与评价的任务。这些组成部分采用不同的编写方式，把教材的精华从各个角度呈现给师生，既有重复、强调，又有交叉和补充，相互配合，形成一个教学资源有机的整体。

除了内容上的扩充，立体化教材的最大突破还在于在表现形式上走出了"书本"这一平面媒介的局限，如果说音像制品让平面书本实现了第一次"突围"，那么电子和网络技术的大量运用就让躺在书桌上的教材真正"活"了起来。用 PowerPoint 开发的电子教案不仅大大减少了教师案头备课的时间，而且也让学生的课后复习更加有的放矢。电子图书通过数字化使得教材的内容得以无限扩张，使平面教材更能发挥其提纲挈领的作用。

CAI 课件把动画、仿真等技术引入了课堂，让课程的难点和重点一目了然，通过生动的表达方式达到深入浅出的目的。在科学指标体系控制之下的试题库既可以轻而易举地制作标准化试卷，也能让学生进行模拟实战的在线测试，提高了教学质量评价的客观性和及时性。网络课程更厉害，它使教学突破了空间和时间的限制，彻底发挥了立体化教材本身的潜力，轻轻敲击几下键盘，你就能在任何时候得到有关课程的全部信息。

最后还有资料库，它把教学资料以知识点为单位，通过文字、图形、图像、音频、视频、动画等各种形式，按科学的存储策略组织起来，大大方便了教师在备课、开发电子教案和网络课程时的教学工作。如此一来，教材就"活"了。学生和书本之间的关系不再像领导与被领导那样呆板，而是真正有了互动。教材不再只为老师们规定什么重要什么不重要，而是成为教师实现其教学理念的最佳拍档。在建设观念上，从提供和出版单一纸质教材转向提供和出版较完整的教学解决方案；在建设目标上，以最大限度满足教学要求为根本出发点；在建设方式上，不单纯以现有教材为核心，简单地配套电子音像出版物，而是以课程为核心，整合已有资源并聚拢新资源。

网络化、立体化教材的出版是我社下一阶段教材建设的重中之重，作为以计算机教材出版为龙头的清华大学出版社确立了"改变思想观念，调整工作模式，构建立体化教材体系，大幅度提高教材服务"的发展目标。并提出了首先以建设"高职高专计算机立体化教材"为重点的教材出版规划，希望通过邀请全国范围内的高职高专院校的优秀教师，在2008年共同策划、编写这一套高职高专立体化教材，利用网络等现代技术手段实现课程立体化教材的资源共享，解决国内教材建设工作中存在教材内容的更新滞后于学科发展的状况。把各种相互作用、相互联系的媒体和资源有机地整合，形成立体化教材，把教学资料以知识点为单位，通过文字、图形、图像、音频、视频、动画等各种形式，按科学的存储策略组织起来，为高职高专教学提供一整套解决方案。

二、教材特点

在编写思想上，以适应高职高专教学改革的需要为目标，以企业需求为导向，充分吸收国外经典教材及国内优秀教材的优点，结合中国高校计算机教育的教学现状，打造立体化精品教材。

在内容安排上，充分体现先进性、科学性和实用性，尽可能选取最新、最实用的技术，并依照学生接受知识的一般规律，通过设计详细的可实施的项目化案例(而不仅仅是功能性的小例子)，帮助学生掌握要求的知识点。

在教材形式上，利用网络等现代技术手段实现立体化的资源共享，为教材创建专门的网站，并提供题库、素材、CAI课件、案例分析，实现教师和学生在更大范围内的教与学互动，及时解决教学过程中遇到的问题。

本系列教材采用案例式的教学方法，以实际应用为主，理论够用为度。教程中每一个知识点的结构模式为"案例(任务)提出→案例关键点分析→具体操作步骤→相关知识(技术)介绍(理论总结、功能介绍、方法和技巧等)"。

该系列教材将提供全方位、立体化的服务。网上提供电子教案、文字或图片素材、源代码、在线题库、模拟试卷、习题答案、案例动画演示、专题拓展、教学指导方案等。

在为教学服务方面，主要是通过教学服务专用网站在网络上为教师和学生提供交流的场所，每个学科、每门课程，甚至每本教材都建立网络上的交流环境。可以为广大教师信息交流、学术讨论、专家咨询提供服务，也可以让教师发表对教材建设的意见，甚至通过网络授课。对学生来说，则在教学支撑平台上所提供的自主学习空间来实现学习、答疑、作业、讨论和测试，当然也可以对教材建设提出意见。这样，在编辑、作者、专家、教师、学生之间建立起一个以网络为纽带、以数据库为基础、以网站为门户的立体化教材建设与实践的体系，用快捷的信息反馈机制和优质的教学服务促进教学改革。

再 版 前 言

无论局域网还是广域网，都是由各种路由器和交换机互相连接而成的。对于从事网络规划、设计与管理的专业技术人员来说，必须掌握各种路由器和交换机的配置与管理技能。"网络互联及路由器技术"是计算机网络类专业的主干课程，通过这门课程，学生可系统地学习路由器和交换机的配置与管理。自 2008 年 9 月出版以来，《网络互联及路由器技术》被很多高职高专院校选为教材，受到了广大读者的欢迎，并提出了不少宝贵的意见和建议。为适应网络互联技术的发展，我们与网络互联设备等相关企业合作，对该书第 1 版进行了修订。

《网络互联及路由器技术》(第 2 版)的特色如下。

在编写思想上，以适应高职高专教学改革的需要为目标，以企业需求为导向，充分吸收国外经典教材及国内优秀教材的优点，结合中国高等职业院校计算机教育的教学现状，打造立体化精品教材。

在内容安排上，充分体现先进性、科学性和实用性，尽可能选取最新、最实用的技术，并依照学生接受知识的一般规律，通过设计详细并可实施的项目化案例(而不仅仅是功能性的实例)，帮助学生掌握要求的知识点。全书围绕与网络互联相关的路由、交换和远程接入三大技术体系来构建教材内容，书中每章都有知识点导读、学习目标、核心概念、本章小结、复习自测题等内容，第 3～10 章还附有本章实训，能够使读者很快掌握校园网、企业网的操作和管理技能。

在教材形式上，利用网络等现代技术手段实现立体化的资源共享，改变国内教材建设工作中存在教材内容的更新滞后于学科发展的状况。我们为教材提供题库、素材、CAI 课件和案例分析等教学资源，使教师和学生在更大范围内进行教与学互动，及时解决教学过程中遇到的问题。

本书由多年从事计算机网络技术教学工作并富有实际网络工程经验的教师编写而成。作者根据多年的教学经验和学生的认知规律精心组织教材内容，做到理论与实践相结合、深入浅出、循序渐进。书中的配置与实训均以当前最流行的思科 2811、3640 路由器和 Catalyst 3560、2960 交换机作为硬件平台，以思科 IOS(12.4 版本)作为软件平台，辅以思科 SDM 路由器管理软件，所有实训均在实际环境中检验通过。在实际教学过程中，可能需要对命令和配置进行适当修改，以适应各自学校的不同实验设备和环境。

全书共分 10 章，建议学时为 64 课时，其中讲授 32 课时，实训 32 学时。

第 1 章介绍网络互联的结构模型、网络互联设备和 IP 地址的子网规划技术。

第 2 章介绍路由器的基础知识、组成和工作原理。

第 3 章介绍路由器的基本配置和通过命令行配置路由器的方法。

第 4 章介绍配置思科路由器的静态路由和使用 SDM 配置思科路由器的方法。

第 5 章介绍距离向量路由协议和链路状态协议的原理以及在思科路由器上配置动态路由的方法。

第 6 章介绍局域网交换的基本原理、方式以及以太网交换机端口连接与配置技术。

第 7 章介绍虚拟局域网的基本知识、VLAN 中继协议、VLAN 识别以及 VLAN 间的路由选择等概念与操作。

第 8 章介绍冗余链路和生成树协议的原理和配置方法。

第 9 章介绍访问控制列表的概念以及各类访问控制列表的配置方法。

第 10 章介绍广域网接入的基本概念以及 HDLC、PPP、NAT、帧中继等广域网接入技术。

本书适用于具有一定计算机网络基础的读者，可作为高职高专计算机及相关专业的教材，也可作为网络应用技术的培训和自学用书，还可供网络管理和维护技术人员参考。

本书由南通农业职业技术学院的姜大庆、天津渤海职业技术学院的吴强担任主编，南通农业职业技术学院的杨明胜任副主编。本书的第 1、6、8 章由姜大庆编写；第 2～5 章由吴强编写；第 7、9、10 章由杨明胜编写。全书由姜大庆负责统稿。在本书编写过程中参考了大量的资料，天津渤海职业技术学院的殷旗和南通农业职业技术学院的邓荣、何淑娟等老师在本书编写过程中自始至终给予帮助与支持，并对本书的编写提出了宝贵意见，在此表示衷心感谢。

由于计算机网络技术发展迅速，加之作者水平有限，书中难免存在缺点和错误，恳请读者不吝指正。

编　者

目　录

目录

第 1 章　网络互联基础

目前世界上已经建立了无数的计算机网络，这些网络可能具有不同的物理结构，采用不同的网络通信协议或标准。网络互联就是运用各种网络硬件和软件技术，把大大小小的网络连接起来，实现各网络之间的互联互通。本章介绍网络互联的模型、设备、IP 地址的规划，以及可变长度子网掩码的应用。对于了解计算机网络技术基础知识的读者，本章可以快速浏览，然后通过复习自测题进行复习和巩固。如果是网络技术的初学者，就必须认真学习本章，以打下扎实的网络互联技术基础。

完成本章的学习，你将能够：

- 了解网络互联的结构模型；
- 了解各种网络互联设备的功能和特点；
- 了解 IP 地址的结构、分类以及子网掩码的概念；
- 根据实际应用背景进行 IP 地址的子网规划。

核心概念：OSI 参考模型、TCP/IP 协议、网络互联设备、IP 地址、网络掩码、VLSM、CIDR。

1.1　网络互联的结构模型

1.1.1　计算机网络的定义与分类

对计算机网络的定义没有统一的标准。在计算机网络发展的不同时期，人们对它有不同的定义。根据当前计算机网络的特点，我们可以将计算机网络定义为利用通信设备和传输线路，将分布在不同地理位置上、功能独立的多个计算机系统连接起来的计算机集合。计算机网络的主要目的是实现资源共享和信息传递。共享的资源包括文件、数据库、应用程序和打印机等。利用计算机网络可以实现高效、快捷的信息传递，例如电子邮件、网上聊天、网络视频会议等。

计算机网络根据所覆盖的地理范围，通常可以分为局域网、城域网、广域网和互联网。

(1) 局域网(Local Area Network，LAN)。局域网指在一个较小的地理范围内存在的网络，一般在同一建筑物、同一单位内分布，网络覆盖的直径通常在几公里以下。局域网常采用同轴电缆、双绞线、光纤等传输介质或无线 IP 技术，其传输速率很高。基于双绞线的局域网的数据传输速率为 10/100/1000Mbps，基于光纤的局域网数据传输速率可以达到100/1000/10000Mbps，无线局域网的数据传输速率常见的有 11Mbps、54Mbps 和 108Mbps三种。早期使用同轴电缆组建的局域网由于数据传输速率等方面的原因，现在已经很少使用。

目前经常采用的局域网技术有以下几种：以太网(Ethernet)技术、令牌环(Token Ring)技术、光纤分布数据接口(Fiber Distribute Data Interface，FDDI)技术等。

(2) 城域网(Metropolitan Area Network，MAN)。城域网指分布在一个城市里的网络，

其覆盖范围通常为几公里到几十公里。一个城域网可以将散布在城市不同位置的局域网通过专用通信线路连接起来，如连接政府机构、医院、公司的局域网等，这样就可以在这些处于不同地理位置的局域网中的计算机之间实现数据通信。由于城域网中应用了光纤和其他通信技术，所以城域网的数据传输速率越来越高。

城域网采用的标准是分布式队列双总线(Distributed Queue Dual Bus，DQDB)，它现在已经成为国际标准，编号为 IEEE 802.6。

(3) 广域网(Wide Area Network，WAN)。广域网一般是指在不同城市之间的 LAN 或 MAN 网络互联，它所覆盖的地理范围可从几百公里到几千公里，可以是几个城市，也可以是一个国家，甚至是一个大洲或全球范围，如中国公用计算机网(CHINANET)、中国教育与科研计算机网(CERNET)等。因为距离较远，所以一般要向电信服务商租用通信线路来实现网络的构建。广域网所采用的技术与局域网的技术有很大的差别，其数据传输速率也低得多。

(4) 互联网。互联网指由多个网络相互连接构成的网络集合，如局域网和广域网的连接、两个局域网的相互连接或多个局域网通过广域网的连接。目前世界上最大的互联网就是因特网(Internet)。

1.1.2 计算机网络体系结构

计算机网络是一个复杂的系统，相互通信的两个计算机系统必须遵守相同的约定或规则，称为网络协议。目前有各种不同的网络协议，常见的有 TCP/IP 协议、IPX/SPX 协议、NetBEUI 协议等。为了减小协议设计的复杂性，同时也为了清晰地描述网络协议和便于以后扩展，通常把计算机网络按照一定的功能与逻辑关系划分为一种层次结构，网络协议也分层进行描述。这种层次结构对用户来说是"透明"的，他们不必关心网络是如何工作的，就如同用户上网并不需要知道网页是如何生成的一样。计算机网络体系结构就是这种层次结构与协议的集合。

1．OSI 参考模型

为了描述计算机网络体系结构，国际标准化组织(ISO)于 1984 年发布了开放系统互联(OSI)参考模型，它将整个网络划分为七层，如图 1-1 所示。

图 1-1 OSI 参考模型

(1) 物理层。它是整个 OSI 参考模型的最低层，这一层负责在通信信道上传送原始比特流。物理层主要用于保证发送方发送的是比特 1，接收方收到的也必须是比特 1 而不是比特 0。该层建立在物理介质上，它定义的是各种机械和电气的接口，主要包括电缆、端口和附属设备，双绞线、网卡、RJ-45 接口、串口和并口等都工作于该层。

(2) 数据链路层。该层的主要任务是加强物理层的比特传输功能，为网络层提供一条无差错的数据传输线路。它使用物理地址(Media Access Control，MAC)进行寻址，以帧为单位传输数据，在数据帧中包含地址、数据及各种控制信息，确保数据可以安全地到达目的地。具体来说，该层的功能包括建立与释放数据链路连接、封装数据帧、定界、同步，以及差错检测和流量控制等方面。

(3) 网络层。该层要解决网络间而不是同一网段内部的通信问题，因此它主要适用于两个计算机系统处于由不同的路由器分割网段的情况。它的主要功能是确定一个数据包(Packet)从源端到目的端如何选择最佳路由，同时还要解决网络阻塞问题，防止出现网络传输瓶颈。

(4) 传输层。该层解决的是数据在网络之间的传输质量问题，用于提高网络层服务质量，提供可靠的端到端数据传输。它从会话层接收数据，必要时把这些数据分割成适合在网络层传输的大小后传送给网络层，再由网络层将数据传送到指定地点。传输层的数据传输单位是段(Segment)。

(5) 会话层。该层用于建立、管理和终止两个通信主机之间的会话。会话可能是一个用户通过网络登录到一台主机，或一个正在建立的用于传输文件的会话。会话层的功能主要有会话连接到传输连接的映射、数据传送、会话连接的恢复和释放等。

(6) 表示层。该层负责管理数据编码方式。如果通信双方使用不同的数据表示方法(如表示文本文件的 ASCII 和 EBCDIC 编码)，两者就不能互相理解。表示层就是用于屏蔽这种差异。表示层的功能主要有数据语法转换、语法表示、数据加密和数据压缩等。

(7) 应用层。该层是 OSI 参考模型的最高层，它为用户的应用程序提供网络服务。该层包含用户应用程序执行通信任务所需要的协议和功能，如电子邮件和文件传输等。

在 OSI 参考模型中，各层功能相互独立又相互依赖：各层完成各自的功能，上层无须了解下层的工作方式，一层的变化不会影响另一层的功能；下层为上层服务，上层依赖下层完成其功能。

OSI 参考模型仅仅是一个纯理论分析模型，它本身并不是具体协议的真实分层，因此尽管 ISO 制定 OSI 七层结构的目的是让以后的网络协议遵照该模型来制定，但没有任何一个具体的协议栈具有完整的 7 个功能。

2. TCP/IP 参考模型

TCP/IP 参考模型是由美国国防部(US DOD)开发的一种网络体系结构模型，目前已经发展为一个包含有上千个协议的分层模型，而且已经成为 Internet 上广泛使用的"事实上的标准"。

TCP/IP 参考模型包括 4 个功能层：应用层、传输层、网际层和网络接口层。它与 OSI 七层模型的对照如图 1-2 所示。

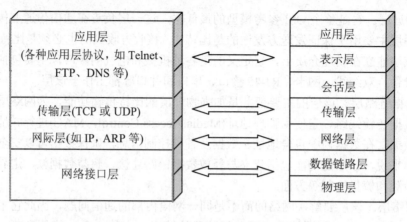

图 1-2　TCP/IP 参考模型与 OSI 参考模型的对照

(1) 应用层。该层涵盖了 OSI 参考模型中最高的三层(应用层、表示层和会话层)的功能，负责处理高层协议和相关表示、编码及会话控制等问题。应用层协议主要有 HTTP、FTP、Telnet、SMTP、DNS 等。

(2) 传输层。该层对应于 OSI 参考模型的传输层。它可以提供源主机到目的主机之间端到端的传输服务，主要包括两个协议：传输控制协议(TCP)和用户数据报协议(UDP)。前者是一种面向连接的传输协议，通信双方在进行数据传输之前要进行一个握手过程，在两者之间建立一个逻辑连接，然后再开始正式的数据传输过程，这样可以确保通信过程的可靠性；后者是一个无连接协议，在进行数据传输之前没有握手过程，发送方直接向接收方发送一个分组，至于这个分组能否被接收方正确接收，只能靠应用层的协议进行控制。

(3) 网际层。该层对应于 OSI 参考模型的网络层，负责数据报文的路由。该层的主要协议包括网际协议(IP)、地址解析协议(ARP)、逆向地址解析协议(RARP)、Internet 控制信息协议(ICMP)等。

(4) 网络接口层。该层对应于 OSI 参考模型的最低两层(数据链路层和物理层)，负责在进行数据分组传送时，建立与网络介质的物理连接。

目前的 TCP/IP 的标准版本是 IPv4。1992 年，由 Internet 工程任务组(IETF)牵头制定了下一代的互联网标准，即 IPv6。现在 IPv6 标准已经开始在 Internet 骨干线路上进行部署，但 IPv4 还不会很快淡出市场，两者会在很长的一段时间内共同存在。

1.1.3　网络互联的结构

通过前面的介绍，我们已经了解了局域网络的建立方法。目前世界上已经建立了无数的局域网络，每个网络所包含的信息也多种多样，在现实中如果需要将这些信息与其他网络进行共享，就会遇到一个新的问题，即如何在网络之间进行通信。这种通信与局域网内部的通信不同，因为局域网内部的通信使用共享的通信介质，所以不存在网络硬件技术的一致性问题，也不存在通信路径的选择问题。由于这些网络可能具有不同的物理结构、协议，也可能采用不同的标准，如果处在不同网络的用户需要进行通信，就需要将这些不兼容的网络通过某种设备连接起来，由这些设备完成相应的协议和标准的转换功能，从而隐藏所有低层网络硬件的细节。另一方面，不同网络之间的通信，中间可能要跨越许多通信链路及网络，所以还存在一个路径选择的问题。因此，局域网中运行的协议与网络之间通信所运行的协议是不同的。

将多个网络连接在一起的技术称为网络互联(Internetworking)。将两个网络连接在一起并保证在两个网络中的主机能够进行相互通信的设备称为互联网网关(Gateway)或互联网路由器(Router)。如图 1-3 所示为使用两个路由器互联的三个网络。

图 1-3　使用两个路由器互联的三个网络

在图 1-3 中，路由器 RTA 直接连接到网络 1 和网络 2 上，并间接连接到网络 3 上，它必须把网络 1 中所有目的地是网络 2 或网络 3 的分组都转发到网络 2 中；同样，RTB 也必须把网络 3 中所有目的地是网络 1 或网络 2 的分组都转发到网络 2 中。这就要求在包含许多网络和路由器的实际互联网中，每个路由器都需要知道它们所连接的网络以外的互联网拓扑结构。实际上，TCP/IP 互联网所使用的路由器通常是微型计算机，它们通常只有很小的磁盘存储器和有限的内存。在转发数据包时，路由器使用的是目的网络，而不是目的主机，这样路由器所要保存的信息数量就与互联网中网络的数量(而不是主机的数量)成正比。

图 1-4 展示了一个典型的企业互联网络。公司的总部最初只建立了几个小型的部门内局域网。随着部门内局域网用户的增多，又增加了集线器和交换机，将局域网分成了数个网段。

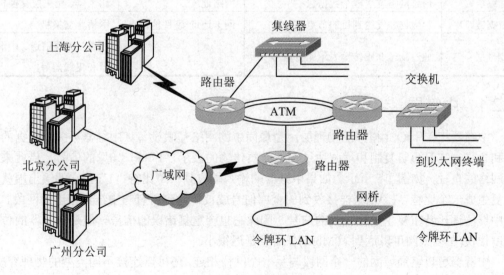

图 1-4　企业互联网络

发展到后来，有必要将这些小型局域网连接在一起。于是就将各个部门的局域网连接到了路由器上，再使用 ATM(异步传送模式)将这些路由器连接起来。随着公司规模的扩大，公司的分支机构也需要连接到互联网络。这时，就需要通过广域网使用路由器将这些分支机构连接起来。

由此可知，整个 Internet 是由无数路由器和网络组成的。从用户的角度看 TCP/IP 互联网，每台计算机都被连接到了一个大型网络中。利用特定的硬件、软件和网络协议，位于世界上任何地方的两台主机都可以进行可靠的通信。即使这些主机之间没有直接地连接，也可以通过网络间的通信接力来实现数据分组在网络上的传输。由于路由器在互联网通信中起着关键的作用，所以在后面的章节中会详细讨论路由器的工作原理及其配置方法。

1.2 网络互联设备

用于网络互联的设备有很多种，主要包括中继器、集线器、网桥、交换机、路由器和网关等。这些设备分别工作于 OSI 模型的各层，其对应关系如表 1-1 所示。

表 1-1 网络互联设备与 OSI 模型各层的对应关系

OSI 层名称	该层功能	地址类型	网络互联设备
应用层	为用户提供操作功能	—	网关(协议转换器)
表示层	提供字符表示、数据压缩和安全性等功能	—	网关(协议转换器)
会话层	建立、管理和结束会话	—	网关(协议转换器)
传输层	在应用程序进程之间传输消息	应用程序进程地址(端口)	网关(协议转换器)
网络层	通过网络发送单个数据包	网络地址	路由器、第三层交换机
数据链路层	将数据帧发送到目的节点	网卡地址(硬件地址)	网桥、交换机
物理层	通过物理介质传输表示比特信号	—	线缆、无线信道、中继器和集线器等

1.2.1 中继器

中继器工作于 OSI 模型的物理层，是最简单的网络互联设备。中继器不关心数据的格式和含义，它只负责复制和增强通过物理介质传输的表示"1"和"0"的信号，借此来延长网络的直径，如图 1-5 所示。如果中继器的输入端收到一个比特"1"，它的输出端就会重复生成一个比特"1"，这样接收到的全部信号就被传输到所有与中继器相连的网段。由于中继器逐比特重复生成接收到的信号，因此它也会重复错误的信号。但是中继器的传输速度很快(在以太网可以达到10Mbps)，而且延迟很小。

中继器可以将局域网的一个网段与另一个网段相连，还可以连接不同类型的物理介质。例如，中继器可以将以太网细缆和非屏蔽双绞线连接在一起。但是由于中继器只是一种信号放大设备，它不能连接两种不同介质的访问类型(数据链路层协议)，例如令牌环网和以太网。另外，中继器只是物理层设备，它不能识别数据帧的格式和内容，也不能将一种数据链路报头转换成其他类型。

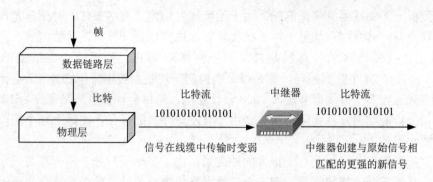

图 1-5　中继器的工作原理

作为以太局域网的网络互联设备，中继器只适用于较小地理范围内相对较小的局域网(少于 100 个节点)。由于中继器不能隔断局域网网段间的通信，所以不能用它连接负载很大的局域网。中继器会逐比特地将数据复制到所有相连的网段，所有的数据都能双向通过中继器，如果用中继器连接多个局域网网段，由于中继器不能过滤任何数据，所以可能会遇到性能方面的问题。在以太网中有一个"543"标准，它的具体含义就是每个以太网最多可以分成 5 个网段，最多使用 4 个中继器，而且其中只有 3 个网段可以连接计算机。

1.2.2　集线器

集线器也称为 Hub，它是一种特殊的中继器。使用集线器构成的网络呈现星形拓扑结构，集线器作为网络传输介质间的中央节点，克服了介质单一通道的缺陷。以集线器为中心的优点是当网络系统中某条线路或某个节点出现故障时，不会影响网络其他节点的正常工作。

集线器按总线带宽的不同可分为 10Mbps、100Mbps 和 10/100Mbps 等类型；按照工作方式的不同可分为智能型和非智能型；按照体系结构的不同可分为固定式、模块式、可堆叠式等类型；按照一个集线器所包含的端口数目的不同可分为 4 口、8 口、12 口、16 口、24 口等类型。

集线器也工作于物理层，其主要功能是信号转发，它把从一个端口接收的信号复制、放大后向所有直接连接的端口分发。正因为如此，如果有一台计算机发送信号，其他端口上的所有计算机(甚至连接在其他集线器上的计算机)都能够同时接收到信号，如图 1-6 所示。当一台计算机发送信号时，其他计算机不能同时发送信号，否则就会发生冲突。所以用集线器连接的网络处于同一个冲突域(Collision Domain)中，即集线器不能隔离冲突域。

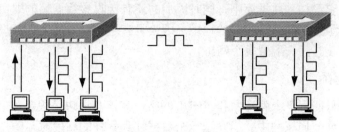

图 1-6　集线器工作原理

下面分析一下集线器的带宽问题。由于用集线器构建的网络在任一时刻只允许一个端口发送广播数据，其余端口均处于被动接收状态，这样每台计算机发送数据的机会是均等的，所以用集线器连接的计算机是共享同一网络带宽的。假设一个集线器的带宽为100Mbps，它共有 24 个数据端口，那么每个端口的平均数据传输带宽约为 4.2Mbps；如果采用级联方式连接多个集线器并接入 1000 台计算机，则每台计算机的带宽仅为 100kbps。这还是理论分析的结果，在实际应用中，由于有发送冲突的存在，实际上每个端口获得的平均带宽要小得多。

通过集线器连接的网络是一个很大的冲突域，由于多个用户处于同一冲突域中，因此网络性能会逐渐下降。换句话说，在一个广播网络中由设备共享的带宽就会变得不够用。在这种情况下，通常使用以太网交换机来提高性能。

1.2.3 网桥

网桥(Bridge)也称为桥接器，它是连接两个局域网的存储转发设备。网桥可以连接相同或相似体系结构的网络系统，这样不但解决了各种物理传输协议(以太网、令牌环网等)标准所规定的线缆最大长度和最大节点数等问题，扩展了网络的直径或范围，还可以提高网络可靠性和安全性。

网桥工作在数据链路层。它监听在连接的每个网段上传输的数据，并将每个数据帧的目的网卡地址(MAC 地址)和自身软件维护的地址表进行比较。当一个数据帧的目的网卡地址和它的发送网卡地址在同一网段时，网桥就会将该数据帧丢弃。否则，网桥会将该帧转发到与目的网段相连的端口。由于只转发目的地址在其他网段的数据帧，所以网桥增加了整个网络的有效吞吐率。

网桥按照其软件创建网桥表的方法或算法来分类，可分为透明网桥和源路由网桥两种。

1. 透明网桥

透明网桥通常用于连接以太网，也可用于令牌环网和 FDDI 网络。之所以称为"透明"网桥，是因为自源站点向目的站点传输数据帧如同它们处于同一个物理网段一样。透明网桥具有三个重要特性：过滤、转发和学习。它将每个数据帧的目的地址和自身的地址数据库(MAC 地址与端口的映射表)进行比较，如果目的地址和源地址处于同一网段，网桥就不转发此数据帧；如果目的地址和源地址处于不同网段，网桥就会查出哪个端口与目的地址相关，并将该帧转发到相应端口；如果目的地址不在地址数据库中，网桥将该帧发往所有与之相连的端口，以保证该帧在下一步可以被正确地送往目的地；如果源地址不在数据库中，网桥就会将它添加到数据库中，同时添加的还有接收该数据帧的端口号，通过这种方式，网桥学习并了解了网络中设备的地址。因为具有这种学习能力，新设备就可以添加到网络中而不必再花时间去配置每个网桥。

2. 源路由网桥

源路由网桥只能用于令牌环网和 FDDI 网络，其核心思想是假定每个帧的发送者都知道接收者是否在同一局域网中。当发送一个数据帧到另外的网段时，源主机将目的地址的高位设置为 1 作为标记，同时在帧头加写此帧应走的实际路径。源路由网桥只关心那些目的地址高位为 1 的帧，当见到这样的帧时，它就会扫描帧头中的路由，寻找发出此帧的局域网编号。如果发来此帧的局域网编号后跟的不是本网桥，则不转发此帧。源路由选择的前提是互联网中的每台计算机都知道所有到达其他计算机的最佳路径。如何得到这些路由是源路由选择算法的重要部分。获取路由算法的基本思想是如果不知道目的地址，源主机就发布一个广播帧，询问它在哪里。然后每个网桥都转发该查找帧，这样该帧就可到达互联网中的每一个局域网。当答复返回时，途经的网桥将它们自己的标识记录在答复帧中。这样，广播帧的发送者就可以得到确切的路由，并可从中选取最佳路由。

1.2.4　交换机

交换机是另一种组建星形结构网络的互联设备。它有着与集线器相似的外形，但其内部结构和工作原理却与集线器截然不同。

交换机又称为多端口网桥，它一般工作于数据链路层，具有过滤、转发和学习等传统网桥的基本功能。交换机包含许多高速端口，这些端口在其所连接的局域网网段或单台设备之间转发数据帧。与传统网桥相比，交换机具有更高的数据传输速率和网络分段能力。同时由于交换技术的发展速度较快，"三层交换"、"线序自动识别"等新技术不断被引入到交换机中，使交换机的功能有了很大的提高。交换机价格也越来越低廉，并且还增加了支持 VLAN(虚拟局域网)和 VPN(虚拟专用网)、网管、流量控制等新功能。因此在如今的计算机网络组建中，人们很少使用集线器设备，大部分采用的都是交换机。

交换机的种类有很多，常见的有以下几种。

(1) 根据传输协议标准划分，可分为以太网交换机、快速以太网交换机、ATM 交换机、FDDI 交换机和令牌环交换机等。

(2) 根据交换机的应用层次划分，可分为企业级交换机、部门级交换机和工作组交换机等。

(3) 根据交换机端口结构划分，可分为固定端口交换机和模块化交换机。

(4) 根据交换机工作的协议层划分，可分为第二层交换机、第三层交换机和第四层交换机。

(5) 根据是否支持网管功能划分，可分为网管型交换机和非网管型交换机。

如果把集线器看作一条内置的以太网总线，交换机就可以看作由多条总线构成交换矩阵的互联系统。交换机内部有一条带宽很高的背板总线、存储器、内部交换矩阵电路和其他控制结构。交换机的所有端口都连接在背板总线上，它为每个端口的连接提供全部局域网介质带宽。当控制电路检测到有数据包到达后，交换机的控制结构会查找存储器中的 MAC 地址和端口映射表，以确定目的 MAC 连接在交换机的哪个端口，然后通过内部交换矩阵直接将两个端口连接起来，数据包就可以被全速地传送到目的端口。

交换机可以同时在多对端口之间交换帧。如图 1-7 所示，当节点 A 向节点 C 发送一帧数据时，交换机在端口 1 和端口 3 之间传输数据，以 100Mbps 的速率在端口 1 和端口 3 之间建立临时的内部连接；而此时，端口 2 和端口 4 仍然处于空闲，它们之间也能以 100Mbps 的速率来发送帧。交换机能够同时交换这两帧数据，而不会产生冲突，即它们不在同一冲突域。这一点和集线器有很大的不同，交换机所连接的计算机可以独占网络的带宽。也就是说，交换机可以隔离冲突域，它的每个端口都是一个小的冲突域。

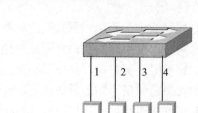

端 口	MAC 地址
1	A
2	B
3	C
4	D

图 1-7　交换机的工作原理

现在来分析一下交换机的数据传输带宽。假如一个 100Mbps 的交换机有 24 个端口，每个端口均可工作在全双工模式下，那么每个端口在进行数据交换时都是独占带宽，也就是理论上每个端口的工作带宽都是 100Mbps，但由于数据传输时冲突的存在，实际的工作带宽会小于这个值。

再进一步分析，由于每个端口的理论带宽都是 100Mbps，而且每个端口都工作在全双工模式下，那么每个端口的实际工作带宽为 200Mbps，24 个端口同时工作的总带宽就是 100Mbps×2×24=4800Mbps，这个值是交换机背板交换的最大带宽。从这里可以看出来，交换机的传输效率要远远高于集线器。这也是交换机成为集线器的替代产品的重要原因之一。

交换机虽然不像集线器那样采用广播方式来传输数据，而是点对点交换，但当交换机发现陌生的目的 MAC 地址时也会广播到所有的端口。例如，当交换机收到目的 MAC 地址为 0xFFFFFFFFFFFF(广播地址)的数据帧时，它会把该数据帧从所有的端口转发出去，也就是说交换机不能隔离广播域。在以太网中，经常会有目的 MAC 地址为 0xFFFFFFFFFFFF 的数据存在，ARP 就是一个例子。因此，如果图 1-7 所示的拓扑结构是用交换机来构成大型网络，则在网络中只要有一台计算机发送广播包，其他计算机就必须接收。如果网络中的计算机数量较多，网络中就会充斥着大量的广播包，从而影响正常的数据帧传输和整个网络的传输效率。因此，大型网络仅仅采用普通交换机来构建也是不适宜的。

1.2.5　路由器

普通的交换机不能隔离广播，但是工作在网络层的路由器却可以控制广播流量。如图 1-8 所示是由路由器构成的网络示意图。路由器的一个重要功能就是可以隔离广播(当然也就隔离了冲突域)。当一个数据帧未携带可路由的第三层数据时，路由器会丢失这个数据帧。这样，广播流量就会局限在本地网络中而不会扩散到另一个网络，从而保障了连接在路由器各端口的远程网络的带宽。这对于因特网来说是至关重要的，如果你的计算机发送的广播包会到达美国的网络，因特网早就瘫痪了。

路由器的一个更重要的功能就是"路由"。所谓路由，就是指把需要传送的数据从一个网络通过合理的传输路径传送到指定的另一个网络。路由器的主要工作就是为经过路由器的每个数据包寻找一条最佳传输路径，并将该数据有效地传送到一个网络或其他路由器，并且在数据传输过程中对来自网络的数据流量及拥塞情况进行控制。由于路由器根据网络地址来工作，所以路由器是 OSI 中的第三层设备，即网络层互联设备。

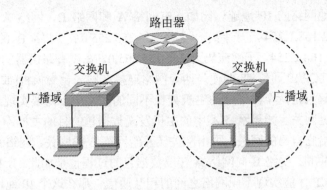

图 1-8　路由器构成的网络

路由器依靠所建立及维护的路由表(Routing Table)来进行数据转发。路由表与网络和交换机的 MAC 地址表类似，它保存着互联网络中各个子网的标识信息、路由器的数量和下一个路由器的地址等内容。为了确定路径，路由器会检查网络地址部分以确定目的主机所在的逻辑网络，然后在本身的路由表中定位对应的数据包应发送的路由端口。路由表可以由系统管理员进行设置、由系统动态修改、由路由器自动调整，也可以由主机控制。这里涉及两个重要的路由表：静态路由表和动态路由表。由系统管理员预先设置好的路由表称为静态路由表，它一般是在系统安装时根据网络的配置情况预先设定的，不会随未来网络结构的改变而改变。动态路由表是路由器根据网络系统的运行情况而自动调整的路由表。路由器根据路由选择协议提供的功能，自动学习和记忆网络运行情况，在需要时自动计算数据传输的最佳路径。有关路由器的工作原理及各种路由算法，在本书的后续章节中有更详细的介绍。

1.2.6　网关

"网关"一词在计算机网络中有两种含义。当讨论通用网络设计时，网关也被称为"协议转换器"，这类网关在两种不同类型的协议结构中转换数据，通常用于 OSI 第 3 层和更高层。但是，网络专业人员也把"网关"看作用来连接专用网络和公共网络(通常是 Internet)的路由器或路由器的地址。

我们首先讨论网关的第一种含义：信息流过使用不同协议的网络时翻译数据的设备。如前所述，网桥和路由器可以用在通信体系结构不同的网络。然而，它们不能连接使用不同网络体系结构的节点。例如，TCP/IP 可以和其他 TCP/IP 节点通信，即便一个节点在以太网上，而另一个节点在令牌环网上也是如此。但 TCP/IP 节点不能和 DNA 节点通信。网关(或称协议转换器)将网络传输格式从一种网络体系结构转换成另一种体系结构。如图 1-9所示的连接 TCP/IP 网络和 SNA 网络的节点就是网关应用的一个例子。协议转换器必须运行在数据链路层上的所有协议层，并且要对这些连接终端的协议层上的进程透明。

协议转换是一个软件密集型过程，必须考虑两个协议栈之间特定的异同点。因此，有多少种通信体系结构和应用层协议的组合，就有多少种网关。

下面再来讨论网关的另一种含义。众所周知，从一个房间走到另一个房间，必然要经过一道门。同样，从一个网络向另一个网络发送信息，也必须经过一道"关口"，这就是网关(Gateway)。网关就是一个网络连接到另一个网络的入口地址，在 TCP/IP 网络中就是一个网络通向其他网络的 IP 地址。比如，有网络 A 和网络 B，网络 A 的 IP 地址范围为 192.168.1.1～192.168.1.254，子网掩码为 255.255.255.0；网络 B 的 IP 地址范围为 192.168.2.1～192.168.2.254，子网掩码为 255.255.255.0。在没有路由器的情况下，两个网络之间是不能进行 TCP/IP 通信的，即便是两个网络连接在同一台交换机(或集线器)上，TCP/IP 也会根据子网掩码判定两个网络中的主机处在不同的网络中。而要实现这两个网络之间的通信，则必须通过网关。如果网络 A 中的主机发现数据包的目的主机不在本地网络中，就会把数据包转发给它自己的网关，再由网关转发给网络 B 的网关，网络 B 的网关再转发给网络 B 中的某个主机。网络 B 向网络 A 转发数据包的过程也是如此。所以只有设置好网关的 IP 地址，TCP/IP 才能实现不同网络之间的相互通信。那么这个 IP 地址是哪台主机的 IP 地址呢？网关的 IP 地址是具有路由功能的设备的 IP 地址，具有路由功能的设备有路由器、启用了路由协议的服务器(相当于一台路由器)，以及代理服务器(也相当于一台路由器)等。

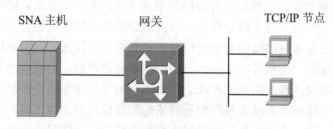

SNA 主机　　　　　　网关　　　　　　TCP/IP 节点

图 1-9　网关的应用

1.3　IP 地址与子网规划

1.3.1　IP 地址

在计算机网络中，常用地址来标识系统中的某个对象，如主机、路由器等。每台计算机的网卡都有自己的 MAC 地址，它不可以被修改，并且全世界所有网卡的 MAC 地址都是唯一的。无论什么网络环境，都要使用这种物理地址，因为它对应于网卡的接口，只有找到它才算到达了目的地。但是，仅仅用网卡 MAC 地址无法在规模庞大的互联网中标识计算机，因为网卡 MAC 地址是没有规律的，其中并不包含位置信息，编号相邻的两个网卡，一个可能在中国，另一个可能在美国。如果互联网中通过 MAC 地址寻找目的主机，势必要逐一对比网卡的 MAC 地址，面对如此庞大的主机数量，这几乎是一项无法完成的任务。因此，为了在互联网中方便地定位主机，必须采用统一编址方案的结构化(又称层次型)地址。

IP 地址是 TCP/IP 协议的网络层地址。它是一种层次型地址，是为了方便寻址而人为划分的地址格式，因此 IP 地址也被称为逻辑地址。因特网上的每个主机和路由器都有一个 IP 地址，它在计算机连接的网络范围内是唯一的。使用 IP 地址可以跨越任意数量的网络从世界上任何位置寻找到目的计算机。网关或路由器根据 IP 地址将数据帧传送到其目的地。直到数据帧到达本地网络，物理地址才发挥作用。

1．IP 地址的结构

如同电话号码是由区号和市内号码组成的一样，IP 地址也由网络号和主机号两部分组成，其结构如图 1-10 所示。其中，网络号表示互联网络中的某个网络，而同一网络中有许多主机，就用主机号来区分。目前，因特网使用 IPv4 作为 IP 地址的分配方案。在此方案中，IP 地址由 32 位二进制数组成，为了方便表达，人们常用点分十进制法，即把 32 位 IP 地址分成 4 个字节，字节之间用点分开，然后将每个字节单独转换为十进制数。如图 1-10 所示的 IP 地址可记为 192.168.25.109，这样的 IP 地址就更容易记忆。

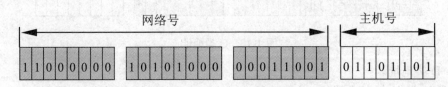

图 1-10　IP 地址的结构

2．IP 地址的分类

IP 地址按网络规模大小分为 A 类、B 类、C 类、D 类和 E 类五类。

(1) A 类地址。

A 类地址主要用于超大型网络，它规定用前 8 位表示网络号，后 24 位表示主机号，其结构如图 1-11 所示。A 类地址的最高位为 0，其地址范围为 1.0.0.1～127.255.255.254(网络号和主机号全为 0 或全为 1 的地址因特殊需要而被保留)。因此，全世界的 A 类网络数量为 $2^7-1=127$ 个，但由于网络号 127 被预留而无法分配给网络和主机，所以实际的网络号范围为 1～126，每个 A 类网络中可以容纳的主机数量为 $2^{24}-2=16777214$ 个。

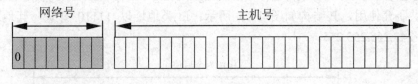

图 1-11　A 类地址

(2) B 类地址。

B 类地址主要用于中等规模的计算机网络，其结构如图 1-12 所示。它规定用前 16 位表示网络号，后 16 位表示主机号。B 类地址最高两位为 10，其地址范围是 128.0.0.1～191.255.255.254。不难看出，全世界的 B 类网络数量为 $2^{14}=16384$，每个 B 类网络中可以容纳的主机数量为 $2^{16}-2=65534$ 个。

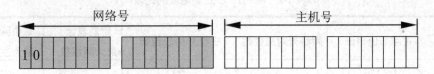

图 1-12　B 类地址

（3）C 类地址。

C 类地址是普通用户最常使用的地址，它主要用于一些规模相对较小的网络，其结构如图 1-13 所示。它规定用前 24 位表示网络号，后 8 位表示主机号。C 类地址的前 3 位为 110，其地址范围是 192.0.0.1～223.255.255.254。全世界的 C 类网络数量为 2^{21}=2097152 个，每个 C 类网络中可以容纳的主机数量为 2^8-2=254 个。

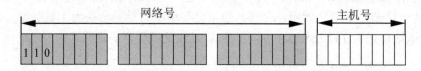

图 1-13　C 类地址

（4）D 类地址。

D 类地址的结构如图 1-14 所示，它以 1110 开始，地址范围是 224.0.0.0～239.255.255.255。与前面的 A、B、C 三类地址不同，D 类地址专门用作组播地址，不能分配给单独主机使用，而被定义用来转发目的地址预定义的一组 IP 地址数据包。组播是指一台主机可以同时将一些数据包转发给多个接收者，它需要特殊的路由配置。

图 1-14　D 类地址

（5）E 类地址。

E 类地址是 Internet 工程任务组(Internet Engineering Task Force，IETF)规定保留的地址，专门用来供研究使用，其结构如图 1-15 所示。E 类地址以 11110 开头，其地址范围是 240.0.0.0～247.255.255.255。

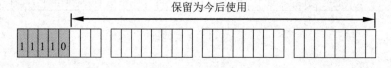

图 1-15　E 类地址

在上述地址类中，A、B、C 三类地址用于常规 IP 寻址，是今后学习和应用的重点。表 1-2 对 A、B、C 三类地址进行了总结，以方便读者进行比较。

表 1-2　A、B、C 三类地址的比较

地址类别	首字节值范围	网络号对应位数	主机号对应位数	所能表示最大网络数	每个网络的最大主机数
A	1～126	8	24	126	16777214
B	128～191	16	16	16384	65534
C	192～223	24	8	2097152	254

3. 保留 IP 地址

无论是 A 类、B 类还是 C 类地址，都不能将所有地址全部分配给网络设备使用，必须保留一部分地址不进行分配，这些地址被称为保留地址，主要包括回环地址、网络地址和广播地址等。

(1) 回环地址。

像 127.X.Y.Z 这样的网络地址保留为当地回环地址(Loopback)，如 127.0.0.1。这个地址用于提供对本地主机的 TCP/IP 网络配置测试。发送到这个地址的数据包不输出到实体网络，而是传送给系统的 Loopback 驱动程序来处理。

(2) 网络地址。

网络地址主要用来标识不同的网络。它不是指具体的主机或设备，而是标识属于同一个网络的主机或网络设备的集合。这种地址通常可以在路由表中找到，因为路由器控制网络之间而不是单个主机之间的通信量。对任意一个 IP 地址来说，将它的地址结构中的主机位全部取 0 就得到了它所处的网络地址。

例如，某网络包含的主机 IP 地址范围是 132.80.0.1～132.80.255.254，由于它是一个 B 类地址，其网络号由前两个字节组成，主机号由后两个字节组成，将其主机位全部取 0，则得到这个网络的网络地址为 132.80.0.0。

又如，另一个网络的 IP 地址范围是 210.28.186.1～210.28.186.254，由于它是一个 C 类地址，它的主机号是其 IP 地址中的最后一个字节，将其主机位全部取为 0，则得到该网络所对应的网络地址为 210.28.186.0。

当一个数据包到达一个网络时，它首先判断该网络与其目的网络是否符合，如果到达的网络地址与目的地址不匹配，那么它将根据合适的算法进行转发。只有网络地址与目的网络符合时才会查找相应的主机，进行主机的匹配，然后将数据包发送给指定的主机。

(3) 广播地址。

广播是一种特殊的数据传送方式，在这种方式下，一台网络设备所发送的数据包将会被本网络内的所有主机接收。在同一网络内部，属于同一个子网的网络设备将属于同一个广播域。广播地址代表本子网内的所有网络设备，利用该地址可以向属于同一个网段内的所有网络设备传送数据。

在一个网络中，广播地址是指对应的主机全部为 1 而得到的 IP 地址。例如，一个 C 类地址为 202.32.15.40，由于它的网络号由前面 3 个字节组成，主机号仅是最后一个字节，将其主机位全部取 1 得到的地址是 202.32.15.255，这个地址就是该网络的广播地址。在这个网络中，如果一台主机所发送的数据包所包含的目的地址是 202.32.15.255，那么这个数据分组将会被这个网络中的所有主机同时接收。

综上所述，IP 地址中的主机位全部取 1 得到的就是广播地址，主机位全部取 0 得到的就是网络地址。我们常用的 A、B、C 类地址具有不同的网络位和主机位，它们的网络地址和广播地址具有以下特点。

- A 类地址的网络地址为 X.0.0.0，广播地址为 X.255.255.255。
- B 类地址的网络地址为 X.X.0.0，广播地址为 X.X.255.255。
- C 类地址的网络地址为 X.X.X.0，广播地址为 X.X.X.255。

其中的 X 为实际 IP 地址对应位置上的值。

广播地址经常用来向网络发送询问信息，以获取某个网络设备的相关信息。由于广播包将会被网络中的所有主机同时接收，所以它将占用一定的网络带宽。对于一些大型网络来说，发出广播包的概率将会增大，那么它所占用的网络带宽也很大，这必将影响到网络的数据发送能力。所以在设计一个网络时，在保证必要广播包的发送同时，也要尽可能地减少发送不必要的广播包，从而提高整个网络的数据通行能力，减少广播包对网络带宽的占用。

除上述几种保留地址外，还有两个特殊的地址。

● 地址 0.0.0.0：表示默认路由。默认路由是用来发送那些目的网络没有包含在路由表中的数据包的一种路由方式。

● 地址 255.255.255.255：代表本地有限广播。该地址用于向本地网络中的所有主机发送广播消息，通常在配置主机的启动信息时使用。例如当主机从 DHCP 或 BOOTP 服务器获取 IP 地址时。在网络层，这个配置由相应的硬件地址进行镜像，这个硬件地址也全部为 1。一般来说，这个硬件地址是 FFFFFFFFFFFF。通常路由器并不传递这些类型的广播，除非进行了特殊配置。

4．IP 地址的管理

连接在 Internet 上的主机必须要保证其 IP 地址的唯一性和合法性，否则就会产生冲突。因此需要有一个授权机构来负责 Internet 上合法地址的分配与管理，以确保 Internet 的正常运行。这个任务最初是由 InterNIC(Internet 网络信息中心)负责的，这个组织后来演变为国际 Internet 地址分配委员会(Internet Assigned Numbers Authority，IANA)。现在，IP 地址资源由 ICANN 进行全球分配，它是全球域名和数字资源分配机构，其前身就是 IANA。如果某台机器接入 Internet，就要向它申请 IP 地址，这些地址也称为公有地址(Public Address)。公有 IP 地址采用的是全球寻址方式，所以它必须是唯一的。一旦注册，这个地址就不能再被其他设备使用。但如果是隔离在 Internet 之外的网络(指未连接到 Internet 的网络)，就没有必要向 ICANN 申请地址。实际上，相互隔离的网络之间没有必要使地址保持唯一，因为它们之间互不通信。银行就是个很好的例子，它们使用 TCP/IP 协议来连接自动提款机(ATM)，因为这些提款机并未连接到公用网络。所以，在这些隔离的网络中分配 IP 地址时可以使用私有地址(Private Address)，前提是这些主机不访问 Internet。

根据规定，在 A、B 和 C 类地址中分别划出 3 个地址空间作为私有地址。在这个范围内的 IP 地址将不会被路由器转发到 Internet 骨干网上。这 3 个私有地址空间的范围如表 1-3 所示。

表 1-3   私有 IP 地址空间

IP 地址类别	被保留的私有地址范围
A	10.0.0.0～10.255.255.255
B	172.16.0.0～172.31.255.255
C	192.168.0.0～192.168.255.255

构成 Internet 的所有主机都拥有公有 IP 地址，这些主机发出的数据包将会被正确路由

到目的网络。私有地址只能用于内部私有网络中，私有网络中的主机所发出的数据包将不会被路由到 Internet 上，所以拥有内部私有地址的主机无法直接接入 Internet。ICANN 建议在下列情况下使用这些地址。

- 网络内的所有主机均不需要访问其他企业网或 Internet。
- 传递网关(如应用层网关、路由器或防火墙)可代替网络主机的部分功能。主机可能只需要有限的 Internet 服务，或者传递网关能够将私有地址转换为可在 Internet 上路由的公有 IP 地址。

如果要想让私有内部网络也能够接入 Internet，则必须将私有 IP 地址转换成公有 IP 地址。这个转换过程被称为网络地址转换(Network Address Translation，NAT)。NAT 功能是路由器必备的一个最基本的功能，它可以完成私有地址到公有地址的转换，将内部私有网络的主机接入 Internet。

1.3.2　IP 地址的子网划分

1. 子网与子网掩码

如果单位或团体不需要访问 Internet，则可以使用三种专用 IP 地址来建立 TCP/IP 网络。但如果它们想要连接到 Internet，就必须从其 Internet 服务提供商(ISP)或 ICANN 获取一个可路由的 A、B 或 C 类网络编号。随着网络的迅速发展，世界上可用的 IP 地址已经出现短缺现象。如果每个单位或团体都使用完整的 A、B 或 C 类地址来访问 Internet，那么只有不到 1700 万个网段能被分配到唯一地址，而在这一过程中还要浪费掉一些主机地址。例如，如果一个具有 256 台主机的机构拥有一个完整的 B 类地址，那么这个 B 类地址中 65 000 多个主机地址将得不到利用。而且如果同一网络中的主机数量太多，会产生大量的广播包，从而使得网络效率大大降低。使用子网划分与无类别域间路由(CIDR)和网络地址转换(NAT)对单位或团体拥有的 TCP 网络进行分段，然后通过路由器等互联设备将这些较小的网络连接起来，就更有效地利用了 IP 地址，同时可以节约大量的网络带宽。

IP 地址的子网划分就是从主机位中借位来进行网络划分。如图 1-16 所示，某企业申请到了一个 B 类地址 135.15.0.0 (1000111.00001111.00000000.00000000)，现从主机位中借 2 位来划分子网，这样共有 2^2=4 个子网。由于子网位不能全为 0 或全为 1，实际划分出的子网数为 2^2-2=2 个。即子网数量=2^n-2，n 为从主机位借来充当子网位的位数。

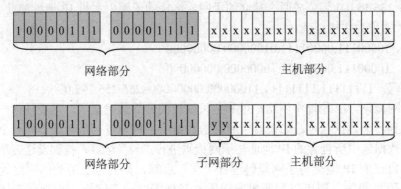

图 1-16　子网划分例图

通过路由器将 TCP/IP 网络互联起来，就必须为每个网络分配一个不同的网络地址。如果在进行子网划分后，则必须为每个子网分配一个子网地址。为了确定一个 IP 地址的网络部分和主机部分，引入了网络掩码的概念。

网络掩码是一个与 IP 地址一一对应的 32 位二进制数，网络设备用它来识别 IP 地址中的网络部分和主机部分。如果掩码中的某位为 1，则与该位对应的 IP 地址位就是网络位；如果掩码中的某位为 0，则与该位对应的 IP 地址就是主机位。反之，任意一个 IP 地址所对应的网络掩码可以通过以下方法得到：在对应的网络号位置上全部取 1，而在对应的主机号位置上全部取零。

对于 A、B、C 类地址，如果不进行子网划分，其默认的网络掩码如表 1-4 所示。

表 1-4 默认的网络掩码

类 别	十进制形式	二进制形式
A	255.0.0.0	11111111.00000000.00000000.00000000
B	255.255.0.0	11111111.11111111.00000000.00000000
C	255.255.255.0	11111111.11111111.11111111.00000000

通过对二进制 IP 地址及其网络掩码进行"逻辑与"运算，网络设备可以区分网络部分和主机部分。例如，一个 B 类地址 135.15.2.1，其网络掩码为 255.255.0.0，将对应的二进制进行"逻辑与"运算如下：

$$10000111.00001111.00000010.00000001 \quad (IP\ 地址)$$
$$与 \quad 11111111.11111111.00000000.00000000 \quad (网络掩码)$$
$$10000111.00001111.00000000.00000000 \quad (网络地址)$$

将二进制的"与"运算结果转换为十进制网络地址后，得到的网络地址为 135.15.0.0。"与"运算将主机位全部置 0，而保持网络位不变。

子网掩码是一种改进的网络掩码，用于网络地址的主机部分。就像可以利用默认网络掩码从 IP 地址中分离出网络部分一样，我们可以使用扩展的网络掩码来建立子网掩码，然后使用子网掩码从网络地址的主机部分分离出其子网部分，这个子网部分就成为了子网地址的网络部分。

我们仍以图 1-16 为例。通过从默认主机部分借 2 位并将其分配给子网地址的网络部分，将 B 类网络 135.15.0.0 划分成两个独立的子网。这样的子网中主机 IP 地址的前 18 位为网络地址，后 14 位为主机地址。

子网 1：10000111.00001111.01000000.00000000

子网 2：10000111.00001111.10000000.00000000

子网掩码：11111111.11111111.11000000.00000000=255.255.192.0

有了子网掩码，IP 地址中网络地址和主机地址的分界就确定了。对于任何一个主机来说，当它收到一个数据包时，如果要判断发送数据的主机与自己是否处于同一个网络，只需将收取的数据包中所包含的 IP 地址与子网掩码进行"与"运算，得到发送方所处的网络地址，再将自己的 IP 地址与子网掩码进行"与"运算，得到自己所处的网络地址，如果这两个网络地址相同，则可以判断出发送方与其处于同一个网络，否则就不属于同一个网络。例如，IP 地址为 135.15.65.0(10000111.00001111.01000001.00000000)的主机和 IP 地址为 135.15.97.0 (10000111.00001111.01100001.00000000)的主机同属于子网 1，而 IP 地址为
135.15.129.0(10000111.00001111.10000001.00000000) 的 主 机 和 IP 地 址 为 135.15.161.0
(10000111.00001111.10000000.00000000)的主机则同属于子网 2。

采用子网划分之后所得到的 IP 地址由于要从原来的主机位上借若干位来作为子网位，
所以已经不再是原来意义上的 A、B 和 C 类地址了。为了描述这种不同，我们特别采用一
种方法来指明一个 IP 地址中所包含的网络位和子网位所占用的比特总和。

例如，135.15.97.0 是划分子网后所得到的 IP 地址，在划分子网时从主机位上借了 2 位
作为子网位，其子网掩码为 255.255.192.0。实际上表示 IP 地址的前 18 位是网络地址，故
应将该地址表示为 135.15.65.0/255.255.192.0，为了方便有时也把它表示成 135.15.65.0/18。

2. 子网划分方法

现在读者已经熟悉了子网划分的一些术语和概念。接下来我们通过一个 C 类网络的子
网划分实例来说明子网划分的方法，在此过程中读者将能确定各子网的有效 IP 地址范围，
识别地址所在的子网，并能列出每个子网的网络地址和广播地址。

首先，我们从理论上分析一下在子网划分时从主机位上所借的二进制位数与产生的子
网数量及每个子网所包含的有效 IP 地址的关系。

综上所述，如果从主机位上借 n 位二进制数来划分子网，除掉广播地址和网络地址之
后，实际可以划分的子网数为 2^n-2 个。从这个公式中可以看出，如果只是从主机位上借一
位是没有任何效果的。因为这一位取 0 时被用作网络地址，取 1 时又被用作广播地址，两
个状态都无法作为子网号来使用，所以在向主机位借位时至少要借两位。如果原来的主机
位有 m 位，现在被借用了 n 位作为子网号，那么用来表示子网内主机地址的位数就剩下了
$m-n$ 位，它可以得到总的子网内地址数量为 2^{m-n} 个。再来分析所得到的 2^{m-n} 个主机地址，
主机位全部为 0 的被用作网络地址，主机位全部为 1 的被用作广播地址，所以一个子网内
部所能够使用的有效主机地址数量为 $2^{m-n}-2$ 个。

无论是哪一类 IP 地址，它最后一个八位组的最后两位都不允许被借作子网位。如果一
个子网内部的主机号只有两位，那么这个网络只能包含两个有效的主机地址：01 和 10。因
为 00 是网络地址，11 是广播地址，所以它们不能用作主机地址。如果一个子网内部的主
机号只有一位，那么这个网络可能的地址只有两个：0 和 1。同样因为 0 是网络地址，1 是
广播地址，所以它们不能用作主机地址，也就是说，这样的网络不能提供有效的主机地址，
因此规定主机位的最后两位不允许分配给子网。

表 1-5 列出了完整的 C 类子网。

表 1-5 完整的 C 类子网

借位数	子网掩码	前缀	可用子网数	每个子网可用主机数	可用子网数×可用主机数
2	255.255.255.192	/26	2	62	124
3	255.255.255.224	/27	6	30	180
4	255.255.255.240	/28	14	14	196
5	255.255.255.248	/29	30	6	180
6	255.255.255.252	/30	62	2	124

假设某单位有4个部门,每个部门有25台主机。现申请到一个C类IP地址204.56.178.0,如何确定子网掩码以及每个子网的IP地址范围才能使每个部门都有独立的网络,即不同部门的网络号各不相同?

(1) 确定子网位的位数。

可以把需求理解为需要划分4个子网,每个子网中包含不少于25个IP地址。

根据公式 $2^n-2 \geqslant 4$,得 $n=3$,即从主机位借3位作为子网位。这样实际划分了6个子网。

由于C类地址的主机位为8位,去掉子网位后剩余的5位用作主机位,每个子网所能容纳的最多主机数为 $2^5-2=30>25$。

(2) 确定子网掩码。

由于C类地址默认前24位为网络地址,加上从主机位借3位作为子网位,这样网络地址共有27位,所以掩码为11111111.11111111.11111111.11100000,用点分十进制法表示为255.255.255.224。

(3) 确定子网的网络地址、广播地址及IP地址范围。

由于子网位不能全为0或全为1,所以子网位的范围从001变化到110,而每个子网的主机位(还剩下5位)则从00001变化到11110。如果主机位全部为0,得到的是网络地址;如果主机位全部为1,得到的是广播地址。处于这两个地址中间的其他地址均是合法的主机地址,由此计算出各子网的网络地址、子网可用IP地址范围、广播地址,如表1-6所示。

表1-6 各子网参数表

子网序号	子网位	IP地址范围	网络地址(主机位全为0)	广播地址(主机位全为1)	最多容纳主机数
1	001	204.56.178.33~204.56.178.62	204.56.178.32	204.56.178.63	30
2	010	204.56.178.65~204.56.178.94	204.56.178.64	204.56.178.95	30
3	011	204.56.178.97~204.56.178.126	204.56.178.96	204.56.178.127	30
4	100	204.56.178.129~204.56.178.158	204.56.178.128	204.56.178.159	30
5	101	204.56.178.161~204.56.178.190	204.56.178.160	204.56.178.191	30
6	110	204.56.178.193~204.56.178.202	204.56.178.192	204.56.178.203	30

通过上面的计算和分析可以看出,使用3位二进制数来划分子网,一共可以得到6个有效的子网,从中选出4个分配给4个部门,每个子网可以提供的合法主机地址有30个,可以满足各部门的需要。

注意:通常来说子网位不能全为0或全为1,然而有的路由器在使用专门命令后允许子网位全为0或全为1,这样可以减少IP地址的浪费。除非特别说明外,本书还是按照子网位不能全为0或全为1来进行介绍。

1.3.3 可变长度子网掩码

采用子网划分的方法可以解决大的网络地址在分配过程中如何去适应小的网络应用的问题,但是这种子网划分方法具有很大的局限性:在划分子网后每一个子网所能够提供的有效主机地址的数量是相同的(如表1-6所示),这在实际应用过程中可能无法适应各种不同的应用环境。比如在 1.3.2 小节所述的例子中，一个单位在获得了一个 C 类地址后，将这个 C 类地址划分成了 6 个子网，那么每个子网所能够提供的有效主机地址是 30 个。如果该单位有的部门有 20 台主机，那么分配给这个部门一个子网地址段就可以了。但是如果有的部门有 50 多台主机，这样的网络规划方案就不能满足需求了。如果给这个部门分配两个子网地址，那么这个部门内的通信就变成了网间通信；如果重新规划子网，新划分的子网所提供的有效 IP 地址能够满足这个部门的需求，这种办法虽然解决了主机数量比较多部门的问题，但是对需求 IP 地址比较少的部门来说就浪费了大量的地址。

通过上面的分析可以知道，仅仅使用子网划分技术进行网络地址分配，整个网络必须使用相同的子网掩码。当用户选择了一个子网掩码后，每个子网内所包含的主机地址数量就固定下来了，用户就不能再随便改变这个子网掩码，除非要对网络的地址重新进行规划。也就是说，使用固定掩码的子网划分技术可以从某种程度上解决网络地址规模与产生的广播信息的问题，但这种技术的缺点也是比较明显的，它缺乏地址分配的灵活性，不能很好地适应用户规模的实际情况。在某些极端状况下，这种技术对 IP 地址的浪费是很严重的。

为了解决这个问题，1987 年 IETF 提出了可变长子网掩码(Variable Length Subnet Mask，VLSM)的方案。该方案允许在一个网络中使用多个不同的子网掩码，实际上是把子网进一步子网化。这样每一个网络中所能够提供的主机地址数目就可能是不同的。

下面来看一个使用可变长度子网掩码技术来划分子网、分配 IP 地址的例子。

某单位有 4 个部门，分别拥有 55、25、10、5 台主机。现假设申请到一个 C 类 IP 地址 X.X.X.0，如何确定子网掩码以及每个子网的 IP 地址范围才能使每个部门有独立的网络，即不同部门的网络号各不相同？

显然，采用固定掩码的子网划分方法无法满足要求，现在我们采用 VLSM 技术进行子网划分。

首先，网络 1 是主机数量最多的网络，有 55 台主机，所以进行子网划分时，要保留 6 位主机位($2^6-2=62>55$)，因此借来的子网位只能有 2 位。这样就分成了如下两个子网($2^2-2=2$)。

- X.X.X.01 000000，即 X.X.X.64/255.255.255.192(26 位掩码)。
- X.X.X.10 000000，即 X.X.X.128/255.255.255.192(26 位掩码)。

其中第一个子网分配给网络 1。

网络 2 有 25 台主机，如果将第二个子网全部分配给网络 2，那么剩余的网络将无地址可分配，而且网络 2 中多余的地址空间也造成了浪费。考虑到本网络不足 30 台主机，可以进一步划分子网，保留 5 位主机位，再借一位主机位作为子网位，划分出的两个子网如下。

- X.X.X.100 00000，即 X.X.X.128/255.255.255.224(27 位掩码)。
- X.X.X.101 00000，即 X.X.X.160/255.255.255.224(27 位掩码)。

可以把 X.X.X.128/255.255.255.224(27 位掩码)分配给网络 2 使用。

网络 3 和网络 4 只有 10 台、5 台主机，所需要的主机位为 4，所以这两个网络可以从 X.X.X.101 00000 即 X.X.X.160/255.255.255.224(27 位子网掩码)网络再子网化得到。同样也只能再借一位主机位作为子网位，这时主机位数为 4。划分出的两个子网如下。

- X.X.X.1010 0000，即 X.X.X.160/255.255.255.240(28 位掩码)。
- X.X.X.1011 0000，即 X.X.X.176/255.255.255.240(28 位掩码)。

把它们分配给网络 3 和网络 4,每个子网可容纳 14 台主机。这样 IP 地址全部分配完成,为了直观,将各子网参数在表 1-7 中总结如下。

表 1-7   用 VLSM 划分的子网参数

子网序号	IP 地址范围	子网掩码	网络地址(主机位全为 0)	广播地址(主机位全为 1)	最多容纳主机数
1	X.X.X.65~X.X.X.126	255.255.255.192	X.X.X.64	X.X.X.127	62
2	X.X.X.129~X.X.X.158	255.255.255.224	X.X.X.128	X.X.X.159	30
3	X.X.X.161~X.X.X.174	255.255.255.240	X.X.X.160	X.X.X.175	14
4	X.X.X.177~X.X.X.190	255.255.255.240	X.X.X.176	X.X.X.191	14

仔细研究就会发现还有不少地址并未分配,可在网络扩展时使用。

注意:虽然 VLSM 技术使 IP 地址的分配更加灵活和合理,但不是所有的路由协议都支持 VLSM。例如,RIPv1 和 IGRP 中均不支持子网信息的传递,在它们所发出的数据包中,并没有子网掩码的相关信息,这就意味着如果路由器的某个端口上设置了子网掩码,那么它就认为所有端口都使用相同的子网掩码。但是,在 RIPv2、OSPF、EIGRP 等路由协议中已经加入了对子网信息的支持,在路由器传送的数据包中包含有子网掩码的相关信息,所以在同一个网络中就可以使用不同的子网掩码,可以很好地支持可变长子网掩码技术。

1.3.4   无类别域间路由

Internet 的规模几乎每年都会增长一倍。过去人们认为被划分成五类的 IP 地址已经完全能够满足人们的需求了,但现实情况是目前连接到网络上的主机数虽然还远远没达到 2^{32},但能够用于分配的 IP 地址已经出现匮乏的迹象。原来使用的地址分类法将全部 IP 地址分成五类,但这些类别无法体现用户的需求:A 类地址所提供的地址范围过大,一般一个机构无法全部用到这些地址,以致浪费了大部分空间;另一方面,C 类网络对大多数机构来说太小,这就意味着大多数机构会请求 B 类地址,但又没有足够的 B 类地址可以分配。

随着网络地址数量不断增加,促使 Internet 流量猛增。Internet 主干网络路由器必须跟踪每一个 A、B 和 C 类网络,有时建立的路由表长达 1 万个条目。虽然从理论上来说,路由表大小最多可以设成 6 万个条目,但是过大的路由表项增加了路由器在选择转发路径时的系统开销。

虽然人们可以使用子网划分的方法来解决部分 IP 地址分配的问题,但是这样也造成了一定的 IP 地址资源浪费。因为每划分一个子网,都要造成子网号全部为 0 和全部为 1 的两个子网无法使用；另外，对于任何一个子网，还要分别占用一个网络地址和广播地址。因此，目前这种有类别的 IP 地址分配方案具有很大的局限性。

IETF 发表的 RFC 1519 无类别域间路由(Classless Inter-Domain Routing，CIDR)是一种能够节省 Internet 地址并减少 Internet 路由器路由表条目的寻址方案。CIDR 与 128 位地址的 IPv6 不同，它并不能最终解决地址空间逐渐被耗尽的问题，但 IPv6 的实现是个庞大的任务，需要很长的时间才能够完成过渡工作，所以 IPv4 还会存在很长的一段时间。在这段时间里人们必须要面对日益匮乏的 IP 地址资源问题，CIDR 提供了一种暂时的解决方案，可以在 IPv4 向 IPv6 过渡的过程中起到一定的缓冲作用。

CIDR 对原来用于分配 A、B 和 C 类地址的有类别路由选择进程进行了重新构建。CIDR 用 13～27 位长的前缀取代了原来地址结构对地址的网络部分的限制(原来的三类地址的网络部分被限制为 8 位、16 位和 24 位)，这样对应的主机位就是 19～5 位。这意味着如果采用这种技术进行地址分配，那么一个机构所分配的地址可以是连续的一个地址块，这个地址块中所包含的主机地址数量既可以少到 32 个，也可以多到 50 万个以上，从而能够更好地满足机构对地址的特殊需求。

CIDR 地址中包含标准的 32 位 IP 地址和有关网络前缀位数的信息。以 CIDR 地址 202.14.30.4/25 为例，其中的"/25"称为网络前缀，表示其前面地址中的前 25 位代表网络部分，其余位代表主机部分。表 1-8 中列出了一些网络前缀与网络中所包含的主机数量的关系。

表 1-8　CIDR 网络前缀与网络中所包含的主机数量的关系

网络前缀值	相当于 C 类网络的数量	每个网络的主机数
/27	1/8	32
/26	1/4	64
/25	1/2	128
/24	1	256
/23	2	512
/22	4	1 024
/21	8	2 048
/20	16	4 096
/19	32	8 192
/18	64	16 384
/17	128	32 768
/16	256(相当于 1 个 B 类网络)	65 536
/15	512	131 072
/14	1024	262 144
/13	2048	524 288

CIDR 建立在"超级组网"的基础上。"超级组网"是"子网划分"的逆过程。子网划分时，从 IP 地址的主机部分借位，将其合并进网络部分；而在超级组网中，则是将网络部分的某些位合并进主机部分。这种无类别超级组网技术通过将一组较小的无类别网络会聚为一个较大的单一路由表项，减少了 Internet 路由域中路由表条目的数量。

大型 Internet 服务提供商(ISP)获取的地址块前缀通常是 15(可建立 512 个 C 类子网，支持 131072 个主机地址)或以上，然后将这些块用"/27"～"/19"之间的前缀分配给用户。对于该地址的内部网络的路由及控制则由 ISP 来负责，这样从外部来看，这 512 个 C 类网络就像一个网络一样，从而可以减少干路路由器上路由表的大小。

例如，某 ISP 将地址块 210.150.16.0/20 分配给一个单位，用于建立一个包含 16 个 C 类网络的超级网。在建立 16 个独立的 C 类网络时，在其地址的第 3 个 8 位组中，需要有 4 位用来设置：0000～1111 (0～15)。由于这些地址的前 20 位相同，所以，只要在地址的第 3 个 8 位组的最后 4 位中从 0000 顺序增加到 1111 便可以了。下面列出部分地址的二进制表示形式，并将其转换为十进制表示形式(包括对应的网络前缀)：

11001010. 10010110.0001<u>0000</u>.00000000=202.150.16.0/24

11001010. 10010110.0001<u>0001</u>.00000000=202.150.17.0/24

11001010. 10010110.0001<u>0010</u>.00000000=202.150.18.0/24

11001010. 10010110.0001<u>0000</u>.00000000=202.150.19.0/24

……

11001010. 10010110.0001<u>1111</u>.00000000=202.150.31.0/24

由此得到 ISP 路由器向外部网络发布的 CIDR 汇聚地址：202.150.16.0/20。其中，超级网位包含了前 20 位，其余位留给网络和主机部分。

总之，使用 CIDR 技术进行网络地址分配时，要求所分配的地址块必须是连续的，一个大的地址块可以被分配给 ISP，然后 ISP 把这些地址重新划分后再租给用户来使用。对于 ISP 来说，它要负责它内部地址的分配和路由地址聚合。从外部看只能看到 ISP 的一个大的网络，而不用关心其他内部的网络分配情况，这样可以简化干路路由器中路由表的项。

1.4 IPv6 简介

尽管 IPv4 取得了极大的成功，但 IPv4 地址资源的紧张限制了互联网的进一步发展，NAT、VLSM、CIDR 等技术的使用仅仅暂时缓解了 IPv4 地址的短缺问题，但不是根本解决办法。此外，缺乏 QoS(服务质量)保证、安全性差、对移动性支持不好等问题在 IPv4 中也很突出。为了解决互联网发展过程中遇到的问题，20 世纪 90 年代初，IETF 就开始着手下一代互联网协议(IP-the next generation，IPng)的制定工作，成立了名为 IPng 的工作组，1998 年 12 月在互联网标准规范 RFC 2460 中描述了 IPv6。2012 年 6 月，IPv6 在全球范围内正式启动。

1.4.1 IPv6 的新特性

IPv6 是 IETF 设计的用于替代现行的 IPv4 的下一代 IP 协议，它是对 IPv4 的继承和发展，具有以下新特性。

(1) 巨大的地址空间。

在 IPv6 中 IP 地址由 32 位增加到 128 位，使地址空间增大了 2^{96} 倍，达到 2^{128} 个，从而可以支持更多的网络设备、更多的地址级别和远程用户自动地址配置的方法。按地球人口 70 亿人计算，每人平均可分得约 4.86×10^{28}(486117667×10^{20})个 IPv6 地址。

(2) 全新的报文结构。

IPv6 使用了与 IPv4 完全不同的报文头部格式，包括固定头部和扩展头部两部分。其中，固定头部长度为 40 字节，去掉了 IPv4 中的一切可选项，只包括 8 个必要的字段，IPv4 报头中一些非根本性的和可选字段被移到了扩展头部，使路由器在处理 IPv6 报头时效率更高，如图 1-17 所示。

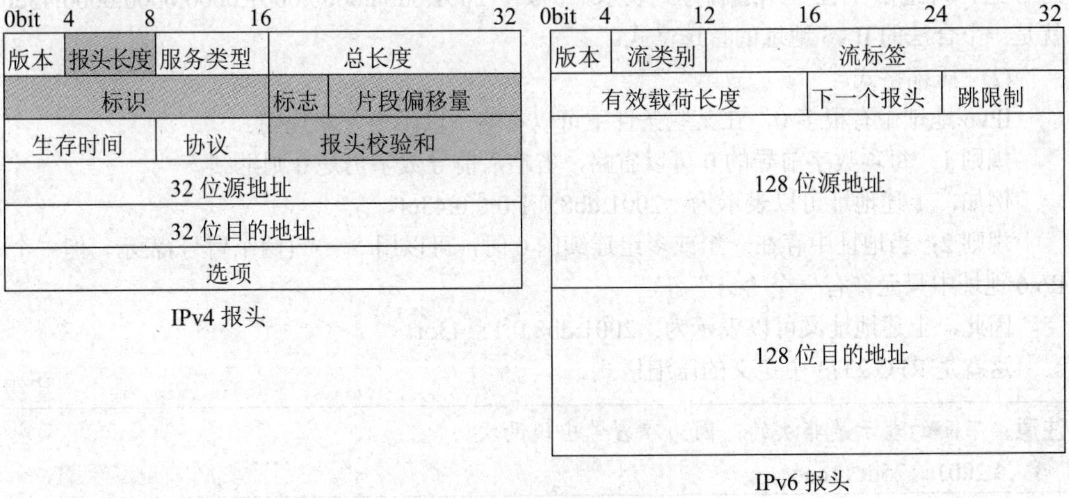

注：阴影部分是去掉的字段

图 1-17　IPv4 和 IPv6 报文头部格式的比较

(3) 灵活的地址配置方式。

随着新技术的不断发展，互联网上的节点已不再单纯是计算机了，还包括 PDA、移动电话、家用电器等各种终端，这就要求 IPv6 主机地址配置要更加简化。为了简化配置，IPv6 除了手工地址配置和有状态自动地址配置(即利用专用的地址分配服务器动态分配地址)外，还支持无状态地址配置技术。在无状态地址配置中，网络上的主机能自动给自己配置 IPv6 地址。

(4) 更好的 QoS 支持。

在 IPv6 的报头中新增一个称为流标签的字段，该字段使得网络中的路由器可以对属于一个流的数据包进行识别，并提供特殊处理。利用这个标签，路由器无须打开传送的内层数据包就可以识别通信流。这对于实时性要求高的服务很有用。

(5) 内置的安全性。

IPv6 本身支持 IPSec 协议，在使用 IPv6 网络时，用户可以对网络层的数据进行加密并对 IP 报文进行校验，在 IPv6 中的加密与鉴别选项提供了分组的保密性与完整性，极大地增强了网络的安全性。

(6) 全新的邻居发现协议。

IPv6 中的邻居发现(Neighbor Discovery)协议是一系列机制,用来管理相邻节点的交互。该协议用更加有效的组播取代了 IPv4 中的地址解析协议(ARP)。

1.4.2 IPv6 地址

1. IPv6 地址表示方法

根据 RFC 2373 中的定义,IPv6 地址有三种格式,即首选格式、压缩格式和内嵌格式。

(1) 首选格式。

IPv6 地址在二进制下为 128 位长度,以 16 位为一组,每组以冒号":"隔开,可以分为 8 组,每组以 4 位十六进制方式表示。例如,2001:0db8:0000:0001:0000:0000:0000:43ef 就是一个合法的 IPv6 地址的首选格式。

(2) 压缩格式。

IPv6 地址中有很多 0,在某些条件下可以省略,以下是省略规则。

规则 1:每项数字前导的 0 可以省略,省略后前导数字仍是 0 则继续。

例如,上述地址可以表示为:2001:db8:0:1:0:0:0:43ef。

规则 2:当地址中存在一组或多组连续的 0 时,可以用"::"(两个冒号)表示,但一个 IPv6 地址中只允许有一个"::"。

因此,上述地址又可以表示为:2001:db8:0:1::43ef。

这就是 RFC 2373 中定义的压缩格式。

注意: 下面的表示是非法的,因为双冒号出现两次。

　　　2001::25de::cade

---

(3) 内嵌格式。

内嵌格式是指 IPv6 地址中内嵌 IPv4 地址,这是过渡机制中使用的一种特殊表示方法。IPv6 地址的前面部分使用十六进制表示,而后面部分使用 IPv4 地址的十进制格式。例如:

0:0:0:0:0:0:192.168.1.100　或者::192.168.1.100

0:0:0:0:0:ffff:192.168.1.100　或者::ffff:192.168.1.100

另外,可以用"IPv6 地址/前缀长度"来表示地址前缀。这个表示方法类似于 CIDR 中 IPv4 的地址前缀表示法。这里 IPv6 地址是上述任意一种表示法所表示的 IPv6 地址,前缀长度是一个十进制值,指定该地址中最左边的用于组成前缀的位数。其实地址前缀在一定意义上代表了这个 IP 地址的类型。例如,一个 IP 地址的前缀为 16 位,IP 地址为 2001:452a::213c:1814,则其地址前缀法表示就为 2001:452a::213c:1814/16。

2. IPv6 地址类型

IPv6 地址有单播地址、组播地址和任播地址三种类型,如图 1-18 所示。IPv6 取消了原来 IPv4 中的广播地址类型。

(1) 单播(Unicast)地址。

IPv6 单播地址标识一个网络接口,协议会把送往该地址的数据包投送给其接口。单播地址又分为可聚合全球单播地址(Aggregatable Global Unicast Address)、本地链路地址

(Link-Local Address)、本地站点地址(Site-local Address)等几种单播地址。

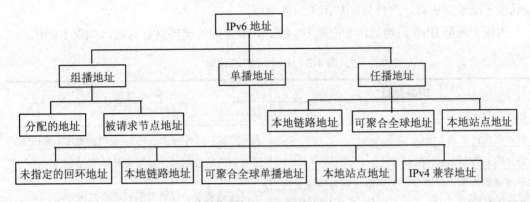

图 1-18　IPv6 地址类型

- 可聚合全球单播地址类似于 IPv4 中的公网地址，它的最高 3 位固定为 001。其前缀形如 2001∷/16、3FFE∷/16 等。
- 本地链路地址是 IPv6 某些机制使用的应用范围受限的地址类型，它的最高 10 位固定为 1111111010，后接 54 位全 0，因此它的特定前缀就是 FE80/64。
- 本地站点地址是另一种应用范围受限的地址类型，类似于 IPv4 中的私有地址。任何没有申请到提供商分配的可聚合全球单播地址的组织机构都可以使用本地站点地址。它的最高 10 位固定为 1111111011，后接 38 位全 0，因此它的特定前缀就是 FEC0∷/48。

另外，IPv6 单播地址中还有两种特殊地址。

- 未指定地址：单播地址 0:0:0:0:0:0:0:0(∷/128)称为未指定地址。它不能分配给任何节点。在接口处于初始状态、还未分配地址时，可以用未指定地址作为它所发 IPv6 数据包的源地址。未指定地址不能用作目的地址，也不能用在 IPv6 路由头中。
- 回环地址：单播地址 0:0:0:0:0:0:0:1(∷1/128)称为回环地址。它也不能分配给任何物理接口。节点用它来向自身发送 IPv6 数据包。

(2) 组播(Multicast)地址。

组播是指一个源节点发送的单个数据包能被特定的多个目的节点接收到。组播地址的最高 8 位为全"1"，因此其前缀为 FF00∷/8。其第二个字节的最后 4 位用以标明"范畴"，一般有本地节点(Node-Local)、本地链路(Link-Local)、本地站点(Site-Local)、本地组织(Organization-Local)和全球(Global)等几种，分别用十六进制 1、2、5、8 和 E 表示，如 FF02∷2 是一个本地链路范围的组播地址，FF05∷2 是一个本地站点范围的组播地址。

(3) 任播(Anycast)地址。

任播地址是 IPv6 特有的地址类型，它用来标识一组网络接口。路由器会将目标地址是任播地址的数据包发送给距本路由器最近或传送成本最低(根据路由表来判断)的其中一个网络接口。接收方只需要是一组接口中的一个即可。例如，移动用户上网就需要根据地理位置不同，接入离用户最近的一个接收站，这样才可以使移动用户在地理位置上不受限制。

任播地址从单播地址空间中分配。仅看地址本身，节点是无法区分任播地址与单播地址的，因此节点必须使用明确的配置从而指明它是一个任播地址。目前的应用中，任播地址只能分配给路由器，而且只能被用于目的地址。

为便于理解IPv6的地址，下面把IPv4与IPv6中的关键项进行对比，如表1-9所示。

表1-9　IPv4与IPv6比对

IPv4地址	IPv6地址
地址位数：32位	地址位数：128位
表示方式：点分十进制	表示方式：冒号分十六进制(取消前置零，零压缩)
划分为五类Internet地址	没有对应地址划分，主要按传输类型划分
子网掩码表示：以点分十进制格式或以前缀长度格式表示	子网掩码表示：仅以前缀长度格式表示
回环地址：127.0.0.1	回环地址：::1
公有地址	可聚合全球单播地址
私有地址(10.0.0.0/8、172.16.0.0/12、192.168.0.0/16)	本地站点地址(FEC0::/48)
Microsoft 自动专用IP寻址自动配置的地址(169.254.0.0/16)	本地链路地址(FE80::/64)
组播地址：224.0.0.0/4	组播地址：FF00::/8
包含广播地址	未定义广播地址，只有任播地址
未指定地址：0.0.0.0	未指定地址：::
域名解析：IPv4主机地址(A)资源记录	域名解析：IPv6主机地址(AAAA)资源记录
逆向域名解析：IN-ADDR.ARPA域	逆向域名解析：IP6.INT域

3．IPv6主机地址

通常一台IPv6主机有多个IPv6地址，即使该主机只有一个物理接口。一台IPv6主机可以同时拥有以下几种单播地址。

(1)　每个接口的本地链路地址。

(2)　每个接口的单播地址(可以是一个本地站点地址和一个或多个可聚合全球单播地址)。

(3)　回环接口的回环地址(::)。

此外，每台主机还需要时刻保持收听以下组播地址上的信息。

(1)　本地结点范围内所有节点组播地址(FF01::1)。

(2)　本地链路范围内所有节点组播地址(FF02::1)。

(3)　请求节点(Solicited-Node)组播地址(如果主机的某个接口加入请求节点组)。

(4)　组播组组播地址(如果主机的某个接口加入任何组播组)。

4．IPv6路由器地址

一台IPv6路由器可被分配以下几种单播地址。

(1)　每个接口的本地链路地址。

(2)　每个接口的单播地址(可以是一个本地站点地址和一个或多个可聚合全球单播地址)。

(3)　子网—路由器任播地址。

(4)　其他任播地址(可选)。

(5)　回环接口的回环地址(::)。

同样,除以上这些地址外,路由器需要时刻保持收听以下组播地址上的信息。

(1)　本地节点范围内所有节点组播地址(FF01::1)。

(2)　本地节点范围内所有路由器组播地址(FF01::2)。

(3)　本地链路范围内所有节点组播地址(FF02::1)。

(4)　本地链路范围内所有路由器组播地址(FF02::2)。

(5)　本地站点范围内所有路由器组播地址(FF05::2)。

(6)　请求节点组播地址(如果路由器的某个接口加入请求节点组)。

(7)　组播组组播地址(如果路由器的某个接口加入任何组播组)。

本 章 小 结

计算机网络是利用通信设备和传输线路,将分布在不同地理位置上的、功能独立的多个计算机系统连接起来的计算机集合。按所覆盖的地理范围不同,计算机网络可分为局域网、城域网、广域网和互联网。为了相互通信,需要有网络协议,ISO 制定了 OSI 七层模型用以描述协议,而 TCP/IP 却使用四层模型,并已成为 Internet 上广泛使用的"事实上的标准"。用于网络互联的设备主要包括中继器、集线器、网桥、交换机、路由器和网关等几种。中继器和集线器工作在物理层,不能隔离冲突域和广播域;交换机工作在第二层,能隔离冲突域,但不能隔离广播域;路由器工作在第三层,能隔离冲突域和广播域;网关则工作于第三层和更高层,通常用于在两种不同协议结构之间转换数据。IP 地址由网络号和主机号两部分组成,它可以分为 A、B、C、D、E 五类,子网掩码用于识别 IP 地址的网络部分和主机部分。为了有效地利用 IP 地址和减少网络中的广播,需要进行子网划分。固定长度的子网掩码可能会导致大量的 IP 地址浪费,而可变长度子网掩码在一定程度上可以提高 IP 地址的利用率。CIDR 是一种能够节省 Internet 地址并减少 Internet 路由器路由表条目的寻址方案,能在 IPv4 向 IPv6 过渡的过程中起到一定的缓冲作用。

IPv6 是 IETF 设计的用于替代现行的 IPv4 的下一代 IP 协议。与 IPv4 相比,IPv6 具有巨大的地址空间、全新的报文结构、灵活的地址配置方式等优点。IPv6 的地址有首选格式、压缩格式和内嵌格式三种表示格式,按传输类型可以划分为单播地址、组播地址和任播地址三种类型。

复习自测题

一、填空题

1. OSI 七层分别是_____、_____、_____、_____、_____、_____、_____；TCP/IP 的四层分别是_____、_____、_____、_____。

2. 中继器是第_____层设备，集线器是第_____层设备，交换机是第_____层设备，路由器是第_____层设备。

3. A、B、C 类地址的第一字节范围分别为_____、_____、_____。

4. 网络掩码用于_____。A、B、C 类地址的默认网络掩码分别为_____、_____、_____。

5. 网络地址是主机位_____的 IP 地址，广播地址是主机位_____的 IP 地址。

6. VLSM 是指_____；CIDR 是指_____。

7. 172.16.100.22/255.255.255.240 所在的网络所能提供的合法主机地址范围是_____。

8. 如果想在一个 C 类网络中划分 12 个子网，那么所使用的子网掩码是_____。如果想在一个 B 类网络中划分 510 个子网，那么所使用的子网掩码是_____。

9. IPv6 地址有_____、_____和_____三种格式。

10. IPv6 的地址类型有_____、_____和_____三种。

二、简答题

1. OSI/RM 参考模型和 TCP/IP 参考模型有什么区别和联系？

2. 什么叫冲突？使用哪些设备可以隔离冲突域？

3. 什么叫广播？使用哪些设备可以隔离广播域？

4. 试描述 A、B、C 类地址的特征。

5. 什么是私有地址？有哪些私有地址可以使用？

6. 为什么要使用子网掩码？各类地址的默认掩码分别是什么？

7. 用对应的 IP 前缀表示下列子网掩码。

(1) 255.224.0.0　(2) 255.255.128.0　(3) 255.255.248.0　(4) 255.255.255.192

8. 可变长子网掩码技术可以解决网络地址分配中的哪些问题？是如何解决的？

9. CIDR 技术主机用来解决哪一方面的问题？是如何解决的？

10. 对于下列给定的 CIDR 前缀，分别写出每个前缀可建立的主机地址数和 C 类子网数。

(1) /14　　(2) /19　　(3) /22　　(4) /24　　(5) /27

11. 试比较 IPv4 地址与 IPv6 地址的异同。

三、操作训练题

1. 一个 B 类网络 172.16.0.0/255.255.0.0，现需要划分成 50 个网络，每个网络最多 500

台主机,如何进行子网的划分?采用定长子网掩码,请写出掩码和前三个子网的 IP 地址范围、网络地址和广播地址。

2.　某单位有五个部门,每个部门分别有 10、12、20、30、30 台主机,采用 C 类地址 192.168.1.0/255.255.255.0 来组网。试用 VLSM 进行 IP 地址的分配,写出所有子网的网络地址、IP 地址范围和广播地址。

3.　由地址块 202.156.65.0/19 建立一个由 32 个 C 类网络汇聚成的超级网,列出每个 C 类网络的网络地址及前缀。

第 2 章　路由器基础知识

互联网已经逐渐成为人们生活中不可或缺的一部分，而路由器则是互联网这条信息高速公路的核心设备。除了具有互联功能外，路由器还具有类似邮局的功能，从而保证了信息高速公路上的"信件"(数据)得以正确传递。本章介绍路由器的分类和工作原理，同时介绍了思科路由器的组成，并分析了思科路由器的路由表。熟悉路由表对学习以后的章节大有裨益。

完成本章的学习，你将能够：

- 描述路由器的类型；
- 描述思科路由器的种类；
- 描述路由器的组成；
- 描述路由器的工作原理；
- 分析思科路由表。

核心概念：路由器的接口、路由器的线缆、路由器操作系统、路由协议、可被路由协议、路由表分析。

2.1　路由器概述

路由器(Router)是工作在 OSI 参考模型第三层(网络层)的数据包转发设备。路由器的主要功能是检查数据包中与网络层相关的信息，然后根据某些选路规则对存储的数据包进行转发，这种转发称为路由选择(Routing)。

路由器可以连接多个网络或网段，对不同网络或网段之间的数据信息进行"翻译"，以使它们能够相互"读"懂对方的数据，从而构成一个更大的网络。路由器通常会连接两个或多个由 IP 子网或点对点协议标识的逻辑接口。路由器根据收到的数据包中的网络层地址以及路由器内部维护的路由表，来决定输出接口以及下一跳路由器地址或主机地址，并重写数据链路层数据包头。路由器会应用路由表来反映当前的网络拓扑，通过与其他路由器交换路由信息来完成路由表的动态维护。路由器可以支持多种协议(如 TCP/IP、IPX/SPX、AppleTalk 等)，由于 TCP/IP 协议已成为事实上的工业标准，因此绝大多数路由器都支持TCP/IP 协议。

2.1.1　路由器的分类

当前路由器的分类方法各异，这些分类方法有一定的关联，但并不完全一致。

1. 按结构分类

从结构上分，路由器可分为模块化结构和固定配置结构。模块化结构可以灵活地配置路由器，按需更换路由器模块，以适应企业的业务需求。固定配置结构的路由器只能提供固定接口。通常中高端路由器为模块化结构，而低端路由器则多数为固定配置结构。

2．按不同的应用环境分类

按不同的应用环境，可将路由器分为骨干级路由器、企业级路由器和接入级路由器。

(1)　骨干级路由器是实现大型网络互联的关键设备，多用于电信运营商和大型企业。对骨干级路由器的基本性能要求是高速和高可靠性。为了获得高可靠性，网络系统普遍采用诸如热备份、双电源、双数据通路等传统冗余技术。

(2)　企业级路由器主要面向连接对象较多，但系统相对简单且数据流量较小的用户，对这类路由器的要求是以尽量便宜的方法实现尽可能多的端点互联。

(3)　接入级路由器主要用于连接家庭或小型企业客户群体，如一些价格低廉的、能实现几个到十几个人同时上网的拨号路由器。接入级路由器多数采用固定配置、固定接口的设计，且多数厂商只提供 Web 界面的配置方式。

路由器的分类标准还有很多，如按照背板交换能力和包交换能力，可分为高端路由器、中端路由器和低端路由器；按转发性能，可分为线速路由器和非线速路由器；按市场划分，可分为针对电信级市场的路由器、针对企业级市场的路由器、针对家庭或小型企业的 SOHO 级宽带路由器；按是否可安装到机柜，可分为机架型路由器和桌面型路由器等。

2.1.2　思科路由器简介

思科公司是在当今全球网络和通信领域处于领先地位的厂商。1984 年，思科公司在美国硅谷成立。互联网上的大部分数据都是通过思科的设备传递的，思科与互联网的高速发展密不可分。

1．思科集成多业务路由器

当前思科主要推广的中低端企业级路由器产品是集成多业务路由器(Integrated Services Routers，ISR)。与传统路由器相比，其特点是更安全并能以线速提供并发数据、语音、视频和无线服务，同时还提供了用于升级路由器 IOS (Internetworking Operating System，网络互联操作系统)的 CF(Compact Flash)闪存卡接口，避免了传统路由器升级 IOS 时的一些弊端。

按集成多业务路由器的性能，从弱到强排列是 800 系列、1800 系列、2800 系列、3800 系列路由器。其中思科 800 系列是固定配置桌面型路由器，思科 1800 系列是机架型固定配置路由器，主要面向家庭和中小企业用户。如图 2-1 所示为 800 系列中的思科 871 集成多业务路由器。

图 2-1　思科 871 集成多业务路由器

1800 系列的 1841 路由器和 2800 系列、3800 系列全线产品都是可安装到机柜的模块化路由器，主要面向企业用户。用户可以根据需要灵活更换路由器的模块，以适应不同业务的需要。如图 2-2 所示为思科 3800 系列集成多业务路由器。

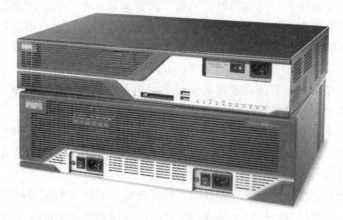

图 2-2　思科 3800 系列集成多业务路由器

2．思科非集成多业务路由器

虽然思科在中低端企业级路由产品市场上主推集成多业务路由器，但大量用户还在使用非集成多业务路由器。这些中低端传统路由器按性能从弱到强排列是 700 系列、1700 系列、2600 系列、3600 系列、3700 系列和 7X00 系列路由器。如图 2-3 所示为思科 1700 系列中的 1721 路由器。

图 2-3　思科 1700 系列中的 1721 路由器

3．思科路由器的用户界面

思科的全系列路由器都具有相同的基于命令行界面(CLI)的字符配置界面，对于一些常规的配置，用户完全可以忽略路由器硬件平台的不同。例如，一个静态路由的配置从低端的 700/800 系列路由器、1700/1800 系列再到 7X00 系列路由器，其所用命令和配置方法都是完全一致的，用户只需掌握配置路由器的命令语法和步骤，就可以在思科的任何路由器上进行相同的配置。

为了降低用户配置思科路由器的难度，思科公司也为中低端路由器提供了基于 Web 图形界面的思科路由器和安全配置工具 SDM(Cisco Router and Security Device Manager)。SDM 是一种直观且基于 Web 的设备管理工具，用来管理基于思科 IOS 软件的路由器。思科 SDM 可通过智能向导简化路由器的安全配置过程。对于客户而言，有了这些向导，不必专门了解命令行界面，就能快速便捷地部署、配置和监控思科路由器。如图 2-4 所示为使用 SDM

2.4.1 中文版管理思科 3640 路由器。

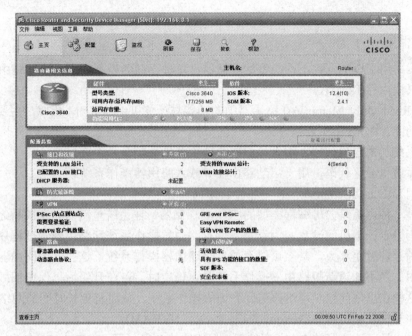

图 2-4　使用 SDM 2.4.1 中文版管理思科 3640 路由器

2.2　路由器的组成

路由器由硬件和软件两部分组成。硬件部分主要包括中央处理器(CPU)、存储器和各种接口，软件部分主要包括自举程序、路由器操作系统、配置文件和实用管理程序等。

2.2.1　路由器的硬件

目前市场上路由器的种类繁多，覆盖了从家庭、中小企业、大型企业到电信运营商等不同级别的应用领域。而且不同类型的路由器在处理能力和所支持的接口数量上有所不同，但它们的基本结构原理却是一致的。例如都有 CPU、存储器、主板、接口等硬件，只是 CPU 类型、存储器大小以及接口的数目根据产品的不同有相应的变化。通过分析各部件的功能，我们就能了解路由器的整体工作方式及其所提供的功能。

路由器是一种专用计算机，因为应用环境的特殊需要而有别于通用计算机。由于两者原理的一致性，使路由器的主机硬件部分与我们平常使用的计算机十分相似。但为了连接不同的网络设备，一般路由器的接口种类比较多，例如为了便于管理而提供的管理接口、为了连接局域网而提供的局域网接口、为了互联广域网而提供的广域网接口等。

1．CPU

与计算机一样，路由器也包含 CPU。不同系列和型号的路由器，其 CPU 也不尽相同。有些厂商采用与个人计算机相同的 x86 系列 CPU，有些采用精简指令集 CPU。

路由器的 CPU 负责路由器的配置管理和数据包的转发工作，如维护路由器所需的各种表格以及路由运算等。路由器对数据包的处理速度在很大程度上取决于 CPU 的类型和性能。

2．存储器

路由器采用了以下几种不同类型的存储器，每种存储器以不同方式协助路由器工作。

(1) 只读内存(ROM)。

ROM(Read Only Memory)在路由器中的功能与计算机中的 ROM 相似，主要用于系统初始化等功能。ROM 中主要包含：

● 系统加电自检代码，用于检测路由器中各硬件部分是否完好。

● 系统引导区代码，用于启动路由器并载入路由器操作系统。

(2) 闪存(Flash Memory)。

闪存是一种可擦写、可编程类型的 ROM 存储器，在系统重新启动或关机之后仍能保存数据，相当于计算机的硬盘。闪存负责保存路由器操作系统和路由器管理程序等。事实上，如果闪存容量足够大，甚至可以存放多个路由器操作系统，这在升级路由器操作系统时十分有用。当不知道新版路由器操作系统是否稳定时，可在升级后仍保留旧版路由器操作系统，这样在出现问题时可迅速退回到旧版操作系统，从而避免长时间的网络故障。

(3) 非易失性随机存储器(Nonvolatile RAM，NVRAM)。

NVRAM 是可读可写的 RAM 存储器，与传统的 RAM 不同，NVRAM 在系统电源被切断后仍能保存数据，且其读写速度又高于 ROM，因此 NVRAM 常用于保存启动配置文件。但由于成本较高，故其容量较小。通常在路由器上只配置 32～128KB 大小的 NVRAM。随着闪存技术的进步，闪存反复擦写的可靠性逐步提高，为了降低成本也有部分路由器厂商在低端路由器内不安装 NVRAM，而是使用闪存来保存启动配置文件。

(4) 随机存取存储器(Random-Access Memory，RAM)。

RAM 也是可读可写的存储器，在路由器中其功能相当于计算机的内存。RAM 存储的内容在系统重启或关机后将被清除。路由器中的 RAM 在运行期间暂时存放操作系统，存储运行过程中产生的中间数据，如路由表、ARP(Address Resolution Protocol，地址解析协议)缓冲区等。同时还存储正在运行的配置或活动配置文件，以及进行报文缓存等。例如当大量数据流向同一个接口时，数据可能无法直接从该接口输出，此时 RAM 可以提供数据排队所需的空间。为了让路由器能迅速访问这些信息，RAM 的存取速度优于前面所提到的 3 种存储器的存取速度。与计算机类似，许多模块化路由器的 RAM 是以内存条形式插在路由器主板上的，用户可以根据需要扩充 RAM。

3．管理接口

控制台接口和辅助接口都是管理接口，它们被设计用来对路由器进行初始配置和故障排除，而不是用来连接网络。

(1) 控制台接口。

控制台接口主要用于对本地路由器进行配置(首次配置必须通过控制台接口进行)。这种接口提供了一个 EIA/TIA RS-232 异步串行接口，网络管理员可以通过该接口利用终端软件与路由器进行通信，完成路由器配置。路由器的生产厂商和型号不同，与控制台进行连接的具体物理接口方式也不同。有些路由器采用 DB25 或 DB9 连接器，有些采用 RJ-45 连接器。如图 2-5 所示为采用 RJ-45 连接器的思科 1721 路由器控制台接口。一般中低端企业级和电信级路由器由于需要通过命令行界面进行配置，因此都提供了控制台接口。而一些低端 SOHO 接入级路由器由于只提供 Web 界面配置，因此多数不提供控制台接口。

(2) 辅助接口。

多数路由器均配备了一个辅助接口(Auxiliary Port，AUX)，它与控制台接口类似，提供了一个 EIA/TIA RS-232 异步串行接口。与控制台接口用于本地管理不同，辅助接口通常用于连接调制解调器，以使管理员在无法通过网络接口远程配置路由器时，可以通过公用电话网拨号来实现对路由器的远程管理。AUX 物理接口也多采用 RJ-45 连接器，如图 2-5 所示为采用 RJ-45 连接器的思科 1721 路由器辅助接口。

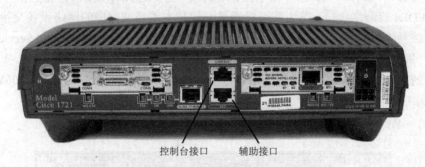

控制台接口　　辅助接口

图 2-5　思科 1721 路由器控制台接口和辅助接口

4．思科 2600 系列路由器主机体系结构

在中低端路由器中，路由器主板的功能和 PC 主板的功能比较相似，主要是搭载 CPU 和存储器，并通过总线连接各种接口或接口设备。如图 2-6 所示是思科 2600(XM)系列路由器的主板体系结构，在主板上安装的是摩托罗拉的 MPC860 CPU，内存使用 DRAM，外存使用闪存和 NVRAM，系统自举使用 BootROM，NM 模块与局域网接口 LAN 使用 PCI 总线进行通信。从思科 2600(XM)系列路由器的体系结构可以看出思科 2600(XM)系列路由器和 PC 机体系结构的相似之处。

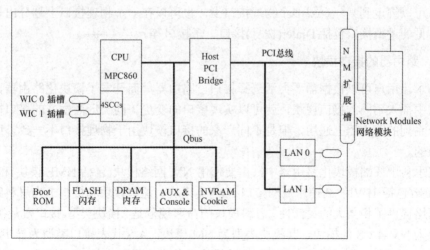

图 2-6　思科 2600(XM)系列路由器主板体系结构

2.2.2　路由器接口

1．路由器的接口

路由器的接口(Interface)是指路由器系统与网络中的其他设备交换数据并相互作用的部分，其功能就是完成路由器与其他网络设备的数据交换。为了连接不同的网络设备，路由器的接口也有很多种。

路由器的接口一般可以分为两类——物理接口和逻辑接口。

物理接口就是真实存在的、有对应器件支持的接口，如以太接网口、同步/异步串口等。物理接口又分为两种：一种是局域网(LAN)接口，主要是以太网接口，也包括令牌环、令牌总线、FDDI 等网络接口，路由器可以通过它们与本地局域网中的网络设备交换数据；另一种是广域网(WAN)接口，包括同步/异步串口、异步串口、ISDN(Integrated Services Digital Network，集成服务数字网)、BRI(Basic Rate Interface，基本速率接口)、xDSL 接口等，路由器可以通过它们与外部网络中的网络设备交换数据。如图 2-7 所示为思科 7206VXR 路由器的 PA(端口适配器)模块上的各种物理接口。

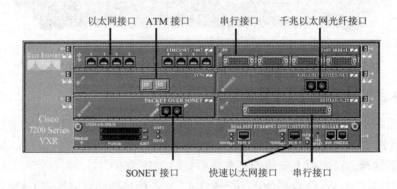

图 2-7　思科 7206VXR 路由器的物理接口

逻辑接口是指能够实现数据交换功能的物理上不存在、需要通过配置建立的接口。逻辑接口可以绑定到某一个或多个物理接口上，也可以在一个物理接口上划分出多个逻辑接口，常见的逻辑接口包括 Dialer(拨号)接口、子接口等。

2．路由器的接口模块

为了让用户可以根据需要灵活选择接口，路由器厂商开发了模块化路由器，用户只要在插槽中插入不同的接口模块，就可以实现接口的变更。同一厂商生产的接口模块可以在其多个系列的路由器上通用，但是不同厂家的接口模块由于物理接口不一致，所以一般是不通用的。

在思科中低端模块化路由器中，主要使用 NM 网络模块(包括 NME 模块)和 WIC 广域网接口卡(包括 HWIC 高速广域网接口卡)两类模块。这些模块和接口卡为思科路由器连接不同网络提供了相当大的灵活性。思科模块的命名规范是"模块类型-接口数量接口类型"。如型号为 NM-4A/S 的模块，其模块类型为 NM 模块，A/S 代表接口类型为异步/同步串口，串口数量为 4 个。又如型号为 WIC-2T 的模块，其模块类型为 WIC 接口卡，T 代表接口类型为高速串口，串口数量为 2 个。如图 2-8 所示是思科 NM 模块和 HWIC 接口卡。

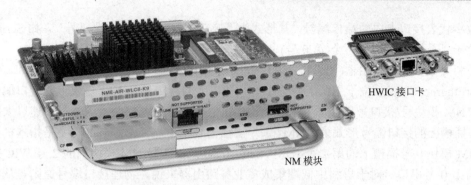

图 2-8　思科 NM 模块和 HWIC 接口卡

WIC 接口卡可以直接安装到像 1721 路由器这样的带有 WIC 插槽的路由器，也可以借助于支持 WIC 接口卡的 NM 网络模块(如 NM-2E2W 模块)，将 WIC 模块安装到只支持 NM 模块的路由器上，如 3600 系列路由器。如图 2-9 所示为带有 NM 模块和 WIC 模块的思科 3640 路由器。

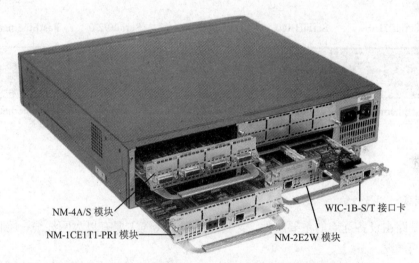

图 2-9　带有 NM 模块和 WIC 模块的思科 3640 路由器

3．路由器接口的编号

路由器的接口繁多，为了便于配置和管理，每个接口都有一个接口名称。接口名称的命名规则多为"接口类型名+编号"这种格式，其中"接口类型名"是接口的英文名称，如 Ethernet(以太网)、Serial(串行口)；编号为从 0 开始的阿拉伯数字。其组合形式主要有以下几种。

固定接口的路由器或采用部分模块化接口的路由器(如思科的 2500 系列和 1700 系列)在接口名称中只采用一个数字，并根据它们在路由器中的物理顺序进行编号，例如 Ethernet 0 表示第一个(第 0 号)以太网接口，FastEthernet0 表示第一个百兆快速以太网接口，Serial1 表示第二个串口。

能够动态更改物理接口配置的模块化路由器(如思科 2600、思科 3600 系列路由器)其接口名称中至少包含两个数字，中间用斜杠"/"分隔。其中，第一个数字代表插槽编号，第二个数字代表接口卡内的端口编号，其形式为"接口类型名 插槽号/端口号"。如 Serial1/0 代表位于 1 号插槽上的第一个(第 0 号)串口。

思科集成多业务路由器(如思科 2800、3800 系列)机载端口采用"接口类型 0/接口号"，如 FastEthernet0/0 表示位于主机上的第 1 个快速以太网接口。其 NM 模块上的接口编号形式为"NM 模块号/接口号"，如 FastEthernet1/0 是指 1 号 NM 模块上的 0 号快速以太网接口。其插槽上的接口编号形式为"NM 模块号/插槽号/接口号"，Serial0/0/1 是指本机上第 1 个 NM 模块 0 号插槽上的第二个串口；Serial1/1/0 是指 1 号 NM 模块上的 2 号 WIC 接口卡上的第 0 号串口。对于思科中低端集成多业务路由器来说，物理接口编号原则是从小到大，自右向左，自下向上。如图 2-10 所示的思科 2811 路由器的 NM 插槽上，安装了一个 NM-2FE2W 模块(2 个快速以太网接口，2 个 WIC 插槽)。在这个 NM 模块上又安装了 2 个 WIC-1T 模块(1 个串口)，在第 1 个 WIC 插槽上安装了一个 WIC-2T 模块(2 个串口)，在其他的 3 个 WIC 插槽上安装了 3 个 WIC-1T 模块，本机上还有两个快速以太网接口。所有接口的标号如图 2-10 所示。

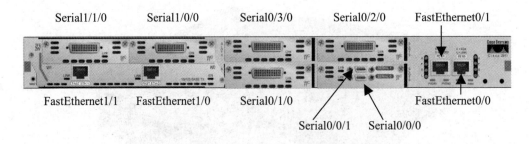

图 2-10　思科 2811 集成多业务路由器接口编号

4．线缆

线缆是路由设备互连的重要配件，一般常用到的线缆主要有以太网线缆、控制台线缆、串行广域网线缆。

(1) 以太网线缆。它是当前局域网互联时主要使用的线缆。在与路由器进行连接时常用到两种以太网线缆，一种称为直通线(Straight-through)，通常线缆两端均为采用 EIA/TIA 568B 规范制作的 RJ-45 接头；另一种称为交叉线(Cross-over)，线缆一端是采用 EIA/TIA 568A 规范制作的 RJ-45 接头，另一端是采用 EIA/TIA 568B 规范制作的 RJ-45 接头。

当路由器与路由器或者路由器与计算机通过以太网接口直接连接时，应采用交叉线，如图 2-11 所示。当路由器与交换机或者计算机与交换机通过以太网接口互连时，应使用直通线。

(2) 控制台线缆。当对路由器进行配置时常通过 PC 机的 RS-232 串行接口(COM 口)与路由器的控制台接口(Console 接口)相连。通常控制台线缆的一端是 9 针串口(DB9)用于连接 PC COM 口，线缆的另一端为 RJ-45 接口与路由器的控制台接口相连。由于思科的控制台接口和以太网接口物理上同属于 RJ-45 接口，在连接时不要混淆，以防损坏接口，如图 2-12 所示。

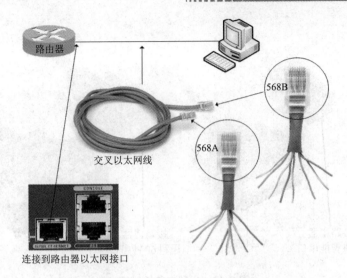

图 2-11　使用交叉线连接 PC 和路由器

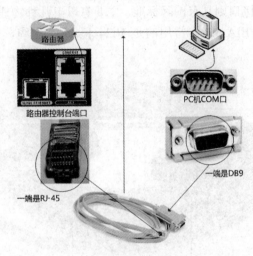

图 2-12　使用控制台线缆管理路由器

　　(3) 串行广域网线缆。在通过广域网进行串行数据传输时，路由器一般要连接运营商提供的设备。这有点类似于多台计算机共享 ADSL 上网，运营商提供 ADSL Modem，用户只要买一个宽带路由器连接到 ADSL Modem 就可以实现多人共享上网。在广域网串行通信时运营商提供的设备一般称为 CSU/DSU(信道服务单元/数据服务单元)，CSU/DSU 也可以用来向路由器提供同步所需的时钟信号。

　　路由器一般属于用户端设备，称为 DTE(Data Terminal Equipment，数据终端设备)，而 CSU/DSU 设备一般称为 DCE(Data Circuit Equipment，数据电路设备)。DTE 和 DCE 之间通过广域网串行线缆进行连接。连接 DTE 端路由器的串行接口的物理形式一般由厂商规定，如思科主要采用两种串行接口，分别是体积较大的 60 针串行接口和体积较小的具有 26 个接触点的智能串行(Smart Serial)接口，如图 2-13 所示；华三(H3C)路由器也采用两种串行接口，分别是体积较大的 50 针串行接口和体积较小的具有 28 个接触点的串行接口。

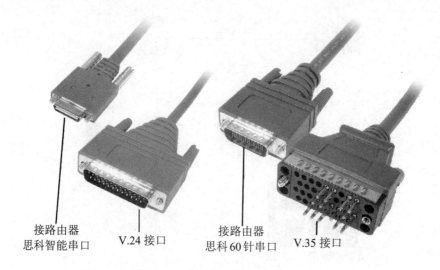

接路由器
思科智能串口　　　V.24 接口　　　接路由器
　　　　　　　　　　　　　　　　思科60针串口　　　V.35 接口

图 2-13　思科串行线缆接口

连接 DCE 端设备的接口则具有国际标准，主要有以下几种物理层标准：RS-232/V.24、RS-449、V.35、X.21 和 EIA-530。常用的是 V.24 和 V.35 电缆，如图 2-14 所示为 V.35 线缆。

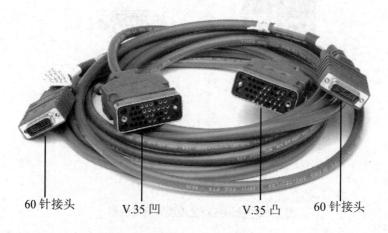

60 针接头　　　V.35 凹　　　　　V.35 凸　　　60 针接头

图 2-14　V.35 线缆

在实验室环境中往往并不具备模拟广域网的条件，也没有 CSU/DSU 这样的设备，因此常使用路由器背靠背的方式进行串行连接：一台路由器用作 DCE 端设备，提供定时信号，在思科路由器上要手工配置 DCE 接口的时钟速率；另一台路由器用作 DTE 端设备。需要指出的是 DCE 和 DTE 只与接口相关，如一台路由器有两个串口，这台路由器完全有可能在一个接口上用作 DCE 设备，在另一个接口上用作 DTE 设备。

在使用背靠背的方式进行串行接口连接时，DCE 和 DTE 只与线缆连接方式有关，V.24 和 V.35 线缆有两种接头，凸接头端连接的设备是 DTE 设备，凹接头端连接的设备是 DCE 设备。如图 2-15 所示为通过 V.35 线缆路由器背靠背进行串行接口连接。

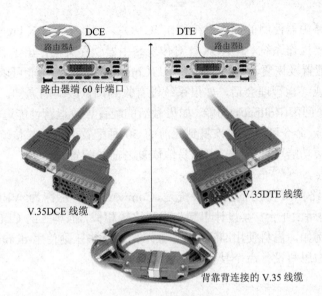

图 2-15　路由器背靠背连接

2.2.3　路由器的软件

与通用计算机一样，路由器离开了软件也是无法工作的。路由器软件主要包括自举程序、路由器操作系统、配置文件和实用管理程序。

1. 自举程序

现在的计算机系统都需要通过固化在 ROM 当中的自举程序来引导操作系统启动。路由器也不例外，也需要自举程序来加载路由器操作系统。自举程序是固化在 ROM 当中的软件，又称作固件，其功能是在路由器加电后完成有关初始化工作，并负责向内存中装入操作系统代码。思科将自举程序称为 BootStrap，华三称为 BootROM。

2. 路由器操作系统

路由器除了硬件外，每个路由器都有一个路由器操作系统来调度路由器各部分的运行。路由器厂商对路由器操作系统的称谓也不一致，下面主要对思科(Cisco)、瞻博(Juniper)和华三(H3C)这三家公司的路由器操作系统做简单介绍。

(1) IOS。

思科公司的路由器使用的路由器操作系统是思科网络互联操作系统(Internetworking Operating System，IOS)。思科的 IOS 根据用户不同的功能需求，有着不同的版本和特性，必须根据用户的实际情况决定运行哪种形式的 IOS。但是，IOS 在不同平台之间保持了相同的用户接口。这使得在配置不同型号路由器的相同功能时可以使用相同的命令，IOS 配置通常是通过基于文本的命令行界面(CLI)进行的。使用命令行配置方式的优点主要是在设备配置时提供了最大的灵活性，同时还可以使用一些脚本语言进行批量处理，这些优点是图形界面所不具有的。由于思科在电信和企业级市场占有较高的份额，思科的 CLI 命令体系也被许多网络设备生产厂商所模仿。本书将以思科的 CLI 命令作为重点进行讲解。

(2) JUNOS。

瞻博公司的路由器使用的操作系统称作 JUNOS，是基于 UNIX FreeBSD 内核开发的高性能模块化路由器操作系统。JUNOS 针对传统路由器软件架构作出了多项改进，简化了整个网络的部署、配置及恢复。例如，提交确认(Commit Confirm)功能可以在对远程配置设备时意外断开设备或终止管理会话，如果系统没有收到确认改动的通知，系统就会回退到此前的配置。又比如回滚(Rollback)功能，如果激活的配置导致运营性能退化，JUNOS CLI 提供的一个 Rollback 命令可以快速恢复到此前的 50 种配置之一。与传统路由器撤销单个命令相比，使用回滚功能可以更快、更容易地恢复之前的配置。

(3) Comware。

华三公司的路由器使用的操作系统是 Comware，华三称为 VRP(Versatile Routing Platform)，即通用路由平台。其设计思想与思科比较相似，但华三的 CLI 命令与思科的 CLI 命令并不相同。例如，思科使用 show 命令显示信息，华三则使用 display 命令显示信息，但华三设备命令与思科设备命令具有一定的对应关系。

3．配置文件

配置文件是由网络管理人员创建的文本文件。在每次路由器启动过程的最后阶段，路由器操作系统都将尝试加载配置文件。如果配置文件存在，路由器操作系统将逐条执行配置文件中的每行命令，例如配置接口 IP 地址信息、配置路由协议参数等。这样，当路由器每次断电或重新启动时，网络管理人员不必对路由器的各种参数进行重新配置。

配置文件中的语句以文本形式存储，其内容可以在路由器的控制台终端或远程虚拟终端上显示、修改或删除，也可通过 TFTP(小型文件传输协议)上传或下载配置文件。

一般路由器上会有以下两种类型的配置文件。

(1) 启动配置文件。也称为备份配置文件。在思科路由器中启动配置文件保存在 NVRAM 中，并且在路由器每次初始化时加载到内存中变成运行配置文件。

(2) 运行配置文件。也称为活动配置文件，驻留在内存中。当通过路由器的命令行界面对路由器进行配置时，配置命令被实时添加到路由器的运行配置文件中并被立即执行。但是，这些新添加的配置命令不会被自动保存到 NVRAM 中。因此，通常对路由器进行重新配置或修改后，应该将当前的运行配置保存到 NVRAM 中变成启动配置文件。

4．实用管理程序

除了存在于路由器内部的上述软件外，思科公司为思科路由器还提供了一些图形化的路由器配置和管理程序，例如可以嵌入到思科路由器内部的 SDM 以及 CiscoWorks 等一些管理软件。

2.3　路由器的工作原理

2.3.1　可被路由协议与路由协议

协议是定义计算机或网络设备之间通过网络互相通信的规则和标准的集合。在讨论协议与路由问题时，通常讨论两类协议：一类是可被路由协议(Routed Protocol)；另一类是路由协议(Routing Protocol)。因为可被路由协议与路由协议有些相似，所以经常会发生混淆。

1．可被路由协议

可被路由协议属于网络层协议，是定义数据包内各个字段的格式和用途的网络层封装协议。该网络层协议提供了足够的信息，以允许中间转发设备将数据包在终端系统之间传送。常见的可被路由协议有：

- IP (Internet Protocol，网际协议)协议；
- Novell 公司的 IPX (Internetwork Protocol eXchange，网间协议交换)协议；
- Apple 公司的 AppleTalk 协议。

当然，既然有可被路由协议就有不可被路由协议，如果协议对网络层不支持就是不可被路由协议。例如微软公司的 NetBEUI(NetBIOS 扩展用户接口)协议，这个协议只能限制在一个网段内运行。由于 TCP/IP 协议已成为工业标准，因此本书只讨论可被路由协议——IP 协议的路由问题。

2．路由协议

路由协议也被称为路由选择协议，属于应用层协议。它与可被路由协议协同工作，用来执行路由选择和数据包转发功能。它通过在设备之间共享路由信息机制，为可被路由协议提供支持。路由协议的消息在路由器之间移动，路由协议使路由器之间可以传达路由更新并进行路由表的维护。常用的 TCP/IP 协议栈的路由协议有：

- RIP (Routing Information Protocol，路由信息协议)；
- IGRP (Interior Gateway Routing Protocol，内部网关路由协议)；
- EIGRP (Enhanced Interior Gateway Routing Protocol，增强型内部网关路由协议)；
- OSPF(Open Shortest Path First，开放式最短路径优先)；
- BGP(Border Gateway Protocol，边界网关协议)。

2.3.2　路由器的基本工作原理

1．路由器的两个关键功能

路由器通过动态维护路由表来反映当前的网络拓扑，并通过与网络上其他路由器交换路由和链路信息来维护路由表。

当数据包到达一个接口时，根据收到数据包中的网络层地址以及路由器内部维护的路由表来决定把数据包发送到相应的接口，依照接口类型进行必要的成帧，并且重写数据链路层帧头实现转发数据包。本小节将重点讨论数据包转发问题。

2．路由器的数据包转发过程

我们以主机 A 向主机 B 发送数据的传输过程为例来说明由路由器互联的网络的基本工作原理。如图 2-16 所示，主机 A 作为源主机发送分组，路由器 A 和路由器 B 转发分组，主机 B 作为目的主机接收分组，D 代表目的地址，S 代表源地址。

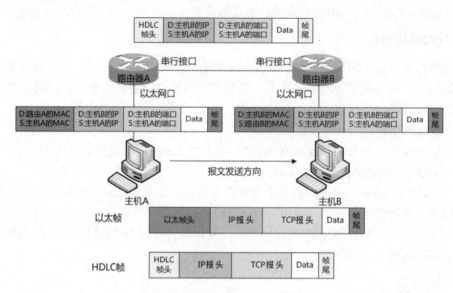

图 2-16　路由器的数据包转发过程

当主机 A 要向主机 B 发送数据时，主机 A 的应用层数据(Data)传送给传输层。传输层在 Data 前面加上 TCP 的报头后，将数据段(TCP 报头+Data)传送给网络层。网络层在它的前面再加上 IP 的报头后，将数据包(IP 报头+TCP 报头+Data)传送给数据链路层。数据链路层计算出新的 CRC(循环冗余校验)值加入到帧尾，并且依照不同的接口类型(以太网、串行口、帧中继)，为分组加上适当的帧头。如包含以太网 MAC 地址的 802.3 帧头，发送帧的内容为(帧头+IP 报头+TCP 报头+Data+帧尾)，其中帧头中的源 MAC 为主机 A 的 MAC 地址、目的 MAC 为路由器 A 的以太网接口的 MAC 地址。

当路由器 A 接收到该帧时，帧中的目的 MAC 地址被提取出来并进行检查。冲突域里的所有设备都会执行这样的过程，这是为了确定这个数据帧的目的地址是否在本接口，或者这个帧是否是一个广播信号。这两种情况的结果是数据要么被接收，要么被丢弃(因为这些数据是去往冲突域中的另一个设备)。被接收的帧要从帧尾提取信息用来进行 CRC 校验，计算的结果用来验证在接口接收的帧是否有错误。如果检查失败，帧就会被丢弃。

如果检查有效，由于路由器 A 以太网接口的数据链路层采用 802.3 协议，与主机 A 保持一致，数据帧将会被剥去帧头、帧尾，其中的数据包(IP 报头+TCP 报头+Data)被送到路由器 A 的网络层。

路由器的网络层根据 IP 报头中的目的 IP 地址检查这个数据包，看看这个数据包是发给自己还是要被路由到互联网络中的其他设备。如果数据包中的目的地址为路由器接口 IP 地址，这种类型的数据包的报头将会被剥离并将数据送往传输层。如果数据包需要被路由，那么数据包中的目的 IP 地址和路由表进行对比。如果匹配了路由表中的一个条目或者一条默认路由，数据包将会发往路由条目中所指向的接口。如果路由表标明了该分组应该通过路由器 A 的串行接口发送，那么路由器 A 通过串行接口对数据包进行 HDLC 链路层封装，在(IP 报头+TCP 报头+Data)之前加 HDLC 帧头(链路头)、帧尾(链路尾)，再由物理层传输到远程路由器 B。

当路由器 B 的串行接口接收到该帧之后，经校验无误后数据帧将会被剥去帧头、帧尾，将数据包(IP 报头+TCP 报头+Data)交给路由器 B 的路由处理软件。路由器 B 的路由处理软件会读取 IP 报头中的目的 IP 地址和路由表进行对比。如果发现分组的目的主机就在以太网接口上，那么它就会将数据包(IP 报头+TCP 报头+Data)作为网络层的高层数据，通过以太网接口，按照 802.3 协议标准逐级加上帧头、帧尾。其中帧头中的源 MAC 地址是路由器 B 以太网接口的 MAC 地址，目的 MAC 地址是主机 B 接口的 MAC 地址，数据帧再由物理层传输到主机 B。

主机 B 在接收到路由器 B 所发的帧之后，采取了类似于路由器 A 接收到主机 A 数据帧后一样的检查步骤，按照数据链路层顺序，除去 802.3 帧头，将数据包(IP 报头+TCP 报头+Data)交给主机 B 的网络层。主机 B 的网络层根据目的 IP 地址判断是它应该接收的分组后，除去 IP 报头，将正确的(TCP 报头+Data)送交主机 B 的传输层。

在整个过程中，源和目的 MAC 地址随着数据链路层的变化而不断变化，而 IP 报头中的源和目的 IP 地址却从不曾发生变化。因此第二层数据单元(帧)只适用于点到点之间的寻址，而第三层数据单元(数据包)适用于端到端的寻址。

3. 路由表

把数据包从一个网络转发到另一个网络的实际过程就叫作 IP 数据包的转发。路由器根据目的 IP 地址确定最优路径，而完成数据包的转发。每一台路由器都存储着一张关于路由信息的表格，称为路由表。它通过提取数据包中的目的 IP 地址信息，并与路由表中的表项进行比较来确定最佳的路由。

路由表通常至少包括 4 个部分：目的网络地址、子网掩码、下一跳地址(Next Hop)、出站接口。如表 2-1 所示为一个简单的路由表。

表 2-1 简单路由表

目的网络地址	子网掩码	下一跳地址	出站接口
192.168.1.0	255.255.255.0	20.0.0.2	S0/0
10.0.0.0	255.0.0.0	2.0.0.1	E0/0
10.1.1.0	255.255.255.0	3.0.0.1	S0/1
0.0.0.0	0.0.0.0	4.0.0.1	E0/1

- 目的网络地址：用于指出路由器可到达的 IP 网络的网络号。
- 子网掩码：使用子网掩码和 IP 数据包的目的 IP 地址进行与运算，即可计算出 IP 数据包的目的网络号。
- 下一跳地址：用于指出 IP 数据包要转发到下一个路由器的 IP 地址。
- 出站接口：用于指出当前 IP 数据包从路由器的哪个接口转发出去。

4. IP 包的转发原则

当路由器需要转发一个 IP 数据包时，它就在路由表中查找目的网络地址。如果发现确实存在匹配的项，就将数据包从路由表中该项所指示的出站接口转发到下一跳，下一跳就是数据应该被发送到的下一个路由器。如果没有找到相匹配的项，路由器就会丢弃这个数据包。

如果在路由表中存在多个匹配的表项，路由器将根据 IP 转发规定的特定原则选择一项作为路由，即在所有的匹配表项中选择子网掩码长度最长的那一表项。

以表 2-1 所示的路由表为例，路由器要转发一个目的地址为 10.1.1.1 的数据包。为了查找路由表中的匹配项，必须将路由表中子网掩码与数据包中目的 IP 地址进行位与运算，得到目的网络地址，与路由表各项逐个对照。

10.1.1.1 和 255.255.255.0 位与的结果是 10.1.1.0。第一项目的网络地址是 192.168.1.0。这与数据包的目的 IP 地址不相关，所以路由表中的第一项与 IP 数据包不匹配。

10.1.1.1 和 255.0.0.0 位与的结果是 10.0.0.0。第二项只要求目的网络地址与数据包的目的 IP 地址的前 8 位相同。由于目的网络地址的前 8 位为 10.0.0.0，数据包的目的 IP 地址的前 8 位也为 10.0.0.0，所以路由表的第二项与 IP 包相匹配。

第三项只要求目的网络地址与数据包的目的 IP 地址的前 24 位相同。由于目的网络地址的前 24 位为 10.1.1.0，数据包的目的 IP 地址的前 24 位也为 10.1.1.0，所以路由表的第三项也与 IP 包相匹配。

10.1.1.1 和 0.0.0.0 位与的结果是 0.0.0.0(任何数与 0 的结果都为 0)。第四项不要求目的网络地址的任何比特与数据包的目的 IP 地址相同。也就是说，这一项可以和任何 IP 包相匹配，即是一条默认路由。显然，第四项也与该 IP 包匹配。

这样，我们有三条合适的路由。由于 IP 包的转发原则规定必须选用子网掩码长度最长的那条匹配路由，所以本例中的路由器采用了路由表中的第三条路由来转发该数据包，因为 24 位的子网掩码显然要大于 8 和 0 位。这样路由器就将数据包从接口"S0/1"转发给了3.0.0.1。

实际上路由表不仅仅包含上述描述的字段，还要包括一些其他的字段。路由表的详细内容请参考 2.5 节。

IP 包的转发原则可以归纳如下。

(1) 如果存在多条目的网络地址与 IP 包的目的网络地址匹配的路由，那么必须选用子网掩码最长的那条路由，而不选用路由表中的默认路由或子网掩码长度较短的任何网络路由。

(2) 在没有相匹配的目的网络地址路由时，如果存在一条默认路由，那么可以采用默认路由来转发数据包。

(3) 如果前面几条都不成立(即根本没有任何匹配路由)，就宣告路由错误，并向数据包的源端发送一条 ICMP Unreachable(不可达)消息。

需要注意的是，在进行 IP 报文转发时，路由器转发依赖的不是整个目的地址，而是这个目的地址的网络部分。

2.4　路由协议及算法

2.4.1　静态路由和动态路由

路由器为了实现数据转发就必须拥有路由信息。路由器的路由信息主要通过以下三种方式获得。

(1) 直连路由。路由器自动添加和直连网络的路由。由于直连路由反映的是接口所直接连接的网络，而非"二手"信息，因此其可信程度是比较高的。

(2) 静态路由。由管理员手工输入到路由器中的路由，它不会自动跟随网络拓扑的变化而变化。静态路由不会占用路由器的 CPU 和 RAM，也不占用线路的带宽，一般适用于结构比较简单的网络。

(3) 动态路由。通过各个路由器之间相互连接的网络，利用路由协议动态地相互交换路由信息。通过这种交换，网络上的路由器就会知道网络中其他网端的信息，从而动态生成和维护相应的路由表。当目标网络有多条路径时，其中一条路径失效时，动态路由会自动切换到另一条路径。

在动态路由中，对路由协议的分类一般主要有以下两种方法：一种是按照路由选择算法划分为距离矢量(Distance Vector)路由协议和链路状态(Link State)路由协议，距离矢量和链路状态描述了在路由选择更新方面路由器之间如何相互作用；另一种是按照路由协议运作时与自治域系统的关系划分为内部网关协议(Interior Gateway Protocols，IGP)和外部网关协议(Exterior Gateway Protocols，EGP)，内部网关协议和外部网关协议描述了路由器之间的物理关系。

2.4.2 路由选择算法的设计目标

路由选择算法通常有以下一个或多个设计目标。

* 最优化。根据计算机使用的度量标准和度量标准权值确定最佳路由。
* 简单性。如果路由器运行路由协议占用的 CPU 和存储器开销很小，那么就达到了理想有效的路由选择算法的目标。
* 健壮性。路由选择算法应该在面临非正常或不可预见的情况时还能够正常运行，比如在硬件故障、高负载和执行错误等情况下。
* 收敛快。收敛是指所有路由器都有统一的路由认知的过程。当一个网络事件引起路由有效性的变化时，就需要重新计算并重建网络连接性。收敛缓慢的路由选择算法可能导致数据不能被传送。
* 灵活性。路由选择算法应该很快适应各种各样的网络变化。
* 可扩展性。当网络要进行扩展(或未来要扩展)时，要求路由选择协议的可扩展性设计得较好，例如 RIP 协议在可扩展性上远不如 OSPF 协议。

2.4.3 路由选择的度量标准

当路由选择算法更新路由表时，它将选择最好的信息放到路由表中。路由选择算法用不同的度量标准(Metrics)来确定最佳路由。每个路由选择算法用它自己的方式来解释什么样的路由是最佳路由。路由选择算法为每一条通过网络的路径生成一个数值，称为度量标准值。复杂的路由选择算法能够把路由选择建立在多种度量标准基础上，使它们合并为单一的复合度量标准，通常度量标准越小，路径就越佳。

度量标准能以单一的路径特征为基础，或者以几种不同特征来计算。路由选择协议使用得最为普遍的度量标准如下。

- 带宽(Bandwidth)。链路的数据容量(一般来讲，10Mbps 以太网链路比 64kbps 的专线要更好)。

- 跳数(Hop Count)。分组在到达目的地前所必须经过的路由器的数量。只要分组通过一个路由器，就是一跳。一条路径中有 10 个跳数就代表到达目的地前数据沿着这条路径传送时经过了 10 个路由器。如果到达一个目的地有很多条路径，路由器就会选择跳数最少的路径。

- 延迟(Delay)。从信号源到目的地沿每条链路移动分组所需的时间长度。延迟取决于中间链路的带宽、每个路由器的接口队列、网络拥塞情况以及物理距离等因素。

- 负载(Load)。网络资源(如路由器或链路)上的活动量。

- 可靠性(Reliability)。通常指的是每个网络链路的出错率。

- 代价(Cost)。一个任意的值，通常以带宽、金钱的花销或其他的衡量标准为基础，可以由网络管理员指定。

- 最大传输单元(Maximum Transmission Unit，MTU)。链路上所允许传输的最大分组长度。一般选择路由器时会选择 MTU 大的路径传输。

2.4.4　距离矢量路由协议

　　距离矢量路由协议采用贝尔曼-福特(Bellman-Ford)路由选择算法来计算最佳路径。在距离矢量路由算法中，每个路由器维护一张路由表，它以子网中的每个路由器为索引，列出当前已知路由器到每个目标路由器的最佳距离及所使用的线路。通过邻近设备之间相互交换信息，路由器不断地更新它们内部的路由表。

　　距离矢量算法周期性地将其路由表的全部或某些部分发送给邻近设备。即使网络没有发生变化，运行距离矢量路由协议的路由器也会发送周期性的更新。通过接收邻近设备的路由选择表，路由器能够检验所有已知的路由，并且能根据邻近设备发来的更新信息来改变本地路由表，因此距离矢量路由也被称为"传言路由"，即路由信息全部来自于邻近设备的"二手"信息，网络中路由器的理解是以网络拓扑中邻近设备的观点为基础的。

　　常见的距离矢量路由协议有 RIP 协议、IGRP 协议和 BGP 协议。距离矢量算法的优点是算法的开销较小；缺点是算法的收敛较慢，可能传播错误的路由信息从而造成路由环路问题。

2.4.5　链路状态协议

　　链路状态协议的设计目的是为了克服距离矢量路由协议的局限性。链路状态路由器通过链路状态协议扩散(Flooding)链路状态信息，并根据收集到的链路状态信息计算出最优的网络拓扑，从而使每个路由器具有完整网络的拓扑。

　　链路状态协议对网络的变化能很快地作出反应，仅当网络变化发生时发送触发器更新，并以较长的间隔时间发送周期性更新。

　　当链路状态发生变化时，检测到这个变化的设备就创建一个与此链路有关的链路状态通告(Link State Advertisement，LSA)，而且这个 LSA 被传播到所有邻近的设备上。每个路由设备都复制一份 LSA，以更新自己的链路状态数据库(Link State DataBase，LSDB)，再把该 LSA 转发给所有邻近的设备。LSA 的扩散保证所有的路由设备先更新它们的数据库，然后创建或者更新反映新拓扑的路由表内容。

链路状态数据库用来计算通过网络的最佳路径。链路状态路由器通过对链路状态数据库执行 Dijkstra 算法，从而找到以路由器自身为根的最短路径优先(Shortest Path First，SPF)树，即通往目的地的最佳路径，并建立 SPF 树形结构。

常用的链路状态协议有 OSPF 和 OSI 的 IS-IS(Intermediate System to Intermediate System，中间系统到中间系统)路由协议。链路状态协议的优点是可以很好地避免路由环路问题，收敛速度较快；缺点是开销较大，在生成链路状态数据库和 SPF 树时需要占用较多的 CPU 和内存资源。

2.4.6　内部网关协议和外部网关协议

路由器使用路由协议来交换路由信息。路由协议决定可被路由协议如何被路由。路由协议有两个系列：内部网关协议和外部网关协议。这些系列的分类基于它们运作时与自治域系统的关系。

内部网关协议是多种内部网关协议的统称，主要作用是传播自治系统(Autonomous System，AS)内部的网络信息。常见的 IGP 类协议有 RIP 和 RIPv2、IGRP、EIGRP、OSPF、IS-IS 等路由协议。

外部网关协议是多种外部网关协议的统称。它被设计用于不同组织的网络之间的数据路由，例如不同的互联网服务提供商之间的网络、公司与互联网服务提供商之间的网络等。常见的 EGP 类协议是 BGP(Border Gateway Protocol，边界网关协议)和 EGP(Exterior Gateway Protocol，外部网关协议)。EGP 是边界路由器用来向另一个 AS 发布本 AS 网络信息的协议。

互联网是一些随意连接的 AS 的集合。也就是说，互联网可以建模成一张网络图，图中的节点是 AS，边是每对 AS 间的连接。

在 AS 中，一组路由器在统一管理下，在 AS 内使用内部网关协议和统一度量来路由数据包，而通过外部网关协议将数据包路由到其他 AS。事实上，一些 AS 在其内部使用多种内部网关协议和度量。每个 AS 由一个管理机构管理，至少在外部看来它代表着该系统的路由信息。如图 2-17 所示为三个 AS 的网络互联的情况。AS200 中有三个内部路由器 B、C 和 D，运行 IGP 进行 AS 内的路由信息交换。这些路由信息可以通过运行 EGP 协议的边界路由器传到 AS100 和 AS300 中，完成 AS 之间的路由信息交换。同理，也可以通过 EGP 边界路由器 B 和 D 将与本系统相连的其他 AS 的路由信息引入系统内部来，通过 IGP 发布给系统内部的路由器 C。AS 采用 16 位编号，AS 编号分为公有编号和私有编号，公有编号由互联网地址授权委员会(Internet Assigned Numbers Authority，IANA)进行分配；私有编号的范围是 64512~65535，可以在内部网络中任意使用。

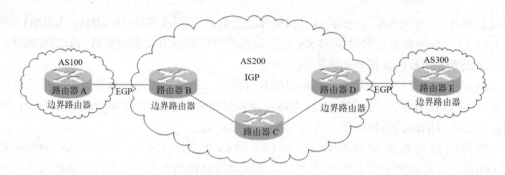

图 2-17　IGP 和 EGP

2.4.7　有类路由协议和无类路由协议

路由协议在路由选择更新中不含有子网信息，路由器将只能依据传统的地址类别进行数据发送，这样的路由协议就属于有类路由协议，如 RIPv1(RIP 1.0)、IGRP 和 BGPv3(BGP 3.0)路由协议。

路由协议支持在路由选择更新信息中发送掩码，路由器可以忽略地址的类别进行数据的转发，这样的路由协议就属于无类路由协议。只有无类路由协议才能支持 CIDR(无类域间路由)和 VLSM(变长子网掩码)，例如 RIPv2(RIP 2.0)、EIGRP、OSPF、IS-IS 和 BGPv4(BGP 4.0)路由协议都属于无类路由协议。

2.4.8　常用路由协议及特点

1．RIP

RIP 用跳数作为它的路由选择度量标准，如果到目的地有多条路径，RIP 就选择跳数最少的路径。由于跳数是 RIP 选择的唯一度量标准，因此 RIP 可能不会选择最快的链路。如图 2-18 所示，从主机 A 发送数据包到主机 B，如果网络中路由器运行的是 RIP 协议，那么路由器 RTA 将会选择路径 1 而不会选择路径 2 将数据转发到路由器 RTB，即不会将数据转发给路由器 RTC。因为如果从路由器 RTA 到目标网络 192.168.2.0，走路径 1 需要经过 RTB 一个路由器，也就是跳数为 1；而如果走路径 2 则需要经过 RTC、RTB 两个路由器，也就是跳数为 2。虽然路径 2 的带宽更大，但 RIP 只以跳数多少衡量路径的远近。

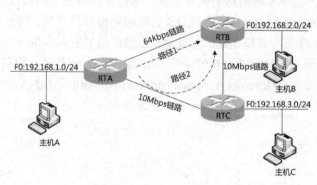

图 2-18　RIP 的度量标准

RIPv1 是有类路由协议。由于 RIPv1 路由选择更新中不包含子网信息，因此网络中的所有设备必须要使用相同的子网掩码。

RIPv2 可以发送含有子网掩码信息的路由更新，它支持无类路由选择。使用无类路由选择协议，同一个网络中不同的子网能够有不同的子网掩码。

RIP 协议的最大跳数是 15 跳，当跳数为 16 时就认为网络不可达，因此 RIP 路由协议只能用于小规模的网络。

2. IGRP

IGRP 是一个由思科开发的距离矢量路由协议，专门用于解决超出协议范围的庞大网络中与路由选择相关的问题。IRGP 能够以延迟、带宽、负载和可靠性为基础来选择最快的路径。默认情况下，IGRP 仅仅使用带宽和延迟度量标准。IGRP 也有比 RIP 更高的最大跳数限制来允许网络更大延伸。IGRP 只适用于有类路由选择。

IGRP 协议使用带宽和延迟作为它的路由选择度量标准，较之 RIP 具有更好的性能，但是由于 IGRP 是思科公司开发的私有协议，因此不被其他厂商所支持。由于思科公司已开发出同时具有距离矢量和链路状态特点的 IGRP 增强版路由协议——EIGRP 协议，因而在新版思科路由器上一般也不再支持 IGRP 协议。

3. EIGRP

EIGRP 也是一个思科的专利协议。EIGRP 是 IGRP 的高级版本，它是一个高级的距离矢量路由协议，具有更快的收敛性和低带宽开销。EIGRP 也使用一些链路状态协议功能，因此 EIGRP 也被称为混合路由协议。

4. OSPF

OSPF 是一个链路状态协议。IETF 于 1988 年开发了针对 IPv4 协议所使用的 OSPFv2(OSPF 2.0)。OSPF 是一个 IGP 协议，常用于在同一自治域系统内的路由器之间发布路由选择信息。由于 OSPF 是开放标准，同时性能远优于 RIP 协议，因此 OSPF 协议在大中型网络中得到了普遍使用。

5. BGP

BGP 属于 EGP 类协议。BGP 在 AS 之间交换路由选择信息并且同时保证无环路出现。它是互联网上多数公司和互联网服务提供商所使用的主要路由通告协议。当前主要使用的是 BGPv4。BGPv4 是在 BGPv3 的基础上发展而来的，BGPv4 首次支持无类域间路由(CIDR) 和路由聚合。BGP 协议又分为在不同 AS 对等体之间交换路由信息的 eBGP(external BGP，外部边界网关协议)和同一 AS 内部对等体之间交换路由信息的 iBGP(internal BGP，内部边界网关协议)。与一般的 IGP(如 RIP、OSPF 和 EIGRP)不同，BGP 不使用跳数、带宽或延迟这样的度量标准。BGP 以路由策略或规则为基础，使用多种 BGP 属性来作出路由选择决定。

2.5 思科路由器路由表分析

本节将对由三台思科 2811 路由器互联的网络中的一台路由器的路由表进行分析。如图 2-19 所示，路由器 RTA 有三个接口，其中快速以太网接口 F0/0(FastEthernet0/0)连接着 192.168.1.0/24 网端，串行接口 S0/0/0(Serial0/0/0)通过 64kbps 链路和路由器 RTB 相连，快速以太接口 F0/1(FastEthernet 0/1)通过 100Mbps 链路和路由器 RTC 相连。在网络中运行了动态路由协议 RIPv2(因为网络中存在变长子网掩码，如 192.168.12.1/30)，此外在 RTA 路由器上还配置了静态路由。

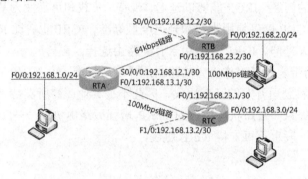

图 2-19 三台思科路由器互联的网络

1. 思科路由表

路由器 RTA 的路由表如下所示，它主要由三部分组成。

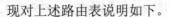

现对上述路由表说明如下。

(1) 路由来源代码。由于路由条目可以由多种方式获得,因此路由来源代码用一个字母代表了路由来源,例如 C 代表直连路由,R 代表 RIP 路由,B 代表 BGP 路由,D 代表 EIGRP 路由(本路由器使用的 IOS 不支持 IGRP,在支持 IGRP 协议的路由表中,I 代表 IGRP 路由),O 代表 OSPF 路由。

(2) 最终网关(Gateway of Last Resort)。当数据包和所有路由条目都不匹配时,数据包可以转发到最终网关。

(3) 路由条目。显示路由器中所有可用的路由,在每个路由条目最前方都可以看到一个字符的路由来源代码,用以说明路由条目的来源,在本例中可以看到的路由条目如下。

- 直连路由。在图 2-19 中可以看到 RTA 的直连网段有三部分,分别是 192.168.1.0/24、192.168.12.0/30 和 192.168.13.0/30,因此在 RTA 的路由表中有 3 条直连路由。例如,"C 192.168.12.0 is directly connected, Serial0/0/0"的含义是"192.168.12.0 网段通过串行接口 0/0/0 直接相连"。

- 静态路由。是手工设置的路由,如要通过数据包通过 RTA 去往 192.168.2.0 网段,使用 RIP 协议将选择 64kbps 链路,可以通过手工设置静态路由,让数据包通过 100Mbps 链路。例如"S 192.168.2.0/24 [1/0] via 192.168.13.2"的含义是"去往 192.168.2.0/24 网段的数据包通过 192.168.13.2 转发"。

- 默认路由。带有"*"号标记的是默认路由,本条默认路由是通过手工配置的,其目的网络是 0.0.0.0,子网掩码也是 0.0.0.0。这样根据 IP 包的转发原则,当数据包和所有路由条目都不匹配时,必然和本条目匹配。设置默认路由可以保持路由表的简短。

- 动态路由。本例中使用的动态路由协议是 RIP,通过动态路由协议可以动态跟踪网络拓扑的变化,以随时更新路由表。在"R 192.168.3.0/24 [120/1] via 192.168.13.2, 00:00:12, FastEthernet0/1"这个 RIP 路由条目中,可以看到路由表中的基本字段,例如目的网络地址和子网掩码、管理距离/度量值下一跳地址、已更新时间和出站接口等。其中已更新时间是指路由器自上次更新后所经过的时间,格式为时:分:秒。"[120/1]"由两部分构成,即管理距离和度量值,其中度量值随使用的动态路由协议的度量标准而变化。例如,RIP 是以跳数度量的,因此"[120/1]"中的 1 代表了从 RTA 到目标网络 192.168.3.0/24 需要的跳数为 1。

2. 思科的管理距离和路由的选用原则

(1) 思科的管理距离。

管理距离(Administrative Distance,AD)实际上是衡量路由可信程度的优先级。思科管理距离的范围是 0~255,数值越小越优先。当路由器使用不同的路由协议或静态路由时,由于度量的标准不同或手工配置的原因,去往同一个目的地,不同的协议可能有多条不同的路径。通过不同的优先级,可以优选可信程度更高的路由(路径)。在本例的路由表中,RIP 协议选择 192.168.12.2 作为下一跳,即 64kbps 链路;而手工配置的静态路由"S 192.168.2.0/24 [1/0] via 192.168.13.2"则选择 192.168.13.2 作为下一跳,即 100Mbps 链路。为什么在路由器 RTA 上采信了静态路由而没采信 RIP 路由,其原因就在于管理距离,RIP

的默认管理距离是 120，而静态路由的默认管理距离是 1，因此静态路由比 RIP 更可信。思科的管理距离如表 2-2 所示。

表 2-2　思科的管理距离

路由来源	默认管理距离值	路由来源	默认管理距离值
直连路由	0	IS-IS	115
静态路由	1	RIP	120
EIGRP 汇总路由	5	EGP	140
eBGP	20	外部 EIGRP	170
内部 EIGRP	90	iBGP	200
IGRP	100	未知	255
OSPF	110		

(2) 路由的选用原则。

当到达同一目的网络有多条路由时，路由器会首先比较路由条目的管理距离，管理距离小的会被优先选用。如果管理距离相同则比较度量值，度量值小的会被优先选用。如果度量值也相同，那么就会进行负载均衡，会轮流使用每条路由转发数据包。

本 章 小 结

路由器是工作在 OSI 参考模型第三层的数据包转发设备，其主要功能是检查数据包中与网络层相关的信息，然后根据某些选路规则对存储的数据包进行转发。路由器的另一个功能是互联异类网络。路器是一种专用计算机，由于应用环境的特殊需要而有别于通用计算机。路由器硬件主要包括中央处理器、存储器、接口等；路由器软件主要包括自举程序、路由器操作系统、配置文件和实用管理程序。

路由器是依靠路由表进行转发的，通常路由表至少包括 4 部分：目的网络地址、子网掩码、下一跳地址、出站接口。

可被路由协议属于网络层协议，是定义数据包内各个字段的格式和用途的网络层封装协议，如 IP 和 IPX 等。

路由协议也被称为路由选择协议，属于应用层协议，分为距离矢量路由协议(如 RIP、IGRP)和链路状态协议(如 OSPF)等。

复习自测题

一、填空题

1. 路由器是工作在 OSI 参考模型第_____层(_____层)的数据包转发设备。
2. 路由器硬件主要包括_____、_____、_____等。
3. 路由器采用了以下几种不同类型的存储器，它们是_____、_____、_____、

高职高专立体化教材　计算机系列

_____。

4. _____负责保存路由器操作系统和路由器管理程序等。

5. 路由表通常至少包括 4 个部分：_____、_____、_____、_____。

6. 常见的可被路由协议有_____、_____。

7. 常见的路由协议有_____、_____、_____、_____。

8. 直连路由的管理距离是_____，静态路由的管理距离是_____，RIP 的管理距离是_____，OSPF 的管理距离是_____。

二、简答题

1. 路由器的接口如何编号？

2. 路由器常用线缆如何分类？

3. 简述路由器的数据包转发过程。

4. IP 包的转发原则有哪些？

5. 路由选择算法的度量标准有哪些？

6. 思科路由器的路由表由哪些部分组成？

第3章 路由器的基本配置

路由器必须经过配置才可以使用，可以对路由器进行本地或远程配置。本章将讲述思科路由器的基本配置命令及其应用。只有熟练掌握了路由器的基本配置，才能在后续章节中对路由器的复杂应用应对自如。

完成本章的学习，你将能够：

● 通过控制台接口配置路由器；
● 掌握思科路由器的命令行；
● 理解思科路由器的命令模式；
● 熟练运用思科路由器的基本命令。

核心概念：通过控制台接口配置路由器、命令模式、路由器配置命令。

3.1 配置路由器

路由器必须经过配置才可以使用。可以通过多种方法对路由器进行配置，例如利用控制台接口在本地配置路由器，利用 AUX 接口通过调制解调器远程对路由器进行配置，或者利用 Telnet 远程登录到路由器进行配置等。这三种常用路由器配置方式的连接示意图如图 3-1 所示。有一些厂商的路由器也可以通过哑终端或利用专用网络管理软件对路由器进行配置，或者通过 TFTP 服务器上传配置文件，再通过 HTTP 进行配置，例如思科的 SDM。使用控制台接口和 AUX 接口对路由器配置称为带外(带区外)配置，无须网络连通即可完成；而 Telnet、HTTP、TFTP 配置方式属于带内配置，必须网络连通才可对设备配置。当网络或设备正常工作时，既可以对设备使用带内配置也可使用带外配置。当网络或设备异常(如网络接口卡失效)时，只能使用带外配置。

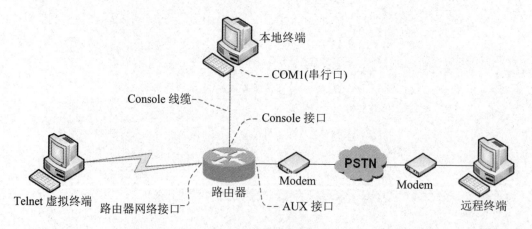

图 3-1 路由器的常用配置方法

配置路由器的方法虽然很多，但像 Telnet、AUX、TFTP、HTTP 等配置方法都需要预先对路由器进行相应的配置，这些方法才能生效。而控制台端口配置方式则不需要配置路由器的网络服务就可以使用，所以当第一次对路由器进行配置时，通过控制台接口进行配置就成为了必然选择。

3.1.1　通过控制台接口配置路由器

首先要使用路由器随机所带的控制台线缆连接路由器和计算机。如图 3-2 所示，线缆的 RJ-45 头接在路由器的控制台接口上，9 针(DB9)RS-232 接口接到本地计算机的串行口上，如 COM1 接口。

图 3-2　控制台电缆

确认正确连接电缆后，就可以使用终端仿真软件与路由器进行连接。在本书中以 Windows XP 所带的"超级终端"为例(也可以使用第三方终端仿真软件，这类软件大多提供了比"超级终端"更强大的功能)。单击 Windows XP 的【开始】按钮，依次选择执行【程序】|【附件】|【通讯】|【超级终端】命令，屏幕上显示【连接描述】对话框，如图 3-3 所示。

在【连接描述】对话框的【名称】文本框中为此连接输入一个任意名称，以方便再次打开，例如"2811"。设置完毕后，单击【确定】按钮，打开【连接到】对话框，如图 3-4 所示。

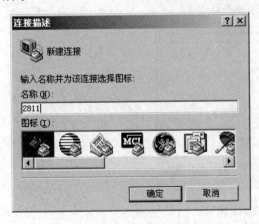

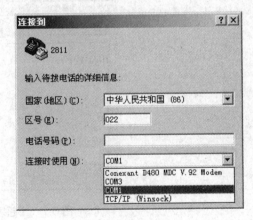

图 3-3　【连接描述】对话框　　　　　图 3-4　【连接到】对话框

在【连接到】对话框中选择与路由器相连的计算机串口，在本例中使用的是 COM1 和路由器控制台口相连，因此选择【连接时使用】下拉列表框中的 COM1 选项，单击【确定】按钮。如果通过 AUX 接口连接则可以选择 Modem 选项；如果通过 Telnet 方式连接则可以选择 TCP/IP(Winsock)选项。

单击【连接到】对话框中的【确定】按钮后，将弹出【COM1 属性】对话框，如图 3-5 所示。

一般路由器的控制台接口默认的参数是 9600 波特(每秒位数)、8 个数据位、无奇偶校验、1 个停止位并且无流控(控制台接口不支持硬件流控)。因此要将 COM1 接口的属性调整到与控制台接口一致两者才能通信。单击【还原为默认值】按钮，COM1 接口自动调整为 9600 波特、8 个数据位、无奇偶校验、1 个停止位并且无数据流控制，如图 3-6 所示。单击【确定】按钮完成配置。

图 3-5　【COM1 属性】对话框	图 3-6　端口设置参数

配置结束后，系统将自动进入【超级终端】窗口，如图 3-7 所示。如果此时路由器没有加电，则界面没有任何消息。打开路由器电源开关后，窗口将自动显示启动信息。

图 3-7　【超级终端】窗口

3.1.2　启动路由器

Cisco 路由器开机后，首先执行一个加电自检过程(Power On Self Test，POST)。在自检过程中，路由器从 ROM 中执行对所有硬件模块的检测，在确认 CPU、内存及各个端口工作正常后，路由器进入软件初始化过程。其操作步骤如下。

(1) 从 ROM 中加载 BootStrap 引导程序，它类似于计算机中的 BIOS，会把 IOS 装入到 RAM 中。

(2) 查找并加载 IOS 映像。IOS 可以存放在许多地方(Flash、TFTP 服务器或 ROM 中)，路由器寻找 IOS 映像的顺序取决于配置寄存器(Configuration Register)的启动域的设置。用 show version 命令可以查看配置寄存器的值。该寄存器是一个 16 位(二进制)的寄存器，低 4 位是启动域，不同的值代表不同的 IOS 查找位置：0 代表使用 ROM 模式；1 代表自动从 ROM 启动；2~F 代表从 Flash 或 TFTP 服务器启动。在全局配置模式下，用 config-register 命令可以修改该寄存器的值。

在加载 IOS 到 RAM 时，如果 IOS 是压缩过的，则需要先进行解压缩。

(3) IOS 运行后，将查找硬件和软件部件，并通过控制台终端显示查找的结果。例如路由器接口配置情况，包括快速以太网接口、同步/异步串口、低速串口的个数以及路由器拥有的 NVRAM 和闪存的容量等。

(4) 路由器在 NVRAM 中查找启动配置文件(startup-config)，并将所有的配置参数加载到 RAM 中后，进入用户模式，从而完成启动过程。

如果路由器在 NVRAM 中没有找到启动配置文件(如刚刚出厂的路由器)，而且没有配置为在网络上进行查找，它将进入到系统配置对话(System Configuration Dialog)模式，也称为 Setup 模式。用户所需要做的就是逐一回答问题，从而生成配置文件。

3.1.3 系统配置对话

Setup 模式的主要用途是为无法从其他途径找到配置文件的路由器快速建立一个最小配置。

在 Setup 模式下，系统会显示配置对话的提示问题，并在许多问题后面的方括号内([])内显示默认的答案，用户按 Enter 键就能使用这些默认值。

如果是首次对系统进行配置，则采用厂商的默认值。如果没有厂商的默认值(如口令)，则什么也不显示。在 Setup 过程中，按"?"键可随时获得帮助，也可随时按 Ctrl+C 快捷键终止这一过程。在特权模式视图下也可以通过输入 Setup 命令再次进入 Setup 模式。

网络管理员在"系统配置对话"中完成所有配置之后，系统会自动显示设置完成的配置文件内容。管理员可以选择不保存配置信息，进入 IOS 命令提示符界面或返回到 Setup 模式，也可以选择将设置保存到配置文件并退出。

3.2 通过命令行界面(CLI)方式配置思科路由器

使用路由器"系统配置对话"可以很方便、快捷地对路由器进行初始配置。但是，"系统配置对话"被设计用来执行一些基本的初始配置，因此并不具有灵活性。对于更为详细的参数、选项设置，只能通过路由器管理员的手工配置来完成。

3.2.1 思科路由器 CLI 的各种模式

1. CLI 模式分类

用户通过 CLI 方式访问路由器时主要有两种操作：一类操作是执行某种命令，如显示系统新信息、删除某些文件、设置路由器时间等立即要求执行的操作；另一类操作是对路由器进行配置，如配置接口 IP 地址、配置动态路由、设置时区等操作，这类操作并不是立即执行，而是写入到 RAM 中运行的配置文件(Running-Config)，通过路由器的相应进程来执行配置文件内容。因此思科将 CLI 模式设计为两个部分：一部分是用于完成立即执行命令的"命令模式"；另一部分是针对配置操作建立的"配置模式"。

出于安全考虑，思科 IOS 软件将"命令模式"EXEC 会话分成了两个访问级别。这两个级别分别是：

- 用户 EXEC 模式，简称"用户模式"。
- 特权 EXEC 模式，简称"特权模式"，也称为"enable 模式"。

而配置模式也被分为两种：

- 全局配置模式，简称"全局模式"。
- 特殊配置模式。如"接口配置模式(Interface)"、"路由配置模式(Router)"、"线路模式(Line)"等。

思科的这种按功能划分的不同模式，便于网络管理人员分辨在哪种模式下使用哪种命令，但也带来了一些不方便。例如，用户一般在配置完毕后，通常会从配置模式退到命令模式使用 show 命令显示配置结果。如果配置不正确，则只能再次从命令模式进入配置模式进行配置，然后从配置模式退到命令模式使用 show running-config 命令显示配置结果，如此要反复在不同的模式之间转换。为解决这个问题，从 12.3 版以后的 IOS 在全局配置模式中增加了 do 命令，用于减少用户在不同模式之间的切换，使用户可以在全局配置模式下执行命令模式下的命令，如 do show running-config，但 do 命令还不支持在特殊配置模式下执行命令模式命令。

2. 模式的转换关系及模式的提示符

通过模式分类可以看出思科 CLI 具有 4 级模式，其进入顺序是"用户模式"、"特权模式"、"全局配置模式"、"特殊配置模式"。每种命令模式都用不同的提示符显示，并且只许可适合该模式的命令。在由一种模式进入另一种模式需要用相应的模式转换命令。

当通过控制台或 Telnet 成功登录到路由器后，将看到"Press RETURN to get started!"提示，按 Enter 键将会看到提示符为"RTA>"(本例中路由器名称为 RTA)。此时路由器模式为用户模式。用户模式是一种只读模式，在此模式下用户只允许执行有限数量的基本命令，浏览关于路由器的某些基本信息，但不能进行任何修改。

在用户模式提示符后输入 enable 命令，如果提示输入口令，则输入 enable 口令(若设置了 secret 口令，则要求输入 secret 口令)后将进入特权模式，此时路由器的提示符为"RTA#"。在此模式下可以使用的命令要远多于用户模式。例如，可以查看路由器的详细信息，可以更改路由器的配置，还可以执行测试及调试命令。在此模式下通过输入 disable 命令可以回到用户模式。

在特权模式下，通过输入 configure terminal 命令可以进入全局配置模式，此时的路由器提示符为"RTA(config)#"。在全局配置模式下可以配置路由器的全局参数，配置完成后输入 exit 命令可以回到特权模式。

在全局配置模式下，通过一些命令可以进入到特殊配置模式。如输入 interface 命令可以进入接口配置模式，此时的路由器提示符为"RTA(config-if)#"，此模式主要用来配置路由器各个接口的参数。输入 router 命令可以进入路由配置模式，此时路由器提示符为"RTA(config-router)#"，此模式主要用来配置动态路由协议。在特殊配置模式下输入 exit 命令可以回到全局配置模式下。

在全局配置模式和特殊配置模式下还可以通过 Ctrl+Z 快捷键或 end 命令退到特权模式。在用户模式和特权模式下可以通过 exit 命令或 logout 命令退出控制台。4 种模式的转换关系如图 3-8 所示。

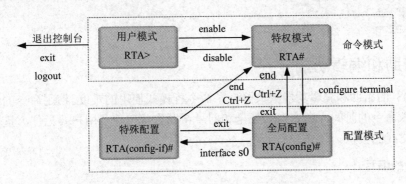

图 3-8　思科 CLI 4 种模式之间的转换关系

3. 常用模式切换命令示例

以下示例，演示了如何在思科路由器的 CLI 下进行模式切换。所有用户输入的命令显示为粗体代码。命令行中以"！"开始的部分是注释语句，只用于提示本行显示的功能，无须输入(下同)。

```
RTA con0 is now available
!提示控制台可进入

Press RETURN to get started.
!提示按 Enter 键进入
RTA>enable
!用户模式下输入"enable"进入特权模式
RTA#configure terminal
!从特权模式进入全局配置模式
Enter configuration commands, one per line.  End with CNTL/Z.
RTA(config)#exit
!使用"exit"后退一级到特权模式
RTA#disable
!使用"disable"退到用户模式
RTA>en
!输入 enable 的缩写形式"en"进入特权模式
```

```
RTA#conf t
!输入缩写命令从特权模式进入全局配置模式
Enter configuration commands, one per line.  End with CNTL/Z.
RTA(config)#interface f0
!进入接口 fastEthernet0 的配置模式
!命令中的 f0，需要依据路由器具体型号,来确定接口名称
RTA(config-if)#exit
!使用"exit"后退一级到全局配置模式
RTA(config)#router rip
!进入 RIP 路由的配置模式
RTA(config-router)#^Z
!按 Ctrl+Z 快捷键直接退到特权模式
RTA#exit
!在特权模式下使用"exit"退出控制台
RTA con0 is now available
Press RETURN to get started.
```

3.2.2　帮助和编辑功能

思科 IOS 的帮助和编辑功能大大降低了命令行模式使用的难度。使用命令的缩写形式可以节省输入命令的时间。命令自动补全和问号帮助方式免除了用户要记住大量完整的命令关键字和格式的负担。

1．命令的缩写

思科 IOS 的命令不区分大小写，允许使用命令的缩写形式。原则上只要不和其他命令混淆，可以使用尽量短的命令形式，如命令 enable 可以缩写为 en 或 ena。但如果给出的缩写过于简单将出现多个命令使用这个字头，例如要使用 e 命令代替 enable，由于在用户模式下 exit 命令也是以 e 开头，这时系统将会给出"Ambiguous command(歧义命令)"提示。

```
RTA>enable
!输入 enable 命令进入特权模式
RTA#disable
!输入 disable 命令退到用户模式
RTA>e
!输入 e 试图替代 enable 进入特权模式
% Ambiguous command: "e"
!歧义命令"e"
RTA>en
!输入 en 命令进入特权模式
RTA#disa
!输入 disa 命令退到用户模式
RTA>ena
!输入 ena 命令进入特权模式
RTA#
```

2．命令自动补全

思科 IOS 支持命令自动补全功能，在输入了头几个字母后按 Tab 键，如果不存在命

令歧义且命令存在，否则 IOS 会自动补全命令。例如输入 en 后按 Tab 键，系统会在下一行自动补全为 enable，然后只要按 Enter 键即可。

```
RTA>en[Tab]
!输入 en 后按 Tab 键
RTA>enable[Enter]
!执行 enable 命令
RTA#sh[Tab]
!输入 sh 后按 Tab 键，自动补全 show
RTA#show ru[Tab]
!输入 ru 后按 Tab 键
RTA#show running-config
!自动补全后的完整命令
```

3. 问号帮助

(1) 显示某种模式下的常用命令。

当用户在任何模式提示符下输入问号(?)时，就会显示当前模式下常用命令的列表及简单描述，还会显示当前路由器用户模式下的所有命令。

```
RTA>?
Exec commands:
access-enable   Create a temporary Access-List entry
access-profile  Apply user-profile to interface
clear           Reset functions
connect         Open a terminal connection
disable         Turn off privileged commands
...
rlogin          Open an rlogin connection
--More--
```

屏幕会一次显示 22 行，底部的"--More--"提示符表明输出有多屏。只要出现了"--More--"，你就可以按空格键查看下一屏。如果只要显示下一行，则可以按 Enter 键。按其他任意键，则回到提示符。

(2) 显示以某个或某几个字母开头的命令或子命令。

如果忘记某个命令的部分拼写，则可以在输入该命令的前几个字母后紧接着输入一个问号。这时可以列出所有可能的命令列表，如下所示：

```
RTA#s?
!查询以 s 开头的命令
*s=show send   set    setup   show   slip   squeeze start-chat
systat
!有 8 个以 s 开头的命令,其中 s 是 show 的别名 alias 命令
RTA#show r?
radius random-detect-group region   registry   reload resource
rhosts   rif    rmi    rmon   route-map running-config
!显示 show 命令中以 r 开头子命令，有 12 个以 r 开头的子命令
```

(3) 显示子命令或参数。

在一个命令后加一个空格，再输入一个问号，可以列出该命令所有可能的参数或子命令，如下所示：

```
RTA>show ?
!显示 show 命令的所有子命令
  aaa           Show AAA values
  auto          Show Automation Template
  backup        Backup status
  c1700         Show c1700 information
  call          Show call
  caller        Display information about dialup connections
...
  flash         display information about flash: file system
 --More--
```

如果在命令列表中出现"<cr>"(回车)，表明此命令可以不再继续输入参数，直接按 Enter 键执行即可，如下所示：

```
RTA#show running-config ?
  brief       configuration without certificate data
  class-map   Show class-map information
  full        full configuration
  interface   Show interface configuration
  linenum     Display line numbers in output
  map-class   Show map class information
  policy-map  Show policy-map information
  view        View options
  |           Output modifiers
  <cr>
```

4. 错误提示

(1) 歧义命令。

如果为某条命令输入的字母太少而导致了歧义，系统就会提示"% Ambiguous command："。

(2) 无效输入。

当用户输入了当前模式下并不存在(或错误)的命令和参数时，系统会提示"% Invalid input detected at '^' marker."即"^"(脱字符)所指示的地方是无效输入。但唯一的例外是 IOS 会将命令模式(用户模式或特权模式)下的单个错误命令关键字识别为主机名，将其发送到域名服务器进行域名到 IP 地址的解析，而不报告无效输入的错误。此时，如果网络上没有域名服务器，则这个过程会花费几秒钟时间。可以使用 Ctrl+Shift+6 组合键强制终止无效命令的查找。

```
RTA>show running-config
        ^
% Invalid input detected at '^' marker.
!用户模式下不存在 running-config 子命令
```

```
RTA>enabel
!误将"enable"输入为"enabel"
Translating "enabel"...domain server (255.255.255.255)
Translating "enabel"...domain server (255.255.255.255)
  (255.255.255.255)% Unknown command or computer name, or unable to find
computer address
!试图将"enabel"当主机名向域名服务器查找
RTA>enable
RTA#shov running-config
           ^
% Invalid input detected at '^' marker.
!误将"show"命令输入为"shov"
```

(3) 不完整命令。

如果用户输入的命令缺少参数时，则系统将会提示"% Incomplete command."即不完整的命令。

```
RTA#no ?
!询问"no"的子命令
  debug    Disable debugging functions (see also 'undebug')
  monitor  Stop monitoring different system events
!"no"有两个子命令
RTA#no
!接着执行"no"命令
% Incomplete command.
!提示命令不完整
```

5. 思科 IOS 软件的编辑命令

CLI 提供了一种增强的编辑模式，用来对输入的命令行进行编辑。使用表 3-1 中的快捷键在命令行中移动光标的位置对命令进行删除、复制等操作，可以大大减少编辑中按键的次数。例如用户误将"enable"命令输入成为"enabel"，可以将光标移动到字母"l"的下方，然后按 Ctrl+T 快捷键，"e"和"l"就会自动交换位置。

表 3-1　常用编辑命令

快捷键	快捷键作用
Ctrl+A	光标到行首
Ctrl+E	光标到行尾
Ctrl+B，左箭头	左移光标
Ctrl+F，右箭头	右移光标
Esc+B	光标左移一个单词
Esc+F	光标右移一个单词
Ctrl+H，BackSpace	删除当前光标左侧的一个字符
Ctrl+D	删除光标处的一个字符
Ctrl+K	剪切从光标开始直到行尾的所有字符
Ctrl+X，Ctrl+U	剪切光标之前的所有字符

续表

快捷键	快捷键作用
Ctrl+W	剪切当前光标左侧的一个单词
Esc+D	剪切光标后的一个单词
Ctrl+Y	复制剪切的内容
Ctrl+T	光标处字母和光标前一个字母交换位置
Esc+C	格式化光标处字母为大写的一个单词

对于长度超过屏幕上单行长度的命令，系统提供了自动滚行的功能。当光标移动到右边界时，命令行向左移出 11 个空格，行首的 11 个字符不可见，此时提示符后方会显示一个美元符号($)表明命令行进行了左移。如果在命令行的最右端看到了美元符号($)，则说明在右端还有命令。

6. 命令历史记录功能

IOS CLI 提供了用户所输入命令的历史或记录。这一功能对于再次使用很长或者很复杂的命令是很有用的。

默认情况下，命令历史功能是启动的，系统会在历史缓冲区中记录 10 条命令。要改变系统在一个终端会话中记录的命令行数，可以在特权模式中使用 terminal history size 命令。可以设定的最大命令数是 256。表 3-2 显示了有关命令历史的命令。

表 3-2　有关命令历史的命令

命　令	说　明
Ctrl+P，上箭头	重新显示最近一条(前一条)历史命令
Ctrl+N，下箭头	重新显示后一条历史命令
show history	显示命令缓冲区的内容
show terminal	显示终端配置和历史缓存空间大小
terminal history	设置命令缓冲区的大小

3.2.3　思科路由器配置的基本命令

配置思科路由器的基本命令较多，且分布在不同的模式之下，在使用命令时要注意配合相应的模式，才能正确执行命令。思科 CLI 命令主要分为三类。

第一类是立即执行类命令，一般分布在命令模式，根据权限的不同可在用户模式和特权模式下使用。

第二类是生成配置类命令，一般分布在配置模式。大部分配置类命令，都可以在命令前方加上 no 命令，以取消配置。

第三类是模式切换类命令，用于在不同模式之间切换。

为描述命令的格式方便，对命令格式作如下约定：

- 命令关键字使用正体，用户自选内容使用斜体。如："hostname *hostname*"，正体 hostname 代表命令关键字必须原样输入，斜体 *hostname* 代表用户可自由输入

　　主机名。

● 当有多个参数必选其一时，使用"<参数 1|参数 2>"的格式表示。

● 可选参数使用"[参数]"格式表示。

1. 显示路由器的运行配置

显示路由器的运行配置的命令格式如下：

```
Router#show running-config
```

本命令用于显示正在 RAM 中运行的配置文件。当用户使用配置类命令对路由器进行配置后，如果要查看已配置的内容，则可以使用本命令。该命令运行在特权模式，如果是 12.3 版以后版本的 IOS，也可以在全局配置模式下配合 do 命令使用 show running-config 显示当前正在运行的配置文件。

```
RTA>en
!进入特权模式
RTA#show running-config
!显示当前正在运行的配置文件
Building configuration...
Current configuration : 412 bytes
version 12.4
...
end
```

2. 显示路由器基本信息

显示路由器基本信息的命令格式如下：

```
Router>show version
```

本命令用于显示路由器的硬件和软件基本信息。例如使用 show version 命令显示思科 2811 路由器的基本信息如下：

```
RTA> show version
Cisco IOS Software, 2800 Software (C2800NM-IPBASE-M), Version 12.3(14)T7,
RELEASE SOFTWARE (fc2)
Technical Support: http://www.cisco.com/techsupport
Copyright (c) 1986-2006 by Cisco Systems, Inc.
Compiled Wed 22-Mar-06 18:40 by pt_team
ROM: System Bootstrap, Version 12.1(3r)T2, RELEASE SOFTWARE (fc1)
Copyright (c) 2000 by cisco Systems, Inc.
System returned to ROM by power-on
System image file is "flash:c2800nm-ipbase-mz.123-14.T7.bin"
cisco 2811 (MPC860) processor (revision 0x200) with 60416K/5120K bytes of
memory
Processor board ID JAD05190MTZ (4292891495)
M860 processor: part number 0, mask 49
2 FastEthernet/IEEE 802.3 interface(s)
10 Low-speed serial(sync/async) network interface(s)
```

```
239K bytes of NVRAM.              62720K bytes of processor board System flash
(Read/Write)
Configuration register is 0x2102
```

3. 配置路由器的名称

配置路由器的名称的命令格式如下:

```
Router(config)#hostname  hostname
```

当用户配置多个路由器的时候,如果每个路由器显示的都是默认名称提示符
"Router>",则很容易让用户出现配置路由器错误的情况。因此配置路由器名称往往是配
置路由器的第一项工作。思科路由器要使用 hostname 命令来配置路由器名称。由于本命令
要存储到配置文件中,因此要在全局配置模式进行配置,如下所示:

```
Router>enable
!进入特权模式
Router#configure terminal
!进入全局配置模式
Router(config)#hostname RTA
!配置主机名
RTA(config)#do show run
!显示配置运行文件,此时提示符是 RTA
Building configuration...
Current configuration : 641 bytes
...
hostname RTA
!已写入配置文件中
...
--More--
```

4. 配置路由器的口令

为保证路由器的安全,可以为虚拟终端连接和控制台连接设定口令,也可以在用户进
入特权模式时设定口令。

配置进入特权模式口令包括 enable 口令和 enable secret 口令。

(1) 配置 enable 口令。

配置 enable 口令的命令格式如下:

```
Router(config)# enable  password  password
```

在全局配置模式下,用 enable password 命令可以限制对特权模式的访问。这个口令可
以在路由器的配置文件中看到,安全性较低。

```
RTA#conf t
!进入全局配置模式
RTA(config)#enable password ?
!显示本命令的可用参数
  0     Specifies an UNENCRYPTED password will follow
  7     Specifies a HIDDEN password will follow
```

```
    LINE   The UNENCRYPTED (cleartext) 'enable' password
    level  Set exec level password
RTA(config)#enable password pwd
!将 enable 密码设置为 pwd
RTA(config)#^Z
!按 Ctrl+Z 键退到特权模式
RTA#exit
!退到用户模式
RTA>en
Password:
!进入特权模式，输入 pwd，注意控制台无密码回显
RTA#show running-config
!显示配置文件
Building configuration...
Current configuration : 432 bytes
...
enable password pwd
!配置文件中 enable 密码是 pwd
```

(2) 配置 enable secret 口令。

配置 enable secret 口令的命令格式如下：

```
Router(config)# enable  secret  password
```

要在特权模式下输入加密的口令，需要使用 enable secret 命令。如果配置了 enable secret 口令，它就会替代 enable 口令，用户使用 enable 命令登录时，需要输入 enable secret 口令而不是 enable password 口令。同时要注意 enable password 口令和 enable secret 口令不能相同。用户从配置文件中只能看到 enable secret 口令被 MD5 加密后的密文，而不能看到实际的口令。

```
RTA(config)#enable secret sct
!将 enable secret 密码设置为 sct
RTA(config)#do show run
!显示配置文件
Building configuration...
Current configuration : 479 bytes
...
enable secret 5 $1$h7Ey$mBAS8S3lMO8FVDXGeJEkU/
!配置文件中 secret 密码已被加密
enable password pwd
!配置文件中 enable 密码是 pwd
```

5. 配置路由器线路

(1) 进入线路配置模式。

进入线路配置模式的命令格式如下：

```
Router(config)# line  linetype  linenumber
```

或

```
Router(config)# line linenumber
```

linetype 表示线路类型，例如 aux、console、tty、vty。*linenumber* 表示线路号，是阿拉伯数字。

(2) 配置线路口令。

配置线路口令的命令格式如下：

```
Router(config-line)# password password
```

(3) 配置登录检查。

配置登录检查的命令格式如下：

```
Router(config-line)# login
```

线路配置模式常用于对控制台接口(console)、辅助接口(aux)、终端控制器(tty)和 Telnet 虚拟终端(vty)等线路访问方式进行参数配置。可以在全局配置模式下输入 line 命令进入线路配置模式。线路编号可以使用绝对线路号和相对线路号，绝对线路号与某一个相对线路号具有映射关系，例如绝对线路号 line 0 相当于相对线路号 line console 0。

```
RTA(config)#line ?
!显示可用线路
  <0-10>   First Line number
  aux      Auxiliary line
!辅助接口
  console  Primary terminal line
!控制台接口
  tty      Terminal controller
!终端控制器
  vty      Virtual terminal
!虚拟终端
```

(4) 配置控制台口令。

控制台口令的配置要在线路配置模式下进行。用户可以通过在全局配置模式下输入 line console 0 命令或 line 0 进入控制台线路配置模式。在线路模式下使用 password 命令配置 console 口令，使用 login 命令打开登录口令检查，否则即使设置了口令也不执行控制台登录口令检查。将 console 接口口令配置为 conpwd 的过程如下所示：

```
RTA(config)#line console 0
!配置 console 线路
RTA(config-line)#password conpwd
!密码设置为 conpwd
RTA(config-line)#login
!打开登录密码检查
RTA(config-line)#exit
!退到全局配置模式
RTA(config)#do show run
!执行显示配置命令
Building configuration...
...
```

```
line con 0
 password conpwd
 login
line aux 0
line vty 0 4
 login
end
```

用户可以使用 exit 命令从命令模式退出控制台后按 Enter 键，此时会提示用户输入 console 口令。

如果要阻止控制台输出消息对输入命令的干扰，则可以在 line console 0 下配置 logging synchronous 命令。

(5) 配置 telnet 口令。

思科路由器允许同时有多个虚拟终端连接(vty)会话。普通版本的 IOS 一般支持 5 个虚拟终端连接会话，高级版本的 IOS 支持的会话更多。可以使用 line vty ?帮助方式查询支持的会话线路数量。vty 方式下 login 命令默认是打开的，也就是说，如果用户试图通过 Telnet 方式登录一个没有设置 vty 口令的思科路由器，将会被拒绝访问。可以通过 no login 命令关闭 Telnet 用户验证功能，但这样会严重降低路由器的安全性。在下面的配置中，所有 Telnet 虚拟终端连接的口令将设置为 telpwd。

```
RTA(config)#line vty ?
  <0-15>  First Line number
RTA(config)#line vty 0 15
!vty 0 15 是指 vty 0 到 15
RTA(config-line)#password telpwd
!将 16 条 vty 的密码全部设置为 telpwd
RTA(config-line)#exit
RTA(config)#do show run
Building configuration...
Current configuration : 467 bytes
version 12.4
...
line con 0
line aux 0
line vty 0 4
 password telpwd
 login
line vty 5 15
 password telpwd
 login
```

(6) 显示线路概要信息。

显示线路概要信息的命令格式如下：

```
Router# show line summary
```

可以使用该命令显示线路连接概要信息，也可以使用"show line 线路号"命令显示某一个具体线路的信息。

6. 配置路由器的管理用户

为了便于管理,可以在路由器上创建具有不同特权级别(Privilege Level)权限的用户,思科路由器的特权级别从 0 到 15 一共 16 个级别。0 级最低,15 级最高。

(1) 显示当前用户特权级别。

```
Router> show privilege
```

用户可以使用该命令显示当前用户的特权级别。一般用户模式下特权级别是 1,特权模式下是 15。

```
RTA>show privilege
Current privilege level is 1
RTA>en
RTA#show privilege
Current privilege level is 15
```

(2) 创建路由器管理用户。

创建路由器管理用户的命令格式如下:

```
Router(config)# username  username  privilege  level  < password |secret>
password
```

其中:*username* 为任意字母数字组合的用户名,*level* 为特权级别(用 0~15 表示),*password* 为用户口令。

可以在全局配置模式下使用该命令创建管理用户,使用 privilege 子命令设置用户特权级别,使用 password 或 secret 子命令设置口令。下面的操作创建了一个用户名为 admin、具有 15 级特权、口令是 admin 的用户。

```
RTA(config)#username admin privilege 15 password admin
RTA(config)#do show run
Building configuration...
Current configuration : 457 bytes
version 12.4
...
username admin privilege 15 password 0 admin
!创建的用户信息
...
end
```

7. 配置路由器的接口

接口是路由器的重要组成部分。针对接口的配置主要有网络层配置(如 IP 地址、子网掩码)、数据链路层配置(如封装何种数据链路层协议)、接口管理配置(如启动接口、停用接口)等。在思科路由器中主要通过 interface 命令进入接口配置模式。

(1) 进入接口配置模式。

命令和格式:

```
Router(config)# interface  iftype  ifnumber
```

其中：*iftype* 为接口类型，例如 FastEthernet；*ifnumber* 为接口号，例如 0/0。

在全局配置模式中输入 interface 命令可以进入相应的接口配置模式。如：

```
Router(config)# interface fastethernet0/0
Router(config-if)#
```

在 FastEthernet0/0 的接口配置模式下再输入 interface FastEthernet0/1，可以直接进入 FastEthernet0/1 的接口配置模式，而不必使用 exit 命令退到全局配置模式后再用 interface 命令进入接口配置模式。

(2) 确定可用接口类型和接口号。

在配置设备时如何确定有哪些接口类型和接口号可用？用户可以通过"interface？"帮助方式查询本路由器支持的接口类型。图 3-9 中所示的是带有多个接口模块的思科 7200VXR 路由器，使用"interface ？"命令时显示的所有可用接口帮助信息如下。

```
RTA(config)#interface ?
  ATM              ATM interface
  Async            Async interface
  BRI              ISDN Basic Rate Interface
!ISDN 基速率接口
  BVI              Bridge-Group Virtual Interface
  CDMA-Ix          CDMA Ix interface
  CTunnel          CTunnel interface
  Dialer           Dialer interface
!拨号接口
  Ethernet         IEEE 802.3
!十兆位以太网接口
  FastEthernet     FastEthernet IEEE 802.3
!百兆位以太网接口
  GigabitEthernet  GigabitEthernet IEEE 802.3z
!千兆位以太网接口
  Serial           Serial
!串口
...
```

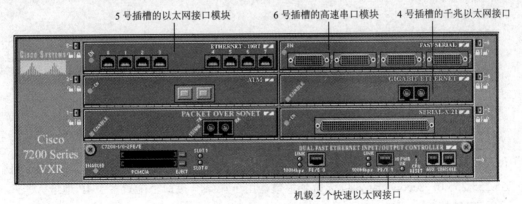

图 3-9　思科 7200 VXR 路由器面板

路由器接口号从 0 开始。思科早期的固定配置路由器和低端模块化路由器接口号多为一位，例如 FastEthernet 0(快速以太网 0) 在配置时也可缩写为 fa0 或 f0，Serial 0(串口 0) 在配置时也可以缩写为 s0。一般的模块化路由器接口号多为两位，例如 FastEthernet 0/0。思科的 ISR 路由器模块接口采用三位数字，例如 FastEthernet 0/0/0。这些接口号的不同命名方式容易让初学者感到困惑。那么如何确定路由器使用了哪些接口？常用的方法是使用"show ip interface brief"命令显示 IP 接口信息来确定接口名称和编号。

```
RTA>show ip interface brief
Interface        IP-Address     OK? Method Status        Protocol
FastEthernet0/0 unassigned     YES unset administratively down down
FastEthernet0/1 unassigned     YES unset administratively down down
Serial1/0        unassigned     YES unset  administratively down down
...
Ethernet2/7      unassigned     YES unset  administratively down down
```

另一种方法是显示配置文件，读取配置文件中的接口信息。可以使用管道符"|"只显示配置文件中以 interface 开头的部分，例如"show running-config | begin interface"。

```
RTA#show running-config | begin interface
interface FastEthernet0/0
!可用快速以太网接口名称
 no ip address
 shutdown
 duplex auto
 speed auto
interface FastEthernet0/1
!可用快速以太网接口名称
 no ip address
 shutdown
 duplex auto
 speed auto
interface Serial1/0
!可用快速以太网接口名称
 no ip address
 shutdown
 serial restart-delay 0
...
end
```

(3) 配置接口 IP 地址。

配置接口 IP 地址的命令格式如下：

```
Router(config-if)# ip address ipaddress netmask [secondary]
```

其中：*ipaddress* 为 IP 地址，例如 10.0.0.1；*netmask* 为 A、B、C、D 形式的子网掩码，例如 255.255.255.0；secondary 为可选命令参数，用于在某一接口上配置多个 IP 地址。

(4) 启动接口。

启动接口的命令格式如下：

```
Router(config-if)# no  shutdown
```

在接口模式下使用 ip address 命令为接口配置 IP 地址，配置完成后要使用 no shutdown 命令启动接口。思科的接口默认是不启动的，用户必须使用 no shutdown 命令进行启动才可以使用该接口。也可以使用 shutdown 命令管理性关闭接口。

(5) 以太网接口配置。

对于以太网接口的配置是比较简单的，一般配置的步骤是：

① 进入以太网接口配置模式；

② 配置 IP 地址；

③ 启动接口。

另外，还可以使用 speed 命令对以太网接口的速度进行配置，使用 half-duplex 和 full-duplex 命令对以太网接口的全双工和半双工进行配置。其他更多的命令可用在以太网接口的配置模式下使用"？"命令进行查询。

例如：现在要为思科 2811 路由器以太网接口配置两个 IP 地址 192.168.1.1/24 和 192.168.2.1/24，并启动这两个接口；为快速以太网接口配置 IP 地址 10.0.0.1/8，并启动这个接口。配置如下：

```
RTA>show ip interface brief
!显示可用接口
Interface       IP-Address  OK? Method Status        Protocol
FastEthernet0/0 unassigned  YES NVRAM administratively down down
FastEthernet0/1 unassigned  YES NVRAM administratively down down
Serial0/0/0     unassigned  YES NVRAM administratively down down
Serial0/0/1     unassigned  YES NVRAM administratively down down
RTA>en
RTA#conf t
RTA(config)#int FastEthernet0/0
!进入 FastEthernet0/0 配置模式
RTA(config-if)#ip address 192.168.1.1 255.255.255.0
!配置主 IP 和掩码
RTA(config-if)#ip address 192.168.2.1 255.255.255.0 secondary
!配置备用 IP 和掩码
RTA(config-if)#no shutdown
!启动接口
*Mar  1 00:01:35.251: %LINK-3-UPDOWN: Interface FastEthernet0/0, changed
state to up
*Mar  1 00:01:36.251: %LINEPROTO-5-UPDOWN: Line protocol on Interface
FastEthernet0/0, changed state to up
!控制台消息显示接口 F0/0 已启动
RTA(config-if)#int f0/1
!进入 FastEthernet 0/1 配置模式
RTA(config-if)#ip add 10.0.0.1 255.0.0.0
!配置 IP 地址和掩码
RTA(config-if)#no shut
!启动接口
```

```
    *Mar 1 00:02:02.975: %LINK-3-UPDOWN: Interface FastEthernet0/1, changed
state to up
    !显示接口 f0/1 已启动
    *Mar 1 00:02:03.975: %LINEPROTO-5-UPDOWN: Line protocol on Interface
FastEthernet0/1, changed state to up
    !显示接口 f0/1 的线路协议已启动
    RTA(config-if)#exit
    RTA(config)#do sh run | be interface
    !显示接口配置信息
    interface FastEthernet0/0
     ip address 192.168.2.1 255.255.255.0 secondary
     ip address 192.168.1.1 255.255.255.0
    interface FastEthernet0/1
     ip address 10.0.0.1 255.0.0.0
     speed auto
```

(6) 串行接口的配置。

对于串行接口的配置往往还要考虑在广域网互联和实验室环境中背靠背连接时 DCE 端时钟速率的配置，因此对串行接口一般分为 DCE 端配置和 DTE 端配置，其配置的步骤是：

① 进入串行接口配置模式；

② 配置 IP 地址和子网掩码；

③ 配置端口带宽；

④ 配置 DCE 端口时钟速率(在 DTE 上跳过此步)；

⑤ 启动接口。

图 3-10 所示为两台思科 2811 路由器通过串行端口进行互连。在配置之前我们首先需要确定串行接口的工作模式是 DCE 还是 DTE 端接口。

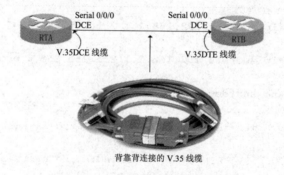

图 3-10　背靠背连接的路由器

① 查看串行接口的工作模式。

命令格式如下：

```
Router> show controllers [iftype ifnumber]
```

其中：*iftype* 为接口类型，针对串行接口时使用 serial；*ifnumber* 为接口号。

Show controllers 命令一般专用于显示接口的硬件信息，对于串行接口可以显示的信息主要有 DCE 和 DTE 类型、线缆类型，例如 V.35、DCE 端的时钟速率。下面的例子显示路由器 RTA 和 RTB 串口 serial 0/0/0 的工作模式：

```
RTA#show controllers serial 0/0/0
Interface Serial0/0/0
Hardware is PowerQUICC MPC860
DCE V.35, clock rate 4000000
!DCE 端，线缆类型是 V.35，时钟速率是 4M
idb at 0x81081AC4, driver data structure at 0x81084AC0
...
RTB#show controllers serial 0/0/0
Interface Serial0/0/0
Hardware is PowerQUICC MPC860
DTE V.35 TX and RX clocks detected
!DTE 端，使用 V.35，检测到来自 DCE 的时钟
idb at 0x81081AC4, driver data structure at 0x81084AC0
...
```

② 配置接口带宽。

配置接口带宽的命令格式为：

```
Router(config-if)# bandwidth bandwidth
```

其中：*bandwidth* 为带宽的数值，单位是千比特(kb)。

Bandwidth 命令配置的带宽主要用于计算链路的度量值，如果不进行配置，则系统将采用接口的默认带宽。

③ 配置端口时钟速率。

在 DCE 端的接口上必须配置端口时钟速率。配置端口时钟速率的命令格式为

```
Router(config-if)# clock rate clockrate
```

其中：*clockrate* 为时钟速率的数值，单位是 bps。

下面对图 3-10 中的路由器 RTA 和 RTB 的串行端口进行配置。将 RTA 路由器的 DCE 端串行接口 S0/0/0 配置 IP 地址为 10.0.0.1/30，带宽为 2000kb，时钟速率为 2 000 000bps，并启动接口。

```
RTA(config)#int s0/0/0
!进入接口模式
RTA(config-if)#ip add 10.0.0.1 255.255.255.252
!配置接口 IP 地址
RTA(config-if)#clock rate 2000000
!配置时钟速率
RTA(config-if)#bandwidth 2000
!配置带宽
RTA(config-if)#no shut
!启动接口
```

将 RTB 路由器的 DTE 端串行接口 s0/0/0 配置 IP 地址为 10.0.0.2/30，带宽为 2000kb，并启动接口。

```
RTB(config)#int s0/0/0
RTB(config-if)#ip add 10.0.0.2 255.255.255.252
RTB(config-if)#bandwidth 2000
RTB(config-if)#no shut
```

(7) 检验接口配置。

配置完接口后常需查看接口配置的各种参数，其命令格式为：

Router> **show interfaces** [*iftype ifnumber*]

show interfaces 命令主要用于查看思科路由器的不同接口状态和统计数据，这条命令常用于检查设备的物理层和数据链路层状态。

下面使用 show interfaces serial 命令显示路由器 RTA 的 S0/0/0 接口信息。

```
RTA#show interfaces serial 0/0/0
Serial0/0/0 is up, line protocol is up (connected)
!物理状态和协议状态
  Hardware is HD64570
  Internet address is 10.0.0.1/30
  MTU 1500 bytes, BW 2000 Kbit, DLY 20000 usec, rely 255/255, load 1/255
  Encapsulation HDLC, loopback not set, keepalive set (10 sec)
  Last input never, output never, output hang never
  Last clearing of "show interface" counters never
  Input queue: 0/75/0 (size/max/drops); Total output drops: 0
  Queueing strategy: weighted fair
  Output queue: 0/1000/64/0 (size/max total/threshold/drops)
    Conversations  0/0/256 (active/max active/max total)
    Reserved Conversations 0/0 (allocated/max allocated)
  5 minute input rate 50 bits/sec, 0 packets/sec
  5 minute output rate 48 bits/sec, 0 packets/sec
    32 packets input, 2488 bytes, 0 no buffer
    Received 7 broadcasts, 0 runts, 0 giants, 0 throttles
    0 input errors, 0 CRC, 0 frame, 0 overrun, 0 ignored, 0 abort
    26 packets output, 2004 bytes, 0 underruns
    0 output errors, 0 collisions, 0 interface resets
    0 output buffer failures, 0 output buffers swapped out
    0 carrier transitions
    DCD=up  DSR=up  DTR=up  RTS=up  CTS=up
```

其中物理状态和协议状态有多种组合，可以反映不同的接口状态信息。常见的接口状态有以下 4 种：

- Serial0/0/0 is up, line protocol is up (connected)

    这种接口信息提示接口的物理状态已被激活，线路协议也被激活。在此状态下接口的物理层(由物理状态确定)和数据链路层(由线缆协议状态确定)已全部连通。如果正确配置了两端路由器的 IP 地址，则两端路由器可以使用 ping 命令测试到已连通，从而实现点到点之间的连通。

- Serial0/0/0 is down, line protocol is down (disabled)

    这种接口信息提示接口的物理状态已被关闭，线路协议也必然随之被关闭。这种状态一般是由于物理层的问题而造成的。如接口上没有插接电缆、电缆损坏、接口损坏等物理层问题。

● Serial0/0/0 is up, line protocol is down (disabled)

这种接口信息提示接口的物理状态已被激活，但线路协议是关闭的。这种状态一般是由于路由器不能获得 DSU 时钟或两端封装了不同的链路层协议造成的，在背靠背环境下一般可以检查是否设置了 DCE 端接口的 clock rate 参数、两端的 Encapsulation(封装)后显示的链路层协议是否一致，例如上例中封装的链路层协议是 HDLC，那么对端接口也必须封装 HDLC 协议。如果链路层协议一致，则可以检查链路层协议的验证是否配置正确等方法来解决问题。

● Serial0/0/0 is administratively down, line protocol is down (disabled)

这种接口信息提示接口的物理状态已被设置为管理关闭，一般多为在接口上使用了 shutdown 命令从而进入了管理关闭状态，可以使用 no shutdown 命令激活接口。

(8) 子接口的配置。

子接口是对接口的一种逻辑划分，单个物理接口可以划分多个子接口，一般是在物理接口的后面加入一个点和一个数字代表子接口。例如配置快速以太接口 FastEthernet0/0 的 1 号子接口的命令是 intface FastEthernet0/0.1。

8．改变路由器的配置

配置文件是路由器软件的重要组成部分。当使用配置类命令时，这些命令都将保存在配置文件中，从而影响到路由器的行为。通常在思科路由器内部会有两份配置，一份运行在内存 RAM 中，是当前系统正在使用的配置，称为 running-config，断电后 running-config 会自动丢失。另一份保存在外存 NVRAM 中，称为 startup-config，当路由器断电重启时，startup-config 将加载到内存成为 running-config。

一般使用 config terminal 进入到配置模式后，所有的配置都存放到 running-config，配置后如果不加以保存，在断电后所做出的配置变更都将被丢弃。因此必须对配置文件进行保存，以备下次启动时使用。也可以进行 TFTP 备份，即在计算机上安装 TFTP 服务器软件(如 Cisco TFTP server)，将路由器作为 TFTP 客户端，通过 TFTP 将配置文件备份到其他计算机上。

常用的配置类命令如下所示。

(1) 进入配置模式。

```
Router# configure terminal
Router(config)#
```

使用 configure terminal 命令进入配置模式后，所有的配置类命令将只修改内存中的 running-config 文件。

(2) 显示配置文件。

使用下列命令显示配置文件的内容：

```
Router# show running-config
Router# show startup-config
```

show running-config 命令用于显示当前正在运行的配置信息，而 show startup-config 命令用于显示 NVRAM 中保存的 startup-config 文件的信息。

(3) 复制配置文件。

通常需要将当前正在运行的配置信息保存到 startup-config 文件中，使用如下命令：

```
Router# copy running-config startup-config
```

该命令将内存中 running-config 文件的信息保存到 NVRAM 的 startup-config 文件中，用于以后的启动。配置完设备后，一定要使用本条命令进行保存。执行该命令时系统提示输入目标文件名，默认为 "startup-config"。

有时需要将当前正在运行的配置信息保存到 TFTP 服务器上，使用如下命令：

```
Router# copy running-config tftp
```

该命令实现了备份配置文件的功能。除了使用 tftp 备份配置文件，还可以使用 xmodem、http 等多种方式备份路由器配置文件。事实上 copy 命令可以进行 running-config、startup-config 和 TFTP 服务器三者之间任意方向的复制。下例显示了三者之间的复制操作 (tftp 服务器的 IP 地址为 192.168.1.8)。

```
RTA#copy startup-config running-config
!使用启动配置覆盖运行配置
Destination filename [running-config]? [Enter]
1013 bytes copied in 0.416 secs (2435 bytes/sec)
RTA#copy running-config tftp
!将运行配置备份到 TFTP 服务器
Address or name of remote host []? 192.168.1.8
!输入 TFTP 服务器 IP 地址
Destination filename [Router-config]? [Enter]
!以默认名称在服务器上保存配置
!!
[OK - 1013 bytes]
1013 bytes copied in 0.169 secs (5000 bytes/sec)    !
RTA#copy start tftp
!将启动配置备份到 TFTP 服务器
Address or name of remote host []? 192.168.1.8
Destination filename [Router-config]? [Enter]
!!
[OK - 1013 bytes]
1013 bytes copied in 0.187 secs (5000 bytes/sec)
RTA#copy tftp start
!从 TFTP 服务器恢复启动配置
Address or name of remote host []? 192.168.1.8
Source filename []? Router-config
!输入 TFTP 服务器上配置的文件名
Destination filename [startup-config]? [Enter]
Accessing tftp://192.168.1.8/Router-config...
Loading Router-confg from 192.168.1.8: !
[OK - 1013 bytes]
1013 bytes copied in 0.096 secs (10552 bytes/sec)
RTA#copy tftp run
!从 TFTP 服务器恢复运行配置
Address or name of remote host []? 192.168.1.8
```

```
Source filename []? Router-config
Destination filename [running-config]? [Enter]
Accessing tftp://192.168.1.8/Router-config...
Loading Router-confg from 192.168.1.8: !
[OK - 1013 bytes]
1013 bytes copied in 0.078 secs (12987 bytes/sec)
```

(4)　删除启动配置文件。

erase startup-config 命令用于将 NVRAM 中的 startup-config 文件删除，从而使路由器恢复到出厂状态。

```
RTA#erase startup-config
Erasing the nvram filesystem will remove all configuration files!
   Continue? [confirm] [Enter]
!要求用户确认删除,按 Enter 键删除
[OK]
Erase of nvram: complete
!删除成功提示
%SYS-7-NV_BLOCK_INIT: Initialized the geometry of nvram
```

图 3-11 中显示了思科路由器常用的配置关系。

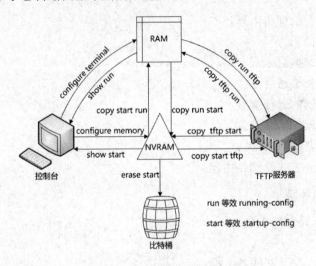

图 3-11　思科路由器配置关系图

9．重新启动路由器

```
Router# reload
```

本命令用于重新启动路由器。一般在做实验时，可以使用 earse start 命令删除启动配置文件，再使用 reload 命令重启路由器后进行配置。

本 章 小 结

路由器必须经过配置才可以使用。可以利用控制台接口在本地配置路由器，利用 AUX

接口通过调制解调器从远程对路由器进行配置或者利用 Telnet 远程登录到路由器进行配置。当第一次对路由器进行配置时，则必须通过控制台接口在本地进行配置。启动思科路由器后可以使用 Setup 模式进行基本配置。配置文件是路由器软件的重要组成部分。在思科路由器内部有两份配置，一份运行在内存 RAM 中，是当前系统正在使用的配置，称为 running-config，断电后 running-config 会自动丢失；另一份保存在 NVRAM 中，称为 startup-config，当路由器断电重启时，startup-config 将加载到内存成为 running-config。思科的 CLI 命令分为四种模式：用户模式、特权模式、全局配置模式和特殊配置模式。思科的 CLI 命令分为三类：立即执行类、生成配置类和模式切换类。本章以思科路由器为例介绍了路由器的基本配置命令。

本 章 实 训

1. 实训目的

通过上机实训，使学生熟悉路由器的启动信息，掌握基本配置命令。

2. 实训内容

(1) 通过控制台管理路由器。

(2) 观察启动信息。

(3) 使用模式切换命令。

(4) 使用帮助和编辑命令。

(5) 显示路由器的运行配置。

(6) 显示路由器的基本信息。

(7) 配置路由器的接口。

(8) 通过 Telnet 方式管理路由器。

3. 实训设备和环境

(1) 思科 2811 路由器 1 台。

(2) PC 1 台。

(3) 控制台线、交叉网线各 1 根。

如无硬件设备建议使用思科 Packet Tracer 软件进行实训。

4. 拓扑结构

实训拓扑结构，如图 3-12 所示。

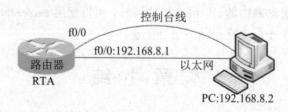

图 3-12　实训拓扑图

5．实训要求

(1) 按照图 3-12 所示的拓扑图连接网络。

(2) 路由器的 console 接口通过控制台线和 PC 的 COM 口连接。

(3) 路由器的以太网接口通过交叉网线和 PC 的网卡相连。

6．实训步骤

(1) 按照"3.1.1 通过控制台接口配置路由器"，配置 Windows 超级终端软件。

(2) 按照"3.1.2 启动路由器"，启动路由器观察并记录启动信息。

(3) 按照"3.2.1 思科路由器 CLI 的各种模式"中的"常用模式切换命令示例"，进行模式切换命令实训。

(4) 按照"3.2.2 帮助和编辑功能"中的示例，进行帮助和编辑功能的实训。

(5) 按照"3.2.3 思科路由器配置的基本命令"中"显示路由器的运行配置"的示例显示路由器的运行配置。

(6) 按照"3.2.3 思科路由器配置的基本命令"中"显示路由器基本信息"的示例显示路由器的基本信息。

(7) 按照"3.2.3 思科路由器配置的基本命令"中"以太网接口配置"的示例配置以太网接口 IP 地址为 192.168.8.1。

(8) 按照"3.2.3 思科路由器配置的基本命令"中"配置 telnet 口令"的示例配置 telnet 口令。并在 PC 的"命令提示符"中使用"telnet 192.168.8.1"登录到路由器中。

复习自测题

一、填空题

1．路由器必须经过配置才可以使用，可以通过多种方法对路由器进行配置，常用的配置方法有_____、_____、_____。

2．一般路由器的控制台接口默认的参数是_____波特、_____个数据位、_____奇偶校验、_____个停止位并且_____。

3．Setup 模式的主要用途是_____。

4．思科路由器的 CLI 模式包括_____、_____、_____、_____。

5．思科 IOS 支持命令自动补全功能，在输入了头几个字母后按_____键如果不存在命令歧义且命令存在，IOS 会自动补全命令。

6．当用户在任何模式提示符下输入_____，会显示当前模式下常用命令的列表及简单描述。

7．按_____快捷键，可以快速使光标回到行首。

8．可以使用_____命令删除启动配置文件。

二、简答题

1．如何配置以太网接口？

2．如何配置串行接口？

3. 思科路由器的口令有哪些? 其作用是什么?

4. 为什么对路由器配置后, 都要执行 copy running-config startup-config 命令?

5. 接口物理状态和协议状态有哪些组合? 含义是什么?

6. 如果要使用 TFTP 方式备份配置文件, 要做哪些操作?

第 4 章　静态路由的配置和 SDM

静态路由是由管理员手工配置的路由，它不会自动随着网络拓扑的变化而变化。静态路由的优点是可以精确地控制路由选择，而无须运行动态路由协议，这就减少了路由器的开销；缺点是不能动态反映网络拓扑。在配置结构比较简单的小型网络时常采用静态路由。

SDM(Security Device Manager，安全设备管理器)是思科公司提供的全新图形化路由器管理工具。该工具利用 Web 界面、Java 技术和交互配置向导使得用户无须了解命令行接口(CLI)即可轻松地完成 IOS 路由器的状态监控、安全审计和功能配置。许多复杂的配置任务也可以利用 SDM 轻松而快捷地完成，其配置逻辑严密、结构规范。

完成本章的学习，你将能够：

* 熟练地进行思科路由器的静态路由的配置；
* 熟练地进行思科路由器的默认路由的配置；
* 使用 SDM 管理思科路由器。

核心概念：静态路由、默认路由、安全设备管理器。

4.1　配置和调试思科路由器的静态路由

4.1.1　常用配置命令

1. 配置静态路由命令

配置静态路由采用 ip route 命令，其使用格式如下：

```
Router(config)# ip route prefix netmask < ipaddress | interface>
[distance]
```

其中：prefix 为目的网络地址，例如 192.168.1.0；netmask 为 A、B、C、D 形式的子网掩码，例如 255.255.255.0。

<ipaddress|interface>为下一跳地址，可以选择 IP 地址形式和接口名称形式。

distance 是可选项，代表本条静态路由的管理距离(请参考思科的管理距离)。如果不设置本参数，则静态路由的管理距离默认值为 1；如果设置本参数，则可以将静态路由设置为浮动路由。

2. 显示路由表命令

```
Router> show ip route
```

本命令用于显示思科路由器的路由表，请参考第 2 章中思科路由表中的内容。

3. ping 命令

```
Router> ping <ipaddress | hostname>
```

其中：ipaddress 为 IP 地址，例如 10.0.0.1；hostname 为主机名，例如 RTA。

本命令用于测试网络的连通性，思科路由器默认发送 5 个 ICMP 报文用于测试网络的连通性，如果显示"！"则表示报文有回应，即网络是连通的；如果显示"．"则表示 ICMP 报文无回应。下例显示从本路由器发送 ICMP 报文测试与 192.168.8.8 和 192.168.8.9 两台主机的连通性。

```
RTA>ping 192.168.8.8
Type escape sequence to abort.
Sending 5, 100-byte ICMP Echos to 192.168.8.8, timeout is 2 seconds:
!!!!!
!5 个报文有回应,与 192.168.8.8 是连通的
Success rate is 100 percent (5/5), round-trip min/avg/max = 1/2/4 ms
RTA>ping 192.168.8.9
Type escape sequence to abort.
Sending 5, 100-byte ICMP Echos to 192.168.8.9, timeout is 2 seconds:
...
Success rate is 0 percent (0/5)
```

4. traceroute 命令

```
Router>traceroute <ipaddress|hostname>
```

其中：ipaddress 和 hostname 的含义与 ping 命令相同。

本命令通过发送 ICMP 报文，接收回应报文来测试数据包沿途经过的路由器。

traceroute 命令常用于确认数据包在路径沿途上被哪台路由器丢弃，从而判断故障点。下例显示从本路由器发送 ICMP 报文测试到达 192.168.2.3 的沿途设备。

```
RTA>traceroute 192.168.2.3
Type escape sequence to abort.
Tracing the route to 192.168.2.3
  1   10.0.0.2      30 msec   43 msec   35 msec
  2   192.168.2.3   106 msec  123 msec  123 msec
!到达目的地
```

4.1.2 静态路由配置示例

如图 4-1 所示，两台思科 2811 路由器通过串行端口 s0/0/0 互连，每个路由器的局域网段通过一台交换机连接两台计算机，通过在路由器 RTA 和 RTB 上配置静态路由，使全网可以通信。表 4-1 详细列出该网络中各设备的 TCP/IP 参数。

静态路由的配置步骤如下。

① 配置每台设备的网络接口卡的 IP 地址、子网掩码和网关。

② 配置每台路由器接口的时钟速率、IP 地址以及子网掩码。IP 地址的分配如表 4-1 所示。

③ 使用 ping 命令验证点到点的连通性。

④ 配置每台路由器的静态路由。

⑤ 使用 ping 命令和 traceroute(tracert)命令验证端到端的连通性。

⑥　使用 copy running-config startup-config 保存路由器配置。

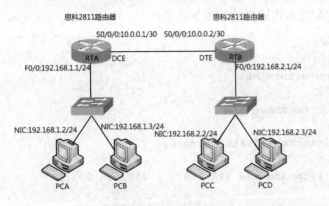

图 4-1　配置静态路由

表 4-1　网络中设备的 TCP/IP 参数

设　备	接　口	IP 地址	子网掩码	网　关
PCA	NIC	192.168.1.2	255.255.255.0	192.168.1.1
PCB	NIC	192.168.1.3	255.255.255.0	192.168.1.1
PCC	NIC	192.168.2.2	255.255.255.0	192.168.2.1
PCD	NIC	192.168.2.3	255.255.255.0	192.168.2.1
RTA	F0/0	192.168.1.1	255.255.255.0	
	S0/0/0	10.0.0.1	255.255.255.252	
RTB	F0/0	192.168.2.1	255.255.255.0	
	S0/0/0	10.0.0.2	255.255.255.252	

1．配置计算机接口

本例中以 Windows XP 的网络配置为例，配置 PCA 到 PCD 的网络接口信息，配置如图 4-2 所示。根据表 4-1 中的内容，依次配置 4 台计算机的 IP 信息。

图 4-2　主机 IP 地址设置

2. 配置路由器接口并测试连通性

路由器 RTA 的配置和连通性测试如下所示：

```
Router>enable
!进入特权模式
Router#configure terminal
!进入全局配置模式
Router(config)#hostname RTA
!创建路由器名称
RTA(config)#interface fastEthernet0/0
!进入以太网接口模式
RTA(config-if)#ip address 192.168.1.1 255.255.255.0
!配置 IP 和掩码
RTA(config-if)#no shutdown
!启动以太网接口
%LINK-5-CHANGED: Interface FastEthernet0/0, changed state to up
%LINEPROTO-5-UPDOWN: Line protocol on Interface FastEthernet0/0, changed
state to up
!控制台消息提示快速以太网接口物理状态和线路协议成功激活
RTA(config-if)#int s0/0/0
!进入串行接口模式
RTA(config-if)#ip add 10.0.0.1 255.255.255.252
!配置 IP 和子网掩码
RTA(config-if)#clock rate 2000000
!配置时钟速率
RTA(config-if)#bandwidth 2048
!配置带宽,可不配置
RTA(config-if)#no shut
!启动串口
%LINK-5-CHANGED: Interface Serial0/0/0, changed state to down
!对端串口未配置,因此串行接口未能激活
RTA(config-if)#^Z
!退到特权模式
RTA#ping 192.168.1.2
!测试 RTA 与 PCA 的点对点连通性
Type escape sequence to abort.
Sending 5, 100-byte ICMP Echos to 192.168.1.2, timeout is 2 seconds:
.!!!!
!已连通
Success rate is 80 percent (4/5),round-trip min/avg/max=56/81/108 ms
RTA#ping 192.168.1.3
!测试 RTA 与 PCB 的点对点连通性
Type escape sequence to abort.
Sending 5, 100-byte ICMP Echos to 192.168.1.3, timeout is 2 seconds:
.!!!!
!已连通
Success rate is 80 percent (4/5),round-trip min/avg/max=66/83/100 ms
RTA#copy running-config  startup-config
```

!保存运行配置到启动配置文件
Destination filename [startup-config]? **[Enter]**
Building configuration...
[OK]
!配置保存完成

路由器 RTB 的配置和连通性测试如下所示：

Router>**en**
Router#**conf t**
Router(config)#**host RTB**
RTB(config)#**int f0/0**
RTB(config-if)#**ip add 192.168.2.1 255.255.255.0**
RTB(config-if)#**no shut**
%LINK-5-CHANGED: Interface FastEthernet0/0, changed state to up
%LINEPROTO-5-UPDOWN: Line protocol on Interface FastEthernet0/0, changed
state to up
RTB(config-if)#**int se0/0/0**
RTB(config-if)#**ip add 10.0.0.2 255.255.255.0**
RTB(config-if)#**band 2048**
RTB(config-if)#**no shut**
%LINK-5-CHANGED: Interface Serial0/0/0, changed state to up
%LINEPROTO-5-UPDOWN: Line protocol on Interface Serial0/0/0, changed state
to up
!控制台消息提示串行接口的物理状态和线路协议成功激活
RTB(config-if)#**^Z**
RTB#**ping 10.0.0.1**
!测试 RTA 与 RTB 的点对点串行链路的连通性
Type escape sequence to abort.
Sending 5, 100-byte ICMP Echos to 10.0.0.1, timeout is 2 seconds:
!!!!!
!已连通
Success rate is 100 percent (5/5),round-trip min/avg/max=30/38/45 ms
RTB#**ping 192.168.2.2**
!测试 RTB 与 PCC 的点对点连通性
Type escape sequence to abort.
Sending 5, 100-byte ICMP Echos to 192.168.2.2, timeout is 2 seconds:
.!!!!
!已连通
Success rate is 80 percent (4/5),round-trip min/avg/max=56/81/97 ms
RTB#**ping 192.168.2.3**
!测试 RTB 与 PCD 的点对点连通性
Type escape sequence to abort.
Sending 5, 100-byte ICMP Echos to 192.168.2.3, timeout is 2 seconds:
.!!!!
!已连通
Success rate is 80 percent (4/5),round-trip min/avg/max=62/85/104 ms
RTB#**copy run start**
Destination filename [startup-config]?
Building configuration...

```
[OK]
!配置保存完成
```

3. 配置路由

此时所有的点到点链路已经连通,但是左边的192.168.1.0网络和右边的192.168.2.0网络并不互通,可以通过在PCA的命令行窗口下使用ping命令向PCC发包验证,如下所示:

```
PCA>ipconfig
!查看本机 IP 地址
IP Address.....................: 192.168.1.2
Subnet Mask....................: 255.255.255.0
Default Gateway................: 192.168.1.1
PCA>ping 192.168.2.2
!向 PCC 发 ICMP 报文
Pinging 192.168.2.2 with 32 bytes of data:
Reply from 192.168.1.1: Destination host unreachable.
Reply from 192.168.1.1: Destination host unreachable.
Reply from 192.168.1.1: Destination host unreachable.
Reply from 192.168.1.1: Destination host unreachable.
!路由器 RTA(192.168.1.1)报告,目的主机不可达
Ping statistics for 192.168.2.2:
    Packets: Sent = 4, Received = 0, Lost = 4 (100% loss)
```

为什么路由器RTA(192.168.1.1)会向PCA报告192.168.2.2——目的主机不可达?因为此时并没有在RTA上配置路由,RTA路由器根本就不知道192.168.2.0网络的存在。因此必须要让RTA知道如何到达192.168.2.0网络。接下来将使用静态路由来实现这项功能,进入路由器RTA进行以下的静态路由配置:

```
RTA#conf t
RTA(config)#ip route 192.168.2.0 255.255.255.0 10.0.0.2
!配置静态路由
!本条路由的含义是要去192.168.2.0/24这个网络数据包,就要转发给下一跳10.0.0.2
RTA(config)#exit
RTA#show ip route
!显示路由表
Codes: C - connected, S - static, I - IGRP, R - RIP, M - mobile, B - BGP
...
Gateway of last resort is not set
    10.0.0.0/30 is subnetted, 1 subnets
C     10.0.0.0 is directly connected, Serial0/0/0
C    192.168.1.0/24 is directly connected, FastEthernet0/0
S    192.168.2.0/24 [1/0] via 10.0.0.2
!去往192.168.2.0网络的静态路由
```

此时再次通过PCA使用ping命令向PCC发包验证,两边会连通吗?读者可能觉得会连通,但实际上看到的结果却如下所示:

```
PCA>ping 192.168.2.2
Pinging 192.168.2.2 with 32 bytes of data:
```

```
Request timed out.
Request timed out.
Request timed out.
Request timed out.
Ping statistics for 192.168.2.2:
    Packets: Sent = 4, Received = 0, Lost = 4 (100% loss)
```

为什么会是请求超时？事实上，从 PCA 发送出的 ICMP 报文确实到达了 PCC，但是 PCC 回应 PCA 的报文，却在经过 RTB 路由器时被丢弃了，因为 RTB 没有去往 192.168.1.0 网络的路由。所以要想让网络双向互通，还必须在 RTB 上配置一条去往 192.168.1.0 网络的静态路由，在 RTB 上的路由配置如下所示：

```
RTB#conf t
RTB(config)#ip route 192.168.1.0 255.255.255.0 s0/0/0
!本条路由的含义是要去 192.168.1.0/24 网络，数据包就要从本机 s0/0/0 接口转发出去
RTB(config)#^Z
RTB#show ip route
Codes: C - connected, S - static, I - IGRP, R - RIP, M - mobile, B - BGP
...
Gateway of last resort is not set
     10.0.0.0/24 is subnetted, 1 subnets
C    10.0.0.0 is directly connected, Serial0/0/0
S    192.168.1.0/24 is directly connected, Serial0/0/0
!去往 192.168.1.0 网络的静态路由
C    192.168.2.0/24 is directly connected, FastEthernet0/0
```

必须注意：配置静态路由的下一跳是选择 IP 地址形式还是选择接口名形式，这是有一定规则的。IP 地址用作下一跳时，这个地址必须是和本路由器直接相连的下一个路由器接口的 IP 地址。将 IP 地址用作下一跳时，静态路由条目的管理距离 AD 值是 1。将接口名用作下一跳时，必须是在点对点链路上，而以太网这种广播型接口就不能作为下一跳接口。将接口用作下一跳时，静态路由条目的管理距离 AD 值是 0。

4. 验证全网的连通性

静态路由配置完成后就可以验证全网的连通性了。在 PCA 上分别使用 ping 命令和 tracert(Windows 下这条命令为 tracert，在思科路由器中这条命令为 traceroute)命令向 PCC 发包测试连通性，测试结果如下所示：

```
PCA>ping 192.168.2.2
Pinging 192.168.2.2 with 32 bytes of data:
Reply from 192.168.2.2: bytes=32 time=212ms TTL=126
Reply from 192.168.2.2: bytes=32 time=176ms TTL=126
Reply from 192.168.2.2: bytes=32 time=230ms TTL=126
Reply from 192.168.2.2: bytes=32 time=192ms TTL=126
Ping statistics for 192.168.2.2:
    Packets: Sent = 4, Received = 4, Lost = 0 (0% loss),
Approximate round trip times in milli-seconds:
    Minimum = 176ms, Maximum = 230ms, Average = 202ms
PCA>tracert 192.168.2.2
```

```
Tracing route to 192.168.2.2 over a maximum of 30 hops:
  1   80 ms      69 ms      103 ms     192.168.1.1
  2  124 ms     106 ms      126 ms     10.0.0.2
  3  203 ms     240 ms      192 ms     192.168.2.2
Trace complete.
```

读者可以验证其他计算机之间的连通性。

4.1.3 默认路由

当用户网络只有一个出口时，可以使用默认路由来简化静态路由的配置。默认路由的特点是：目的网络地址和子网掩码全为 0。根据 IP 包转发原则，如果一个数据包目的网络和其他的路由条目都不匹配，也必将和地址、掩码全为 0 的路由条目相匹配。

```
Router(config)# ip route 0.0.0.0 0.0.0.0 <ipaddress|interface>
[distance]
```

还以图 4-1 为例，RTA 只有接口 s0/0/0 通向广域网，因此完全可以在 RTA 上配置一条默认路由。

```
RTA(config)#no ip route 192.168.2.0 255.255.255.0
!使用 no 命令取消原有静态路由
!以下两条默认路由命令任选其一即可
RTA(config)#ip route 0.0.0.0 0.0.0.0 10.0.0.2
RTA(config)#ip route 0.0.0.0 0.0.0.0 s0/0/0
RTA#show ip route
Codes: C - connected, S- static, I- IGRP, R- RIP, M- mobile, B- BGP
Gateway of last resort is 10.0.0.2 to network 0.0.0.0
     10.0.0.0/30 is subnetted, 1 subnets
C       10.0.0.0 is directly connected, Serial0/0/0
C    192.168.1.0/24 is directly connected, FastEthernet0/0
S*   0.0.0.0/0 [1/0] via 10.0.0.2
            is directly connected, Serial0/0/0
```

配置后可以测试网络的连通性。

4.2 使用 SDM 管理思科路由器

SDM(Security Device Manager，安全设备管理)是思科公司提供的全新图形化路由器管理工具。该工具利用 Web 界面、Java 技术和交互配置向导，使用户无须了解命令行接口(CLI)即可轻松地完成 IOS 路由器的状态监控、安全审计和功能配置——甚至连 QoS、Easy VPN Server、IPS、DHCP Server、动态路由协议等复杂配置任务也可以利用 SDM 轻松而快捷地完成，其配置逻辑严密、结构规范。使用 SDM 进行管理时，用户到路由器之间使用加密的 HTTP 连接及 SSH v2 协议，安全可靠。目前思科的大部分中低端路由器，包括 8xx、17xx、18xx、26xx(XM)、28xx、36xx、37xx、38xx、72xx、73xx 等型号都可以支持 SDM。

4.2.1　SDM 的安装

SDM 有两种安装模式：一种是安装在 PC 上，通过 PC 上的 SDM 可以管理多台思科路由器；另一种是安装在路由器内部，用户只要通过 Web 方式访问路由器就可以管理此台路由器。

安装 SDM 需要的软件有：

- Java JRE(Java 运行环境)安装包，可以从 SUN 网站下载。本书以 Java 6.0 Update 5 为例，下载安装包文件名为 jre-6u5-windows-i586-p-s.exe。
- SDM 安装包，可以从思科网站下载。本书以 SDM 2.4.1 中文版为例，下载安装包文件名为 SDM-V241-zh.zip。

在计算机上分别安装 Java JRE 和 SDM 软件包。安装程序将在桌面创建一个名称为"Cisco SDM (Chinese Edition)"的快捷方式，以后用户可以双击此快捷方式运行 SDM。安装方法与普通的 Windows 应用程序大致相同，一般只需用鼠标选择默认安装选项即可，在此不再赘述。

4.2.2　使用 SDM 连接路由器

1. 配置路由器

SDM 通过带内管理方式使用 HTTP 和路由器通信，因此必须正确配置路由器的接口，启用 HTTP 服务。

下面以图 4-3 为例，使用计算机上的 SDM 管理思科 1721 路由器。本例中 3640 路由器的 IOS 版本是 12.4(5)，SDM 不支持过早版本的 IOS。

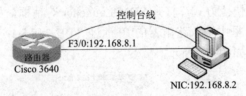

图 4-3　通过 SDM 管理路由器

对 Cisco 3640 路由器做如下配置：

```
Router>en
Router#conf t
Router(config)#int f0
Router(config-if)#ip add 192.168.8.1 255.255.255.0
Router(config-if)#no shut
Router(config-if)#exit
Router(config)#ip http server
!启动 HTTP 服务
Router(config)#do ping 192.168.8.2
Type escape sequence to abort.
Sending 5, 100-byte ICMP Echos to 192.168.8.2, timeout is 2 seconds:
!!!!!
```

```
!和192.168.8.2连通
Success rate is 100 percent (5/5),round-trip min/avg/max=4/8/12 ms
```

2. 计算机端设置

SDM 通过使用 Web 浏览器与路由器通信，因此首先要检查计算机上是否有防火墙阻止与 Web 服务器通信，如果有则应关闭防火墙。其次是 IE 安全性的问题。IE 7.0 默认不允许脚本语言在本地运行，而 SDM 需要使用 Java Script 脚本。如果 SDM 安装在路由器上，这将没有什么影响；如果 SDM 是在本地计算机上运行，则应该选中 IE 7.0 的【Internet 选项】对话框的【高级】选项卡中的【允许活动内容在我的计算机上的文件中运行】复选框，如图 4-4 所示。IE 6.0 则无须设置。

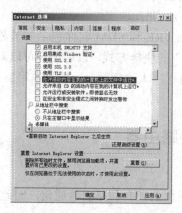

图 4-4 【Internet 选项】对话框

3. 运行 SDM

双击桌面上的 SDM 快捷方式，打开 SDM Launcher 对话框，如图 4-5 所示。

在【输入地址】组合框中输入路由器的 IP 地址"192.168.8.1"后，单击【启动】按钮，将启动 SDM 的主界面，如图 4-6 所示。

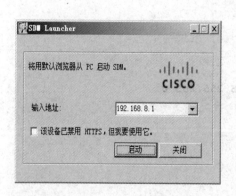

图 4-5 SDM Launcher 对话框

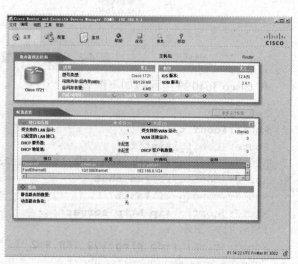

图 4-6 SDM 主界面

4.2.3 使用 SDM 管理思科路由器的方法

SDM 主要由以下 3 大部分构成。

- 主页。用于显示路由器的相关信息。
- 配置。用于路由器的各种配置。
- 监视。用于对路由器进行性能监视。

1. 在主页中查看路由器相关信息

如图 4-7 所示,可以看出路由器名称为 Router。硬件信息中可以看出路由器型号是 Cisco 3640、内存是 256MB、闪存是 8MB。软件信息中可以看出 IOS 版本是 12.4(10)、SDM 的版本是 2.4.1。从 IOS 的功能可用性上可以看出带有绿色圆点的是这款 IOS 所支持的特性,例如 IP、防火墙、VPN、IPS 等功能。如果是不支持的特性,则将显示为红色。

图 4-7 路由器相关信息

单击【硬件】和【软件】中的【更多】链接,可以看到更详细的硬件和软件信息。

2. 在主页中查看路由器配置总览

如图 4-8 所示,已经开启的接口有 1 个,关闭的接口有 21 个,串行接口有 4 个。图中还显示了接口的详细配置,例如 IP 地址、接口类型、子网掩码等信息。【路由】部分显示本路由器中没有配置静态路由和动态路由。

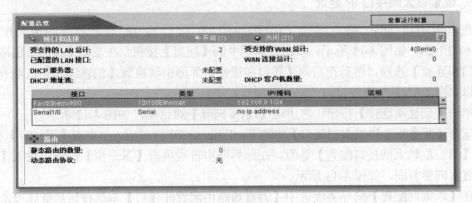

图 4-8 路由器配置总览

单击【查看运行配置】按钮,相当于执行了 show running-config 命令,将显示路由器的运行配置。

3. 配置路由器的主机名

使用 SDM 将路由器的主机名设置为 RTA。如图 4-9 所示，单击工具栏中的【配置】按钮，在左侧【任务】窗格中选择【其它任务】选项，然后在【其它任务】界面中单击【路由器属性】节点，并在【设备属性】窗口中选择【主机名】。然后单击【编辑】按钮，将弹出【设备属性】对话框，如图 4-10 所示。

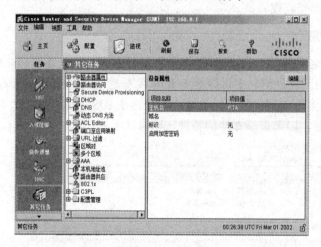

图 4-9　设备属性　　　　　　　　　　图 4-10　【设备属性】对话框

在【主机】文本框中输入 RTA 后，单击【确定】按钮，SDM 会自动生成 hostname RTA 命令，并传送到路由器中。

4. 保存路由器的配置

单击工具栏中的【保存】按钮，可以将配置保存在 NVRAM 中，其功能相当于执行了 copy running-config startup-config 命令。

5. 配置以太网接口 IP 地址

在本例中将 3640 路由器的 FastEthernet 3/0 接口的 IP 地址和子网掩码配置为 192.168.2.1/24。如图 4-11 所示，单击工具栏中的【配置】按钮，在左侧【任务】窗格选择【接口和连接】选项，然后在右侧【接口和连接】界面中切换到【创建连接】选项卡，选中【以太网 LAN】单选按钮。

单击【创建新连接】按钮，将出现【LAN 向导】对话框，如图 4-12 所示。

选择【配置第三层以太网接口】中的 FastEthernet3/0 接口后，再单击【下一步】按钮，进入【第三层以太网接口配置】界面，在此界面中再次单击【下一步】按钮，进入【以太网配置】向导界面，如图 4-13 所示。

在【以太网配置】向导界面选中【为直通路由配置此接口】单选按钮后继续单击【下一步】按钮，将进入【IP 地址配置】向导界面，如图 4-14 所示。

在【IP 地址配置】界面中正确地输入 IP 地址和子网掩码后，单击【下一步】按钮，将出现 DHCP 设置界面，使用默认值"否"。继续单击【下一步】按钮，将出现【摘要】界面，此界面显示先前设置和接口参数。单击【结束】按钮完成 IP 地址的配置。

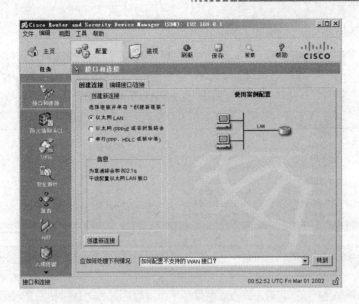

图 4-11 创建连接

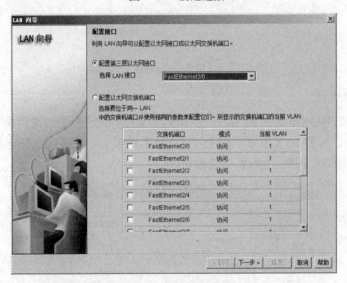

图 4-12 【LAN 向导】对话框

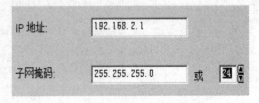

图 4-13 【以太网配置】向导界面　　　　图 4-14 【IP 地址配置】向导界面

接下来，SDM 将进入【接口和连接】界面中的【编辑接口/连接】选项卡，用户可以在此标签中对已创建完成的接口进行添加逻辑接口、编辑、删除、禁用和连接测试等多项操作,如图 4-15 所示。

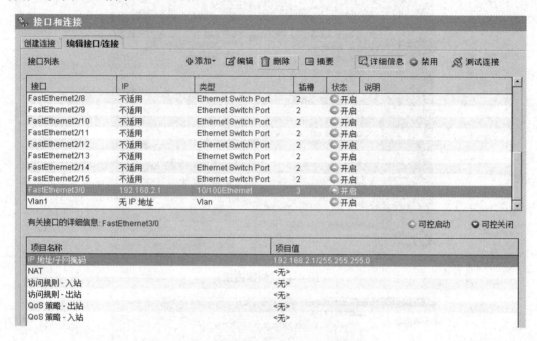

图 4-15 【编辑接口/连接】选项卡

6. 配置串行接口

在本例中将配置 3640 路由器的 Serial1/0 接口的 IP 地址和子网掩码为 10.0.0.1/30,并封装 HDLC 协议。如图 4-16 所示,在【创建连接】选项卡中的【创建新连接】选项组中选择【串行(PPP、HDLC 或帧中继)】单选按钮。

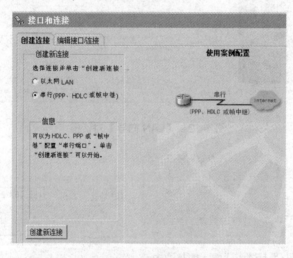

图 4-16 接口和连接

单击【创建新连接】按钮后在【欢迎使用串行 WAN 配置向导】界面中单击【下一步】按钮,进入【选择接口】界面,如图 4-17 所示。在【可用接口】下拉列表框中选择 Serial1/0 接口。

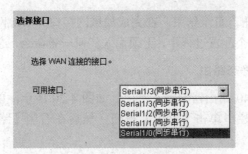

图 4-17 【选择接口】界面

继续单击【下一步】按钮，进入【配置封装】界面，如图 4-18 所示。封装协议请参考第 9 章。选择默认的【高级数据链路控制】单选按钮(HDLC)封装后，单击【下一步】按钮，将出现【IP 地址】界面，如图 4-19 所示。选中【静态 IP 地址】单选按钮，并输入相应的 IP 地址和子网掩码。

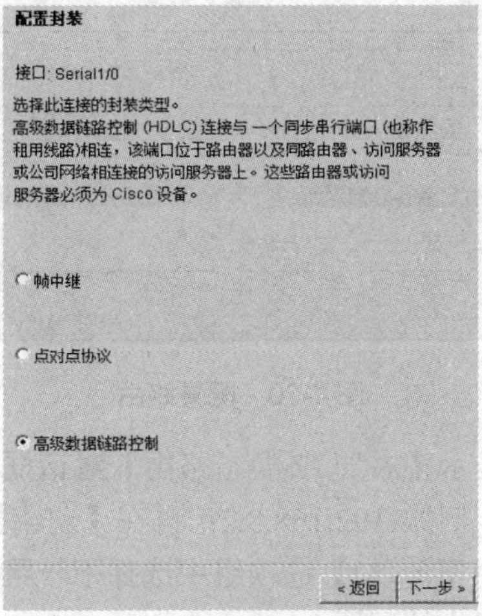

图 4-18 【配置封装】界面

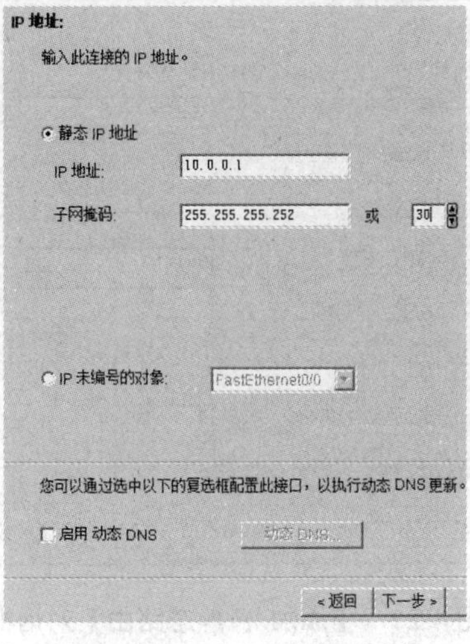

图 4-19 【IP 地址】界面

单击【下一步】按钮，直至结束。在完成局域网接口和广域网接口的配置后，可以使用 SDM 配置路由。在整个配置过程中，无须输入任何一条命令，这正是 SDM 的强大之处。

7. 使用 SDM 配置静态路由

在本例中将配置 3640 路由器的静态路由。如图 4-20 所示，单击工具栏中的【配置】按钮，在左侧【任务】栏中单击【路由】按钮，然后在右侧【路由】栏中单击【添加】按钮。

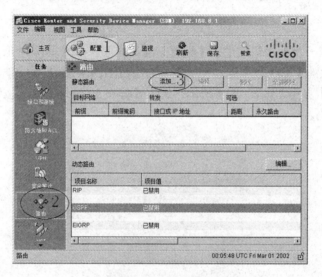

图 4-20　配置路由

单击【添加】按钮后将显示【添加 IP 静态路由】对话框，如图 4-21 所示。在【前缀】文本框中输入目的网络地址，例如 192.168.8.2；再在【前缀掩码】文本框中输入掩码，如 255.255.255.0。然后在【转发(下一跳)】选项组中选择下一跳的接口名称或 IP 地址。最后单击【确定】按钮完成静态路由的配置。

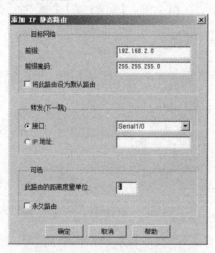

图 4-21　【添加 IP 静态路由】对话框

本 章 小 结

静态路由是由管理员手工配置的路由，它不会自动随着网络拓扑的变化而变化。对思科路由器使用 ip route 命令可以配置静态路由。当网络只有一个出口时，可以使用默认路由简化静态路由的配置。SDM 是思科公司提供的全新图形化路由器管理工具。该工具可轻松地完成 IOS 路由器的状态监控、安全审计和功能配置等。

本 章 实 训

实训 1　配置静态路由 1

1. 实训目的

通过上机实训，使学生熟练掌握静态路由的配置。

2. 实训内容

配置路由器的静态路由。

3. 实训设备和环境

(1)　思科 2811 路由器两台。

(2)　思科 Catalyst 2960 交换机两台。

(3)　PC 4 台。

(4)　控制台线 1 根。

(5)　直通网线 6 根。

(6)　V.35 DTE 和 V.35 DCE 电缆各 1 根。

如无硬件设备，则建议使用思科 Packet Tracer 软件进行实训。

4. 拓扑结构

请参考图 4-22。

5. 实训要求

(1)　按照拓扑图连接网络。

(2)　路由器通过串行电缆互连。

(3)　路由器和交换机通过直通网线互连。

(4)　PC 和交换机通过直通网线互连。

(5)　配置 PC 的网关和 IP 地址。

(6)　配置路由器接口。

(7)　配置路由器的静态路由。

6. 实训步骤

请参考 4.1.2 小节静态路由配置示例。

实训 2　使用 SDM 管理路由

1. 实训目的

通过上机实训，使学生熟练掌握 SDM 的安装和使用。

2. 实训内容

(1)　安装 SDM。

(2)　配置路由器基本信息。

3. 实训设备和环境

(1)　思科 1721 路由器 1 台。

(2)　PC 1 台。

(3)　控制台线 1 根。

(4)　交叉网线 1 根。

(5)　Java JRE 6.0。

(6)　SDM 2.4.1。

如无硬件设备，则建议使用 Dynamips 思科路由器虚拟机软件进行实训。

4. 拓扑结构

请参考图 4-22。

5. 实训要求

(1)　按照拓扑图连接网络。

(2)　路由器的 console 接口通过控制台线与 PC 的 COM 口连接。

(3)　路由器的以太网接口通过交叉网线与 PC 的网卡连接。

(4)　安装 Java 和 SDM。

(5)　使用 SDM 配置路由器。

6. 实训步骤

请参考 4.2 节使用 SDM 管理思科路由器。

实训 3　配置静态路由 2

1. 实训目的

通过上机实训，使学生熟练掌握复杂拓扑结构的静态路由的配置。

2. 实训内容

配置路由器的静态路由，使全网互通。

3. 实训设备和环境

(1)　思科 2811 路由器 5 台。

(2) 思科 Catalyst 2960 交换机 4 台。

(3) PC 10 台。

(4) 控制台线 5 根。

(5) 直通网线 16 根。

(6) V.35 DTE 电缆 3 根、V.35 DCE 电缆 3 根。

如无硬件设备，则建议使用思科 Packet Tracer 软件进行实训。

4. 拓扑结构

实训拓扑图，如图 4-22 所示。网络设备地址如表 4-2 所示。

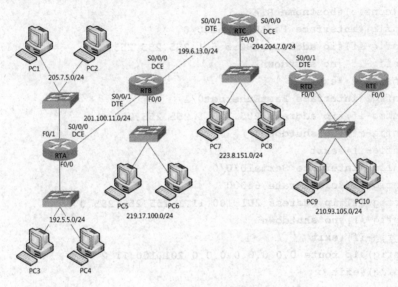

图 4-22　实训拓扑图

表 4-2　网络设备地址

设　备	F0/0	F0/1	S0/0/0	S0/0/1
RTA	192.5.5.1/24	205.7.5.1/24	201.100.11.1/24	
RTB	219.17.100.1/24		199.6.13.1/24	201.100.11.2/24
RTC	223.8.151.1/24		204.204.7.1/24	199.6.13.2/24
RTD	210.93.105.1/24			204.204.7.2/24
RTE	210.93.105.2/24			

5. 实训要求

(1) 按照拓扑图连接网络。

(2) 路由器通过串行电缆互连。

(3) 路由器和交换机通过直通网线互连。

(4) PC 和交换机通过直通网线互连。

(5) 配置 PC 的网关和 IP 地址。

(6) 配置路由器接口。

(7) 配置路由器的静态路由。

(8) 使用 ping 命令测试全网的连通性并记录。

(9) 使用 show ip route 命令查看每台路由器的路由表并记录。

6. 实训步骤

(1) 路由器的配置。

路由器 RTA 的配置:

```
Router>enable
Router#configure terminal
Router(config)#hostname RTA
RTA(config)#interface FastEthernet0/0
RTA(config-if)#ip address 192.5.5.1 255.255.255.0
RTA(config-if)#no shutdown
RTA(config-if)#exit
RTA(config)#interface FastEthernet0/1
RTA(config-if)#ip address 205.7.5.1 255.255.255.0
RTA(config-if)#no shutdown
RTA(config-if)#exit
RTA(config)#interface Serial0/0/0
RTA(config-if)#clock rate 64000
RTA(config-if)#ip address 201.100.11.1 255.255.255.0
RTA(config-if)#no shutdown
RTA(config-if)#exit
RTA(config)#ip route 0.0.0.0 0.0.0.0 201.100.11.2
RTA(config)#exit
RTA#copy running-config startup-config
```

路由器 RTB 的配置:

```
Router>enable
Router#configure terminal
Router(config)#hostname RTB
RTB(config)#interface FastEthernet0/0
RTB(config-if)#ip address 219.17.100.1 255.255.255.0
RTB(config-if)#no shutdown
RTB(config-if)#exit
RTB(config)#interface Serial0/0/0
RTB(config-if)#ip address 199.6.13.1 255.255.255.0
RTB(config-if)#clock rate 64000
RTB(config-if)#no shutdown
RTB(config-if)#exit
RTB(config)#interface Serial0/0/1
RTB(config-if)#ip address 201.100.11.2 255.255.255.0
RTB(config-if)#exit
RTB(config)#ip route 192.5.5.0 255.255.255.0 201.100.11.1
RTB(config)#ip route 205.7.5.0 255.255.255.0 201.100.11.1
RTB(config)#ip route 223.8.151.0 255.255.255.0 199.6.13.2
```

```
RTB(config)#ip route 210.93.105.0 255.255.255.0 199.6.13.2
RTB(config)#exit
RTB#copy running-config startup-config
```

路由器 RTC 的配置：

```
Router>enable
Router#configure terminal
Router(config)#hostname RTC
RTC(config)#interface FastEthernet0/0
RTC(config-if)#end
RTC#configure terminal
RTC(config)#interface FastEthernet0/0
RTC(config-if)#ip address 223.8.151.1 255.255.255.0
RTC(config-if)#no shutdown
RTC(config-if)#exit
RTC(config)#interface Serial0/0/0
RTC(config-if)#clock rate 64000
RTC(config-if)#ip address 204.204.7.1 255.255.255.0
RTC(config-if)#no shutdown
RTC(config-if)#exit
RTC(config)#interface Serial0/0/1
RTC(config-if)#ip address 199.6.13.2 255.255.255.0
RTC(config-if)#exit
RTC(config)#ip route 192.5.5.0 255.255.255.0 199.6.13.1
RTC(config)#ip route 205.7.5.0 255.255.255.0 199.6.13.1
RTC(config)#ip route 219.17.100.0 255.255.255.0 199.6.13.1
RTC(config)#ip route 210.93.105.1 255.255.255.0 204.204.7.2
RTC(config)#exit
RTC#copy running-config startup-config
```

路由器 RTD 的配置：

```
Router>enable
Router#configure terminal
Router(config)#hostname RTD
RTD(config)#interface FastEthernet0/0
RTD(config-if)#ip address 210.93.105.1 255.255.255.0
RTD(config-if)#no shutdown
RTD(config-if)#exit
RTD(config)#interface Serial0/0/1
RTD(config-if)#ip address 204.204.7.2 255.255.255.0
RTD(config-if)#no shutdown
RTD(config-if)#exit
RTD(config)#ip route 0.0.0.0 0.0.0.0 204.204.7.1
RTD(config)#exit
RTD#copy running-config startup-config
```

路由器 RTE 的配置：

```
Router>enable
```

```
Router#configure terminal
Router(config)#hostname RTE
RTE(config)#interface FastEthernet0/0
RTE(config-if)#ip address 210.93.105.2 255.255.255.0
RTE(config-if)#no shutdown
RTE(config)#exit
RTE#copy running-config startup-config
```

(2) PC 的地址参照表 4-3 进行配置。

表 4-3　PC 地址

设　备	IP 地址	子网掩码	网　关
PC1	205.7.5.2	255.255.255.0	205.7.5.1
PC2	205.7.5.3	255.255.255.0	205.7.5.1
PC3	192.5.5.2	255.255.255.0	192.5.5.1
PC4	192.5.5.3	255.255.255.0	192.5.5.1
PC5	219.17.100.2	255.255.255.0	219.17.100.1
PC6	219.17.100.3	255.255.255.0	219.17.100.1
PC7	223.8.151.2	255.255.255.0	223.8.151.1
PC8	223.8.151.3	255.255.255.0	223.8.151.1
PC9	210.93.105.3	255.255.255.0	210.93.105.1
PC10	210.93.105.4	255.255.255.0	210.93.105.1

(3) 在 PC1 的命令行(选择【开始】|【运行】命令，输入 CMD)使用以下命令验证连通性。

```
ping 192.5.5.2
ping 219.17.100.2
ping 223.8.151.2
ping 210.93.105.3
tracert 210.93.105.3
```

记录验证结果后，依次在 PC3、PC5、PC7、PC9 上重复以上操作，并记录结果。

(4) 在 RTA 上使用以下命令查看路由器基本信息。

```
RTA#show ip route
```

记录验证结果后，依次在 RTB、RTC、RTD 上重复以上操作，并记录结果。

复习自测题

一、填空题

1. _____命令用于测试网络的连通性，思科路由器默认发送_____个_____报文用于测试网络的连通性，如果显示_____代表报文有回应即连通的，如果显示

_____则 ICMP 报文无回应。

2. 默认路由的目的网络地址为 _____，网络掩码为_____。

3. SDM 是思科公司提供的全新的_____路由器管理工具。该工具利用_____界面、_____技术和交互配置向导使得用户无须了解命令行接口(CLI)即可轻松地完成 IOS 路由器的_____、_____和_____。

二、简答题

1. 配置静态路由的步骤是什么?

2. 配置默认路由的步骤是什么?

3. 使用 SDM 连接路由器的步骤是什么?

4. 使用 SDM 配置路由器的静态路由的步骤是什么?

第 5 章　动态路由的配置

动态路由协议能够动态地反映网络的状态,当网络发生变化时,网络中的路由器会把这个消息通告给其他路由器,最终所有的路由器将了解网络的变化并及时调整路由表,从而保证数据包的正常传输。动态路由协议包括距离向量路由协议和链路状态路由协议。本章中将重点介绍 IGP 中的这两类路由协议及其具体实现: RIP 路由协议和 OSPF 路由协议。

完成本章的学习,你将能够:

- 描述距离向量路由协议原理;
- 描述链路状态路由协议原理;
- 熟练配置 RIP 路由;
- 熟练配置 IGRP 和 EIGRP 路由;
- 熟练配置 OSPF 路由。

核心概念:距离向量路由协议、链路状态路由协议、RIP 路由、OSPF 路由。

5.1　距离向量路由协议原理

距离向量路由协议中,每个路由器维护一张路由表,它以子网中的每个路由器为索引,列出当前已知路由器到每个目标路由器的最佳距离以及所使用的线路。距离向量路由协议要求每个启动路由进程的路由器接口周期性地向相邻路由器发送其路由表的全部或部分(即使网络没有发生变化,运行距离向量路由选择协议的路由器也会发送周期性的更新)。通过接收邻近设备的路由信息,路由器能够检验所有已知的路由,并且能够根据邻近设备发来的更新信息来改变本地路由表。每个路由器都通过广播(或组播)与邻近设备交换路由表,路由表通过逐级传递,最后达到全网同步。因此距离向量路由也被称为"传言路由",即路由信息全部来自于邻近设备的"二手"信息,每个路由器都不了解整个网络的拓扑结构,网络中路由器的理解是以网络拓扑中邻近设备的观点为基础的。距离向量协议采用贝尔曼-福特(Bellman-Ford)路由选择算法来计算最佳路径。

常见的距离向量路由协议有 RIP、IGRP、EGRP 和 BGP。距离向量算法的优点是算法的开销较小,缺点是算法的收敛较慢、可能传播错误的路由信息而造成路由环路问题。

5.1.1　距离向量路由协议的工作原理

1. 收集直连网络信息

在距离向量路由协议工作过程中,路由器首先会收集直连路由信息,这样在路由表中,会首先出现直连路由条目。如图 5-1 所示,路由器 RTA 通过 F0(快速以太网口)接口所直连的网段是 10.0.0.0 网段,因此在 RTA 路由表中目的网络 10.0.0.0 的出站接口为 F0,由于是直连网段,所以度量值为 0(以 RIP 协议为例);同理还生成了与 S0(串行口)接口相连的 20.0.0.0 网段的路由信息。路由器 RTB 也生成了直连网段 20.0.0.0 网段和 30.0.0.0 网段的路由信息。在第一阶段,RTA 和 RTB 的路由表都已经生成了度量值为 0 的直连路由信息,如图 5-1 中的 RTA 和 RTB 的路由表所示。

图 5-1　收集直连网络信息

2．定时向邻近设备发送自己的路由表

在收集了路由信息后，路由器会定时把路由更新信息通过广播或组播传送给邻近的设备，让其他路由器知道自己的网络情况。如图 5-2 所示，RTA 路由器会告诉 RTB 路由器，从 RTA 这里通过 F0 接口可以到达 10.0.0.0 网络，度量值为 0，通过 S0 接口可以到达 20.0.0.0 网络，度量值为 0。同样 RTB 路由器也会告诉 RTA 路由器，从 RTB 这里通过 F0 接口可以到达 30.0.0.0 网络，度量值为 0，通过 S0 接口可以到达 20.0.0.0 网络，度量值为 0。

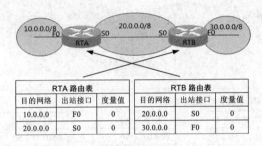

图 5-2　向邻近设备发送路由表

3．更新路由表

从邻近设备获得路由表(路由信息)后路由器进行简单的向量叠加后(例如加 1 跳)更新自己的路由表。

RTB 路由器以前只识别 20.0.0.0 和 30.0.0.0 网络，而不识别 10.0.0.0 网络。通过 RTA 路由器的通告，RTB 路由器现在就会通过动态路由协议学习到 10.0.0.0 网络的路径。RTB 会把 10.0.0.0 网络的路由信息添加到路由表中，在此过程中 RTB 路由器会在 RTA 的基础上将跳数加一。RTA 会被用来作为下一跳的地址，由于是从 RTB 路由器的 S0 接口学习的 10.0.0.0 网络的路由信息，因此本条路由条目的出站接口为 S0，路由器 RTB 认为从路由器 RTA 可以到达目标网络 10.0.0.0。如图 5-3 所示，RTB 的路由表已经具有了 10.0.0.0 网络的路由。至于路由器 A 从何得来的路由信息路由器 B 并不关心。那么 RTB 路由器会不会将 RTA 告知的 20.0.0.0 网络的路由信息，也进行跳数加一后添加到路由表中？不会!因为 20.0.0.0 的路由信息 RTB 原来就有，跳数为 0，RTA 传来的路由在跳数加 1 后变为 1。由于度量值小优先，所以不会加入到路由表中。两台路由器经过相互更新后，已经分别识别了远程网络信息。

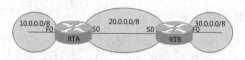

RTA 路由表			RTB 路由表		
目的网络	出站接口	度量值	目的网络	出站接口	度量值
10.0.0.0	F0	0	20.0.0.0	S0	0
20.0.0.0	S0	0	30.0.0.0	F0	0
30.0.0.0	S0	1	10.0.0.0	S0	1

图 5-3　从邻近设备获得路由表

通过这种相邻设备互相传递路由表的机制，距离向量路由协议实现了每个路由器在收敛后都动态获得全网路由信息，从而实现数据包的转发。但是也可以看出由于是定期传递路由表，而且依赖于每个路由器将路由表逐个传递出去，必然造成收敛速度较慢的问题。在图 5-4 所示的由三个路由器组成的网络中，10.0.0.0 网络的路由信息通过了两轮的路由信息传递，从 RTA 传送到了 RTC。可以看出在使用距离向量路由协议的网络中，如果网络直径较大，必然伴随着路由信息更新较慢(收敛慢)的情况出现。图 5-4 中的三个阶段的路由表形成过程，请读者结合距离向量路由协议的原理自行分析。

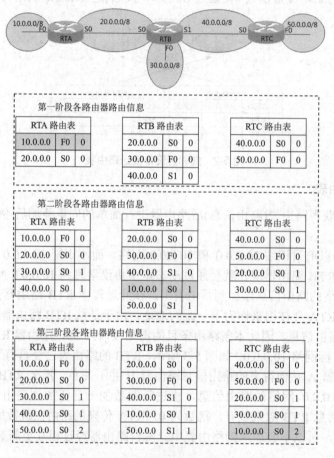

图 5-4　路由表的传递

5.1.2　路由环路和解决方法

1. 环路的产生

距离向量路由协议自身有一个严重的问题，那就是会形成路由环路。

下面我们以图 5-5 为例来分析路由环路的形成。如图 5-5 中的第一阶段路由表所示，网络已收敛。此时由于故障路由器 RTA 直连的接口 F0 已经无法在 10.0.0.0 网段进行通信，10.0.0.0 这条路由信息将从路由器 RTA 的路由路由表中删除。但是当路由更新时路由器 RTB 通告路由器 RTA 只要 1 跳就可以到达 10.0.0.0 网络，此时路由器 RTA 已经失去了与其直连的 10.0.0.0 网络的信息，只能采信路由器 RTB 的通告，即将去往 10.0.0.0 网络的出站接口设置为获得 10.0.0.0 这个网段路由更新信息的 S0 接口，跳数加 1 变为 2，如图 5-5 中第二阶段的路由表所示。如果此时有一个数据包要从路由器 RTB 发往 10.0.0.0 网络，那么此数据包首先会通过路由器 RTB 的 S0 接口发往路由器 RTA 的 S0 接口，然后再从路由器 RTA 的 S0 接口发回 RTB，如此反复直到数据包的 TTL 为 0 被丢弃为止。

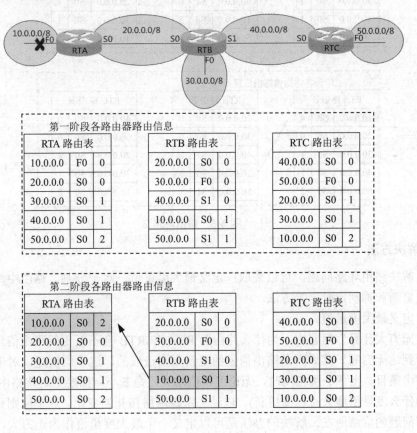

图 5-5　路由环路 1

还有一种情况，即"无穷大计算"问题也会随之发生。如图 5-6 中第一阶段路由表所示，在路由信息更新时，路由器 RTA 会通告路由器 RTB 用 2 跳那可到达 10.0.0.0 网络。而此时 RTB 由于也没有 10.0.0.0 的可靠信息(没有和 10.0.0.0 直连)，而之前的 10.0.0.0 的信息也是通过 S0 接口从 RTA 接收到的(从 10.0.0.0 路由条目的下一跳字段可判断出),因此必然会采信这条路由更新信息,而将跳数加 1 变为 3。同理,路由器 RTA 也会采信 RTB 从 S0 接口发过来的路由更新信息,而将跳数加 1 变为 4,如图 5-6 中第二阶段的路由表所示。如此往复必然使路由器 RTA 和 RTB 的跳数计数变为无穷。

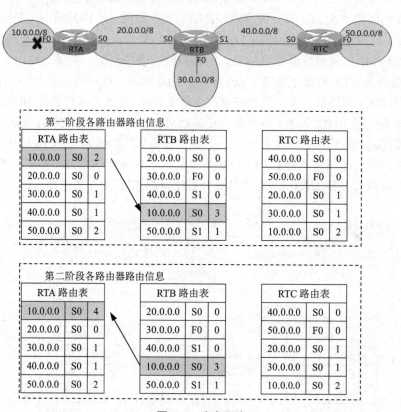

图 5-6　路由环路 2

2．解决方法

为了解决路由环路问题,可以采取:定义最大度量值、水平分割、路由中毒、毒性反转、触发更新和抑制定时器等方法。

(1) 定义最大度量值。

在"无穷大计算"问题中,为什么路由器 RTA 和 RTB 会不断更新路由信息,而使计时器最后到达无穷呢? 其原因是路由信息的更新原则造成的,这个原则是:对于路由表中的已有路由条目,当下一跳相同时,无论度量值增大还是变小,都要更新该路由条目(请读者思考为什么度量值增大时也要更新),以动态跟踪网络拓扑的变化。这个原则正是引发无穷大计算问题的症结所在。解决的办法是可以定义一个最大度量值作为无穷大,当到达这个值时,路由器就认为这条路径不可到达,自然也就不会再向外广播不可达的路由更新信息了。在 RIP 协议中这个值被定义为 16,即当一个路由条目的度量值为 16 跳时,这条 RIP 路由就不可到达了。如图 5-7 所示,路由器 RTA、RTB、RTC 的路由表中 10.0.0.0 网络的路由度量值都被标记16路由即不可达了,也就意味着不会再有数据包被试图转发到10.0.0.0网络了。由于 RIP 中的最大度量值是 16 跳,因此使用 RIP 协议的网络直径也就 15 跳。

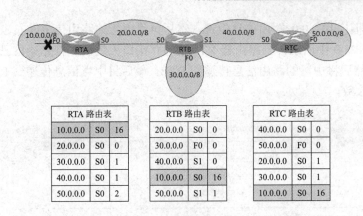

图 5-7　定义最大度量值

RTA 路由表		
10.0.0.0	S0	16
20.0.0.0	S0	0
30.0.0.0	S0	1
40.0.0.0	S0	1
50.0.0.0	S0	2

RTB 路由表		
20.0.0.0	S0	0
30.0.0.0	F0	0
40.0.0.0	S1	0
10.0.0.0	S0	16
50.0.0.0	S1	1

RTC 路由表		
40.0.0.0	S0	0
50.0.0.0	F0	0
20.0.0.0	S0	1
30.0.0.0	S0	1
10.0.0.0	S0	16

定义最大跳数度量值解决了路由表中度量值反复累计的问题。但并不能解决路由环路的问题，而水平分割可以解决这种问题。

(2)　水平分割。

从路由环路的问题中，可以看出形成环路的主要问题是路由器 RTB 将从 S0 接口接收到 10.0.0.0 的路由更新信息，又从 S0 接口将其发送出去造成的。因此水平分割解决这种问题的方法也很简单，即每个路由器都不能将从某个接口获得的路由信息再从该接口发出去。如图 5-8 中所示，RTB 的 10.0.0.0 的路由信息是通过 S0 接口学习到的，根据水平分割的原理，如果路由器 RTA 的 10.0.0.0 路由无效，RTA 的 10.0.0.0 的路由条目将自动删除，RTB 也不能通过 S0 端口将 10.0.0.0 的路由信息传递给 RTA。但是像 50.0.0.0 这样的路由更新信息，却可以通过 RTB 的 S0 接口正常传递到 RTA。随着失效定时器的到时，由于路由器 RTB 和 RTC 没能在失效期内获得 10.0.0.0 的路由更新信息，因此 10.0.0.0 的路由条目会从 RTB 和 RTC 的路由表中删除，最后达到全网路由的收敛。

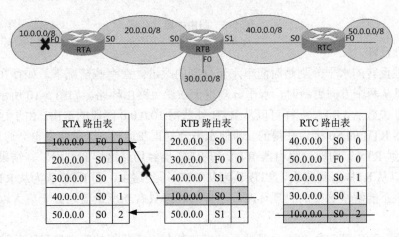

图 5-8　水平分割

(3)　路由中毒。

路由中毒也是避免路由环路的好方法。当路由器的某个接口失效后，不是简单地将所连接网段的路由信息从路由表中删除，而是将其标记为无穷大(如 RIP 中可标记为 16)，使路由不可达，即让 10.0.0.0 路由信息中毒，然后再将中毒的路由信息发布出去，使相邻的设备中毒。如图 5-9 中所示，当路由器 RTA 的 F0 接口失效后，首先让自己中毒，将度量值标记为 16，然后将中毒的路由信息传递到 RTB。最后将中毒信息传递到 RTC 路由表中，达到全网路由收敛。

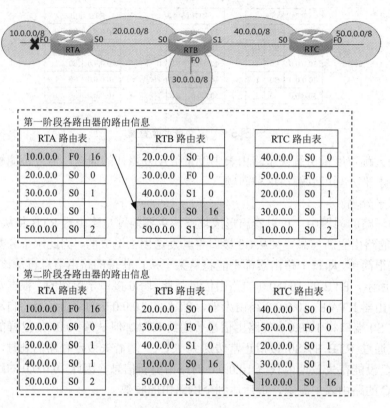

图 5-9 路由中毒

(4) 毒性反转。

带有毒性反转的水平分割是对简单水平分割的改进。在有些情况下，如存在着物理环路，路由信息从两个方向更新时，水平分割也无法避免路由环路。如图 5-10 所示，在路由器 RTA 的 F0 失效后，RTA 一样可以从 RTB 处获得 10.0.0.0 网段的路由。由于这条路由不是通过路由器 RTB 的 S0 接口获得的，即便水平分割正在运行，这条路由也会通过 RTB 的 S0 接口通告到 RTA。同理，路由器 RTA 和 RTC 也经历着这样的过程。其结果是路由器 RTA 认为可以从 RTB 得到路由，RTB 认为从 RTC 得到路由，而 RTC 认为从 RTA 得到路由。水平分割不能解决这样的物理环路。这样的环路只有当度量值达到无穷大以后才认为不可达。

虽然水平分割中规定每个路由器都不能将从某个接口获得的路由信息再从该接口发出去，但是带有毒性反转的水平分割却允许从某个接口学到路由后，将该路由的度量值设置为无穷大(如 16)，并从原接口发回邻接路由器。利用这种方式，可以清除对方路由表中的无用信息。这样就既达到了水平分割要防止环路的目的，同时在发生故障时还可以加快路由的收敛。如图 5-11 所示，路由器 RTA 向 RTC 通告 10.0.0.0 网络可以通过 RTA 可达，而

RTC 则反向向 RTA 通告 10.0.0.0 通过 RTC 不可达，即反转发送中毒信息。

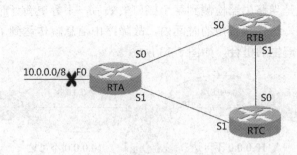

图 5-10 环路

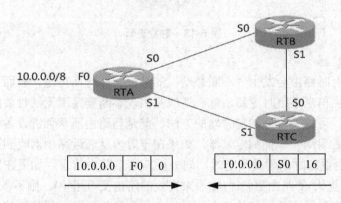

图 5-11 毒性反转 1

如果不采取这样的方案，而只采取简单的水平分割，RTA 虽然不会收到自身发给 RTC 的 10.0.0.0 的路由信息，但 RTA 一样会从 RTC 收到来自于 RTB 转发的 10.0.0.0 的路由信息。这样当 10.0.0.0 网络发生故障时，RTA 虽然可以采取路由中毒的方式，向外发送中毒信息，但是会受到 RTC 的 10.0.0.0 路由可达的干扰。而当采用了毒性反转机制后，如图 5-12 所示，当 RTC 收到 RTA 的中毒信息时，反转中毒信息就阻挡了来自于 RTB 的 10.0.0.0 的路由信息向 RTA 发送，从而加快了 RTA 的路由表的清理，实现了路由的快速收敛效果。

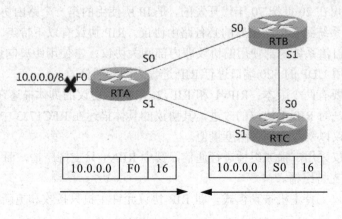

图 5-12 毒性反转 2

(5) 触发更新。

触发更新的思想是当路由器检测到某个接口失效后，不等更新计时器到时，就立即更新有问题的路由信息，这样在很短的时间内，故障路由信息就传达到了全网，从而加速路由的收敛，减少环路产生的机会，如图 5-13 所示。

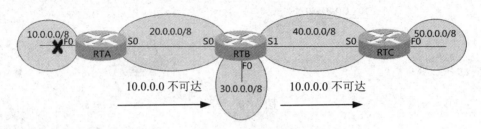

图 5-13   触发更新

(6) 抑制定时器。

在网络中，有时路由会发生"不断翻动"的情况，即时而可达，时而不可达。在这种情况下，如果路由信息还定时更新，就会造成路由表不断震荡而无法收敛的情况发生。为了解决这种问题，可以采取抑制定时器的方法，就是当路由器从邻近设备收到原先可达的网络变为不可达时启动一个抑制定时器，如果在定时内从邻近路由器收到了比原先度量值更好(更小)的路由更新时，则关闭定时，向外更新这个路由信息。如果在定时内收到了度量值相同或更坏(更大)的路由更新时(如原来失效的路由又可用了)，则不予理睬。

抑制定时器和触发更新的目的，主要是让"坏消息"尽量、尽快地扩散，防止错误路由的传播。

5.2   RIP 协议及配置

5.2.1   RIP 协议概述

RIP(Routing Information Protocol，路由信息协议)是使用最广泛的距离向量路由协议。它是由 Xerox 公司在 20 世纪 70 年代开发的，是 IP 所使用的第一个路由协议，现在 RIP 已经成为从 UNIX 系统到各种路由器的必备路由协议。RIP 协议有以下特点。

- RIP 是自治系统内部使用的协议即内部网关协议，它使用距离向量算法。
- RIP 使用 UDP 的 520 端口进行 RIP 进程之间的通信。
- RIP 主要有两个版本：RIPv1 和 RIPv2。RIPv1 协议的具体描述在 RFC1058 中，RIPv2 是对 RIPv1 协议的改进，其协议的具体描述在 RFC1723 中。
- RIP 协议以跳数作为网络度量值。
- RIP 协议采用广播或组播进行通信，其中 RIPv1 只支持广播，而 RIPv2 除支持广播外还支持组播。
- RIP 协议支持主机被动模式，即 RIP 协议允许主机只接收和更新路由信息而不发送信息。
- RIP 协议支持默认路由传播。

- RIP 协议的网络直径不超过 15 跳，适合于中小型网络。16 跳时认为网络不可达。
- RIPv1 是有类路由协议，RIPv2 是无类路由协议，即 RIPv2 的报文中含有掩码信息。

5.2.2 思科路由器 RIP 协议的配置

1. RIP 中的定时器

RIP 中的定时器有以下四种。

(1) 更新定时器：用于设置路由信息的更新时间，RIP 的默认值是 30 秒。

(2) 失效定时器：如果路由器在失效定时到达后，没有收到某个路由的任何信息，则认为该路由失效，RIP 的默认值是 180 秒。

(3) 保持定时器：就是抑制定时器。在某条路由被告知为不可达时启动定时器，RIP 默认值是 180 秒。

(4) 清除定时器：当某条路由成为无效路由后，从路由表中删除这条路由所需等待的时间。RIP 默认值是 240 秒。

2. RIP 配置中的常用命令

(1) 启用 RIP 命令。

```
Router(config)#router rip
Router(config-router)#
```

本命令可以启动一个 RIP 路由进程，然后切换到路由配置模式。

(2) 启用通告 RIP 的网段。

```
Router(config-router)#network network
```

其中：*network* 为路由器直连网段的网络号，其形式如 192.168.1.0。

本命令可以告知 RIP 路由进程，通告哪些直连网段。

(3) 在某个接口上启用或禁用水平分割。

```
Router(config-if)#ip split-horizon
```

本命令用于在某个接口上执行水平分割功能，在某些情况下如果要在某个接口下禁用水平分割，可以使用 no ip split-horizon 命令。

(4) 指定 RIP 邻居路由器。

```
Router(config-router)#neighber ipaddress
```

其中：*ipaddress* 为邻居路由器的 IP 地址，例如 10.0.0.1。

由于 RIP 协议属于广播型协议，因此在非广播型网络(如帧中继)上，要使用本命令指明 RIP 邻居路由器，以保证路由器和邻居之间正常交换 RIP 路由信息。

(5) 指定 RIP 版本。

```
Router(config-router)#version [1|2]
```

由于 RIP 协议具有两个版本，因此可以使用此命令让 RIP 进程仅接收和发送 RIPv1 或仅接收和发送 RIPv2 的报文。

(6) 指定接口发送 RIP 报文版本。

```
Router(config-if)#ip rip send version <[1] [2]>
```

本命令可以让接口发送特定版本的 RIP 报文。例如：ip rip send version 1，只发送 RIPv1 报文；ip rip send version 2，只发送 RIPv2 报文；ip rip send version 1 2，两种报文都可以发送。

(7) 指定接口接收 RIP 报文版本。

```
Router(config-if)#ip rip receive version <[1] [2]>
```

本命令可以让接口接收特定版本的 RIP 报文。如 ip rip receive version 1，只接收 RIPv1 报文；ip rip receive version 2，只接收 RIPv2 报文；ip rip receive version 1 2，两种报文都可以接收。

(8) 禁止接口转发路由更新信息。

```
Router(config-router)#passive-interface iftype ifnumber
```

其中：*iftype* 为本路由器接口类型，*ifnumber* 为接口号。

本命令用于定义一个被动接口，该接口只能接收路由更新信息，不能从该接口上发送路由更新信息，从而防止网络中的其他路由器学习到这些路由。被动接口只能过滤距离向量路由的更新信息，例如 RIP 和 IGRP 的路由更新。

(9) 修改更新时间。

```
Router(config-router)#update-time seconds
```

其中：*seconds* 为更新周期的数值，单位为秒。

思科路由器 RIP 默认每 30 秒更新一次，增大此值可以节约带宽的消耗，减小此值则可以加快收敛速度。

(10) 修改保持时间。

```
Router(config-router)#holdown-time seconds
```

思科路由器 RIP 默认保持时间是 180 秒，减小此值可以加快收敛速度。

(11) 关闭自动汇总功能。

```
Router(config-router)#no auto-summary
```

思科路由器中的 RIP 路由默认使用自动汇总功能。在 RIPv2 中使用无类的地址时，例如 10.0.0.0/30，自动汇总功能可能会将地址自动向有类边界汇总，例如 10.0.0.0/8。在有些情况下，我们并不需要这种功能，因此可以使用 no auto-summary 命令关闭自动汇总功能。

3. RIP 配置示例

如图 5-14 所示，通过三台路由器互连的网络中，每个路由器的局域网段通过一台交换机连接了两台计算机，要求通过配置路由器 RTA、RTB 和 RTC 的动态路由协议 RIP，使全网实现互相通信。IP 地址、子网掩码如表 5-1 所示。

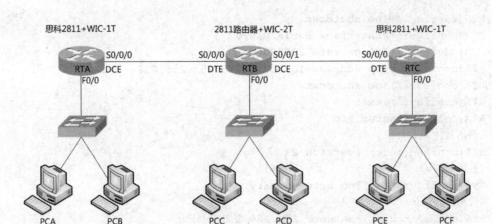

图 5-14 RIP 配置

表 5-1 网络设备的 TCP/IP 参数

设 备	接 口	IP 地址	子网掩码	网 关
PCA	NIC	192.168.1.2	255.255.255.0	192.168.1.1
PCB	NIC	192.168.1.3	255.255.255.0	192.168.1.1
PCC	NIC	192.168.2.2	255.255.255.0	192.168.2.1
PCD	NIC	192.168.2.3	255.255.255.0	192.168.2.1
PCE	NIC	192.168.3.2	255.255.255.0	192.168.3.1
PCF	NIC	192.168.3.3	255.255.255.0	192.168.3.1
RTA	F0/0	192.168.1.1	255.255.255.0	
	S0/0/0	10.0.0.1	255.255.255.252	
RTB	F0/0	192.168.2.1	255.255.255.0	
	S0/0/0	10.0.0.2	255.255.255.252	
	S0/0/1	20.0.0.1	255.255.255.252	
RTC	F0/0	192.168.3.1	255.255.255.0	
	S0/0/0	20.0.0.2	255.255.255.252	

配置步骤如下。

① 配置每台设备的网络接口卡(NIC)的 IP 地址、子网掩码和网关。

② 配置每台路由器的接口的时钟速率、IP 地址和子网掩码。

③ 配置每台路由器的 RIP 路由。

④ 使用 copy running-config startup-config 保存路由器配置。

(1) RTA 路由器的配置。

```
Router>enable
Router#configure terminal
Router(config)#hostname RTA
RTA(config)#interface FastEthernet0/0
RTA(config-if)#ip address 192.168.1.1 255.255.255.0
```

```
RTA(config-if)#no shutdown
RTA(config-if)#interface Serial0/0/0
RTA(config-if)#clock rate 2000000
RTA(config-if)#ip address 10.0.0.1 255.255.255.252
RTA(config-if)#no shutdown
RTA(config-if)#exit
RTA(config)#router rip
!启用 RIP 路由协议
RTA(config-router)#version 2
!使用 RIPv2
RTA(config-router)#no auto-summary
!关闭自动汇总
RTA(config-router)#network 192.168.1.0
!RIP 将通告 192.168.1.0 网段
RTA(config-router)#network 10.0.0.0
!RIP 将通告 10.0.0.0 网段
RTA(config-router)#^Z
RTA#copy running-config startup-config
```

(2) RTB 路由器的配置。

```
Router>enable
Router#configure terminal
Router(config)#hostname RTB
RTB(config)#interface FastEthernet0/0
RTB(config-if)#ip address 192.168.2.1 255.255.255.0
RTB(config-if)#no shutdown
RTB(config-if)#interface Serial0/0/0
RTB(config-if)#ip address 10.0.0.2 255.255.255.252
RTB(config-if)#no shutdown
RTB(config-if)#interface Serial0/0/1
RTB(config-if)#clock rate 2000000
RTB(config-if)#ip address 20.0.0.1 255.255.255.252
RTB(config-if)#no shutdown
RTB(config-if)#exit
RTB(config)#router rip
RTB(config-router)#version 2
RTB(config-router)#no auto-summary
RTB(config-router)#network 192.168.2.0
RTB(config-router)#network 10.0.0.0
RTB(config-router)#network 20.0.0.0
RTB(config-router)#^Z
RTB#copy running-config startup-config
```

(3) RTC 路由器的配置。

```
Router>enable
Router#configure terminal
Router(config)#hostname RTC
RTC(config)#interface FastEthernet0/0
```

```
RTC(config-if)#ip address 192.168.3.1 255.255.255.0
RTC(config-if)#no shutdown
RTC(config-if)#interface Serial0/0/0
RTC(config-if)#ip address 20.0.0.2 255.255.255.252
RTC(config-if)#no shutdown
RTC(config-if)#exit
RTC(config)#router rip
RTC(config-router)#version 2
RTC(config-router)#no auto-summary
RTC(config-router)#network 192.168.3.0
RTC(config-router)#network 20.0.0.0
RTC(config-router)#^Z
RTC#copy running-config startup-config
```

4. RIP 的验证命令

(1) 显示路由表命令。

命令和语法：

```
Router> show ip route [rip| prefix]
```

其中：*prefix* 为目的网络地址，例如 192.168.1.0。

① 显示 RTA 路由器的路由表。

```
RTA#show ip route
Codes: C- connected, S- static, I- IGRP, R- RIP, M- mobile, B- BGP
 D - EIGRP, EX - EIGRP external, O - OSPF, IA - OSPF inter area
 N1 - OSPF NSSA external type 1, N2 - OSPF NSSA external type 2
 E1 - OSPF external type 1, E2 - OSPF external type 2, E - EGP
 i - IS-IS, L1-IS-IS level-1, L2-IS-IS level-2, ia-IS-IS inter area
 * - candidate default, U - per-user static route, o - ODR
 P - periodic downloaded static route
Gateway of last resort is not set
    10.0.0.0/30 is subnetted, 1 subnets
C     10.0.0.0 is directly connected, Serial0/0/0
    20.0.0.0/30 is subnetted, 1 subnets
R     20.0.0.0 [120/1] via 10.0.0.2, 00:00:02, Serial0/0/0
C   192.168.1.0/24 is directly connected, FastEthernet0/0
R   192.168.2.0/24 [120/1] via 10.0.0.2, 00:00:02, Serial0/0/0
R   192.168.3.0/24 [120/2] via 10.0.0.2, 00:00:02, Serial0/0/0
```

② 显示 RTA 路由器的 RIP 路由。

```
RTA#show ip route rip
R   20.0.0.0/30 [120/1] via 10.0.0.2, Serial0/0/0
R   192.168.2.0/24 [120/1] via 10.0.0.2, Serial0/0/0
R   192.168.3.0/24 [120/2] via 10.0.0.2, Serial0/0/0
```

③ 显示路由器 RTA 的 20.0.0.0 网络的路由。

```
RTA#show ip route 20.0.0.0
```

```
Routing entry for 20.0.0.0/30, 1 known subnets
  Redistributing via rip
R     20.0.0.0 [120/1] via 10.0.0.2, 00:00:02, Serial0/0/0
```

(2) 显示 IP 路由协议信息。

Router>**show ip protocols**

该命令用于显示 RIP 路由协议的相关信息，如 RIP 四种定时器的设定值、RIP 的版本、接口 RIP 接收状态、启用 RIP 的网络地址、RIP 路由信息来源等信息。下面的例子显示路由器 RTA 的路由协议信息。

```
RTA#show ip protocols
Routing Protocol is "rip"
!路由协议是 RIP
Sending updates every 30 seconds, next due in 2 seconds
!下一次更新时间
Invalid after 180 seconds, hold down 180, flushed after 240
Outgoing update filter list for all interfaces is not set
Incoming update filter list for all interfaces is not set
Redistributing: rip
Default version control: send version 2, receive 2
!RIP 版本
  Interface         Send  Recv  Triggered RIP  Key-chain
  FastEthernet0/0    2     2
  Serial0/0/0        2     2
Automatic network summarization is not in effect
Maximum path: 4
Routing for Networks:
!路由的网络
    10.0.0.0
    192.168.1.0
Passive Interface(s):
Routing Information Sources:
  Gateway         Distance       Last Update
  10.0.0.2           120         00:00:22
!路由信息来源是 10.0.0.2
Distance: (default is 120)
```

(3) 显示 RIP 路由数据库信息。

Router>**show ip rip database**

show ip rip database 命令用于显示 RIP 收集到的所有路由信息，下面的例子显示路由器 RTA 的路由数据库信息。

```
RTA#show ip rip database
10.0.0.0/30      directly connected, Serial0/0/0
20.0.0.0/30
    [1] via 10.0.0.2, 00:00:10, Serial0/0/0
192.168.1.0/24   directly connected, FastEthernet0/0
```

```
192.168.2.0/24
    [1] via 10.0.0.2, 00:00:10, Serial0/0/0
192.168.3.0/24
    [2] via 10.0.0.2, 00:00:10, Serial0/0/0
```

此外，还可以通过之前学习的 show running-config、show interface、show ip interface 等命令对 RIP 路由进行验证和调试。

5.3 IGRP 和 EIGRP 协议及配置

5.3.1 IGRP 和 EIGRP 协议概述

IGRP 是由思科公司开发的距离向量路由选择协议，专门用于解决超出协议范围的庞大的网络中与路由选择相关的问题。IRGP 能够以延迟、带宽、负载和可靠性为基础来选择最快的路径。默认情况下，IGRP 仅仅使用带宽和延迟度量标准，它也有比 RIP 更高的最大跳数限制来允许网络的更大延伸。IGRP 只使用有类路由选择。

IGRP 协议使用带宽和延迟作为它的路由选择度量标准，与 RIP 相比，它具有更好的性能，但是由于 IGRP 是思科公司开发的私有协议，因此不被其他厂商所支持。由于思科公司已开发出同时具有距离向量和链路状态特点的 IGRP 增强版路由协议——EIGRP 协议，因而在思科的路由器上一般也不再支持 IGRP 协议。

与 IGRP 一样，EIGRP 也是思科的专利协议。EIGRP 是一个高级距离向量协议，它是 IGRP 的高级版本，具有比 IGRP 更快的收敛和低带宽开销。EIGRP 也使用一些链路状态协议功能，因此 EIGRP 也被称为混合路由协议。

由于 IGRP 和 EIGRP 是专利协议，在实际组网中应用不断减少，因此在组网时尽量不要采用。建议在小规模网络中采用 RIP 协议，在较大规模网络中采用 OSPF 协议。本节中将简要介绍 IGRP 和 EIGRP 的配置和调试。

5.3.2 IGRP 和 EIGRP 协议的配置

1. IGRP 和 EIGRP 配置中的常用命令

(1) 启用 IGRP。

```
Router(config)#router igrp AS
Router(config-router)#
```

其中：AS 是自治系统号，它是 1~65535 之间的一个数值。

本命令可以启动一个 IGRP 路由进程，然后切换到路由配置模式。

(2) 启用 EIGRP。

```
Router(config)#router eigrp AS
Router(config-router)#
```

本命令可以启动一个 EIGRP 路由进程，然后切换到路由配置模式。

(3) 启用通告 IGRP 或 EIGRP 的网段。

```
Router(config-router)#network  network
```

其中：*network* 为路由器直连网段的网络号，其形式如 192.168.1.0。

本命令可以告知 IGRP 或 EIGRP 路由进程，通告哪些直连网段。

2. EIGRP 配置示例

IGRP 和 EIGRP 的配置与 RIP 的配置极为相似，由于思科已不再支持 IGRP，因此本示例中只讲解如何配置 EIGRP 协议。在本示例中将修改之前的 RIP 示例，使之转换为采用 EIGRP 路由协议。

RTA 上需要修改的部分如下。

```
RTA>enable
RTA#configure terminal
RTA(config)# no router rip
!取消原有 RIP 路由协议
RTA(config)# router eigrp 100
!启用 EIGRP 路由协议，AS 号 100
RTA(config-router)#no auto-summary
!关闭自动汇总
RTA(config-router)#network 192.168.1.0
!EIGRP 将通告 192.168.1.0 网段
RTA(config-router)#network 10.0.0.0
!EIGRP 将通告 10.0.0.0 网段
RTA(config-router)#^Z
RTA#copy running-config startup-config
```

RTB 上需要修改的部分如下。

```
RTB>enable
RTB#configure terminal
RTB(config)# no router rip
RTB(config)# router eigrp 100
!同一个自治系统内，AS 号要一致
RTB(config-router)#no auto-summary
RTB(config-router)#network 192.168.2.0
RTB(config-router)#network 10.0.0.0
RTB(config-router)#network 20.0.0.0
RTB(config-router)#^Z
RTB#copy running-config startup-config
```

RTC 上需要修改的部分如下。

```
RTC>enable
RTC#configure terminal
RTC(config)# no router rip
RTC(config)# router eigrp 100
RTC(config-router)#no auto-summary
RTC(config-router)#network 192.168.3.0
```

```
RTC(config-router)#network 20.0.0.0
RTC(config-router)#^Z
RTC#copy running-config startup-config
```

3. EIGRP 验证命令

(1) 显示路由表。

```
Router>show ip route [eigrp]
```

下面应用此命令显示路由器 RTA 的路由表。

```
RTA#show ip route
!显示 RTA 的全部路由
Codes: C-connected, S-static, I-IGRP, R-RIP, M-mobile, B-BGP
  D - EIGRP, EX - EIGRP external, O - OSPF, IA - OSPF inter area
  N1 - OSPF NSSA external type 1, N2 - OSPF NSSA external type 2
  E1 - OSPF external type 1, E2 - OSPF external type 2, E - EGP
  i-IS-IS, L1-IS-IS level-1, L2-IS-IS level-2, ia - IS-IS inter area
  * - candidate default, U - per-user static route, o - ODR
  P - periodic downloaded static route
Gateway of last resort is not set
     10.0.0.0/8 is variably subnetted, 2 subnets, 2 masks
D    10.0.0.0/8 is a summary, 00:06:16, Null0
C    10.0.0.0/30 is directly connected, Serial0/0/0
     20.0.0.0/8 is variably subnetted, 2 subnets, 2 masks
D    20.0.0.0/8 [90/21024000] via 10.0.0.2, 00:05:26, Serial0/0/0
D    20.0.0.0/30 [90/21024000] via 10.0.0.2, 00:05:26, Serial0/0/0
C    192.168.1.0/24 is directly connected, FastEthernet0/0
D    192.168.2.0/24 [90/20514560] via 10.0.0.2, 00:05:26, Serial0/0/0
D    192.168.3.0/24 [90/21026560] via 10.0.0.2, 00:05:06, Serial0/0/0
RTA#show ip route eigrp
! 只显示 RTA 的 EIGRP 路由
D    10.0.0.0/8 [5/20512000] via 0.0.0.0, Null0
D    20.0.0.0/8 [90/21024000] via 10.0.0.2, Serial0/0/0
D    20.0.0.0/30 [90/21024000] via 10.0.0.2, Serial0/0/0
D    192.168.2.0/24 [90/20514560] via 10.0.0.2, Serial0/0/0
D    192.168.3.0/24 [90/21026560] via 10.0.0.2, Serial0/0/0
```

(2) 显示 IP 路由协议信息。

```
RTA#show ip protocols
Routing Protocol is "eigrp 100 "
  Outgoing update filter list for all interfaces is not set
  Incoming update filter list for all interfaces is not set
  Default networks flagged in outgoing updates
  Default networks accepted from incoming updates
  EIGRP metric weight K1=1, K2=0, K3=1, K4=0, K5=0
  EIGRP maximum hopcount 100
  EIGRP maximum metric variance 1
  Redistributing: eigrp 100
  Automatic network summarization is not in effect
```

```
Maximum path: 4
Routing for Networks:
  192.168.1.0
  10.0.0.0
Routing Information Sources:
  Gateway          Distance        Last Update
  10.0.0.2         90              4297548
Distance: internal 90 external 170
```

5.4 链路状态协议原理

5.4.1 链路状态协议

链路状态路由协议的设计目的是为了克服距离向量路由协议的局限性。链路状态路由器通过链路状态协议泛洪(Flooding)链路状态信息，并根据收集到的链路状态信息计算出最优的网络拓扑，从而使每个路由器具有完整网络的拓扑。

链路状态路由选择协议对网络的变化能很快地作出反应，仅当网络变化发生的时候发送触发器更新，以较长的间隔时间发送周期性更新。

当链路状态发生变化时，检测到这个变化的设备就创建一个与此链路有关的链路状态通告(Link State Advertisement，LSA)。每个与之相邻的路由设备都复制一份 LSA，更新自己的链路状态数据库(Link State DataBase，LSDB)，再把这个 LSA 转发给所有邻近的设备。LSA 的泛洪保证所有的路由设备先更新其数据库，然后创建或者更新反映新拓扑的路由表内容。

链路状态数据库用来计算通过网络的最佳路径。链路状态路由器通过对链路状态数据库执行 Dijkstra 算法，从而找到以路由器自身为根的最短路径优先(Shortest Path First，SPF)树，即通往目的地的最佳路径，并建立 SPF 树形结构。

常用的链路状态协议有 OSPF 和 OSI 的 IS-IS(Intermediate System to Intermediate System，中间系统到中间系统)路由协议。链路状态协议的优点是可以很好地避免路由环路问题，收敛速度较快。缺点是开销较大，在生成链路状态数据库和 SPF 树时需要占用较多CPU 和内存资源。

5.4.2 链路状态协议的工作原理

1. 发现邻居

链路状态协议主要依靠的就是路由器和网络的连接状态信息，因此要首先发现邻居设备，才有可能交换这些信息。以 OSPF 协议为例，其原理是向所有可用网络发送 Hello 分组，链路状态协议依靠这种 Hello 协议来发现邻居。如图 5-15 所示，路由器 RTA 会通过所以可用接口向外发送 Hello 分组。

如果有邻居收到 Hello 分组后就会应答，发出 Hello 分组的路由器就会根据每个应答邻居的名字，确定出自己周围的所有邻居。如图 5-16 所示，每个接收到 Hello 分组的路由器，都回应了 RTA，其中名字是每台路由器的唯一标记，不能重复。这里暂用接口上的 IP 来代表路由器的名字，其原理稍后在 OSPF 中的 Router ID 中介绍。

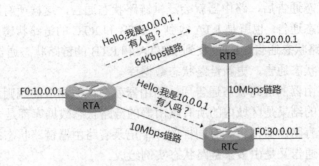

图 5-15　OSFP 路由器交换 Hello 分组 1

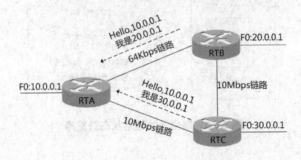

图 5-16　路由器交换 Hello 分组 2

2. 数据库同步

在确定了邻居之后，路由器将进行链路状态数据库(LSDB)的同步，主要包括以下三个过程。

(1) 创建链路状态通告(LSA)。

在创建链路状态通告的过程中，其中一个重要的步骤是计算出每个接口的度量值。在 OSPF 中使用代价(Cost)作为度量值。不同厂商的代价计算方法不尽相同，但其一般原则是带宽越高，代价越小(越优先)。思科的代价计算公式是 10^8/带宽。如图 5-17 所示，我们将网络 N4 的 64kbps 链路代价值定义为 50，网络 N5 的 10Mbps 链路代价值定义为 5，网络 N1 的 100Mbps 链路代价值定义为 2。那么路由器 RTA 就会在初始阶段创建包含有网络 N1、N5 和 N4，代价值为 2、5、50 的链路状态通告。同理，RTB 和 RTC 也会创建相应的链路通告。

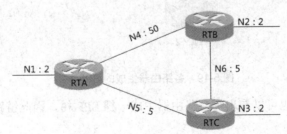

图 5-17　路由器创建链路状态通告

(2) 发送链路状态通告。

在创建链路状态通告后，路由器就会泛洪链路状态通告，这样所有路由器都将收到其他路由器的链路状态通告。也就是 RTA 收到了 RTB 和 RTC 的链路状态通告、RTB 收到了 RTA 和 RTC 的链路状态通告、RTC 收到了 RTA 和 RTB 的链路状态通告。

(3) 接收链路状态通告，更新链路状态数据库。

在收到其他路由器的链路状态通告后，路由器就会根据相应的规则，更新自身的链路状态数据库，最终的结果是区域内的所有路由器的链路状态数据库都是一致的。如图 5-18 所示，区域内的所有路由器都将具有同样的一个记录着路由器链路状态的数据库，而每个路由器的链路状态通告又是由多条链路状态实例组成。

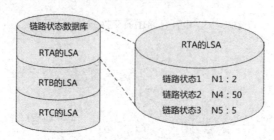

图 5-18　路由器的链路状态数据库

3. 计算路由表

计算路由表中的最重要的一项功能就是计算一个区域的最短路径优先(SPF)树。每个路由器都会根据其链路状态数据库的数据，以自己为树根构建一棵最短路径树，这样每个路由器都会有一棵到达区域中所有路由器的树状路径图。如图 5-19 所示，路由器 RTA、RTB 和 RTC 分别生成的 SPF 树，每个路由器都以最短路径到达从 N1 到 N6 的所有网络。而由路由器 RTC 生成的 SPF 树中，到 N4 网络有两条路径，其原因是通过 RTA 或 RTB 到达 N4 网络的距离是一样的，因此 RTC 会生成两条等值路由，对去往 N4 网络的数据进行负载均衡。

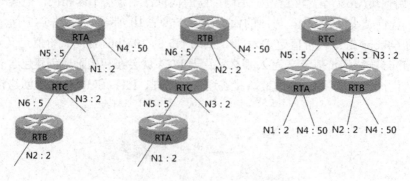

图 5-19　各路由器生成的 SPF 树

通过以上的描述也可以看出每台路由器生成一棵 SPF 树，因此链路状态协议很好地避免了路由环路的产生。

5.5 OSPF 协议及配置

5.5.1 OSPF 协议概述

OSPF(Open Shortest Path First，开放式最短路径优先)路由协议是 Internet 工程任务组 (IETF)于 1988 年开发的针对 IPv4 所使用的协议，常用于在同一自治域系统内的路由器之间发布路由选择信息。由于 OSPF 是开放标准同时性能远强于 RIP 协议，因此在大中型网络中 OSPF 协议得到了广泛应用。

OSPF 协议具有以下特点。

- OSPF 是自治系统内部使用的协议即内部网关协议，是基于链路状态算法的路由协议。
- OSPF 使用 IP 分组直接封装 OSPF 协议报文，协议号是 89。
- OSPF 当前主要使用的版本是针对 IPv4 开发的 OSPFv2，其协议的具体描述在 RFC2328 中。另外针对 IPv6 的 OSPFv3 也开始使用，在 RFC2470 中确定了 OSPFv3 的基本标准。
- OSPF 能快速收敛，当网络拓扑发生变化时，OSPF 可以立即发送更新报文，使这一变化在自治系统中同步。同时 OSPF 这种不定时广播路由，也节省了带宽资源。
- OSPF 能有效地避免路由环路。由于 OSPF 使用链路状态生成最短路径树，因此从算法本身就保证了不会产生环路。
- OSPF 是无类路由协议，报文中含有掩码信息，支持变长子网掩码。
- OSPF 支持等值路由，即到达同一目的地有多个下一跳，从而实现负载均衡。
- OSPF 使用区域(Area)划分，从而实现了层次化网络，减少了带宽占用。
- OSPF 使用组播更新路由信息，减少了对不运行 OSPF 协议的设备的干扰，使用的组播地址分别是 224.0.0.6 和 224.0.0.5。
- OSPF 支持基于接口的验证，从而保证了网络的安全。

5.5.2 OSPF 的基本概念

1. 自治系统(Autonomous System)

一组使用相同路由协议交换路由信息的路由器，缩写为 AS。

2. 路由器标识(Router ID)

一个 32 位的数字，用以识别每台运行 OSPF 协议的路由器(相当于前面提到的路由器的名字)。在一个 AS 中，这个数字可以唯一地表示出一台路由器，常用 IP 地址作为 Router ID。IP 地址的选用原则是路由器上最高的 IP 地址，选用顺序是先选用环回接口的地址，如果没有环回接口，则选用已激活的物理和逻辑接口。采用环回接口的好处是它不像物理接口那样随时可能失效。因此，用环回接口的 IP 地址作为 Router ID 更稳定，也更可靠。

当一台路由器的 Router ID 被选定后，除非该 IP 所在接口被关闭，该接口 IP 地址被删除、更改或路由器重新启动，否则路由器 ID 将一直保持不变。

3. 邻居路由器(Neighboring routers)

在同一网络中都有接口的两台路由器就构成了邻居关系。邻居关系由 OSPF 的 Hello 协议来维持，并通常依靠 Hello 协议来动态发现。除非是建立邻接关系，否则邻居路由器之间不交换任何路由信息，而只交换 Hello 报文。

4. 邻接(Adjacency)

用以在所选择的邻居路由器之间交换路由信息的关系。不是每对邻居路由器都会邻接。

5. 链路状态通告(Link State Advertisement)

描述路由器或网络自身状态的数据单元。对路由器来说，这包含它的接口和邻接状态。每一项连接状态宣告都被泛洪到整个路由域中。所有路由器和网络链路状态通告的集合形成了协议的链路状态数据库。链路状态通告被缩写为 LSA。

6. 接口或链路

接口或链路是指路由器与所接入的网络之间的一个连接。可以是物理或逻辑接口，当将接口加入到 OSPF 进程中，接口就被 OSPF 看成链路，OSPF 就是依赖这些链路来创建链路状态数据库的。

7. 区域(Area)

OSPF 允许将一些网络组合到一起，这样的组被称为区域。区域对 AS 中的其他部分隐藏其内部的拓扑结构，信息的隐藏极大地减少了路由流量。同时，区域内的路由仅由区域自身的拓扑来决定，这可使区域抵御错误的路由信息。区域通常是一个子网化了的 IP 网络。

8. 区域 ID

一个用来识别区域的 32 位数。区域标识 0.0.0.0 被保留用来表示骨干区域。

5.5.3 OSPF 的网络类型

OSPF 协议对路由的计算是以本路由器周围网络的拓扑结构为基础的。根据路由器所使用的数据链路层协议的不同，OSPF 将网络分为以下几种类型。

1. 点对点网络(Point-to-Point Networks，P2P)

仅仅连接一对路由器的网络。56K 的串行线路就是一个点对点网络的例子。

2. 广播网络(Broadcast Networks)

支持多台(大于两台)路由器接入的网络，同时有能力发送一条信息就能到达所有接入的路由器(广播)。网络上的邻居路由器可以通过 OSPF 的 Hello 协议来动态发现。如果可能，OSPF 协议将进一步使用组播进行通信。广播网络上的每一对路由器都被认为可以直接通信。以太网是一个典型的广播网络。

3. 非广播网络(Non-Broadcast Networks)

支持多台(大于两台)路由器接入的网络，但没有广播能力。网络上的邻居路由器通过

OSPF 的 Hello 协议来维持。但由于缺乏广播能力，需要一些配置信息的帮助来发现邻居。在非广播网络上，OSPF 协议的数据通常需要被轮流发送到每一台邻居路由器上。X.25、帧中继是典型的非广播网络。

在非广播网络上运行的 OSPF 有两种模式。

- 非广播多路接入(Non-Broadcast Multi-Access，NBMA)，在非广播型网络上模拟 OSPF 在广播网络上的操作。
- 点到多点(Point-to-MultiPoint，P2MP)，将非广播网络看作是一系列点对点的连接。

非广播网络被作为 NBMA 网络还是点对多点网络，取决于 OSPF 在该网络上所配置的运行模式。

5.5.4　指定路由器和备用指定路由器

1．Hello 协议(Hello Protocol)

在 OSPF 协议中，Hello 协议用于建立和维持邻居关系的部分。在广播网络中还被用于动态发现邻居路由器。

2．指定路由器(Designated Router，DR)

在每个接入了至少两台路由器的广播和 NBMA 网络中都有一台作为指定路由器 DR。DR 生成 Network-LSA 并在运行协议时完成其他特定职责。DR 通过 Hello 协议选举产生，通过使用 DR 路由器，广播型网络上的所有路由器将自己的链路状态数据库向 DR 广播，而 DR 又将这些链路状态数据库信息发送到网络中的其他路由器。不用每台路由器都维持邻接关系，而只需与 DR 维持邻接关系。指定路由器的概念减少了广播和 NBMA 网络上所需要的邻接数量。同时也减少了路由协议所需要的流量及连接数据库的大小。

DR 的选举原则是选择优先级高的路由器。网络中所有的路由器优先级默认为 1，最大为 255。如果路由器优先级为 0，则表示此路由器不参加 DR 和 BDR 选举过程，也不会成为 DR 和 BDR。在路由器优先级相同的情况下，具有最大路由器 ID 的路由器将成为 DR。DR 一旦选定，除非路由器故障，否则 DR 不会更换。这样，可以免去经常重算链路状态数据库的开销。

3．备用指定路由(Backup Designated Router，BDR)

为了能够平滑地转换到新的 DR，在每个广播和 NBMA 网络上都有一台备用指定路由器 BDR。BDR 同样与网络上所有的路由器邻接，并在上一台 DR 失效时成为 DR。如果不存在 BDR，那么当新的 DR 出现后，就要在新的 DR 和其他路由器之间建立新的邻接。形成邻接的一个步骤是同步连接状态数据库，而这可能会持续一段时间。在这段时间里，网络将不能传输数据流。如果 BDR 与其他路由器之间已经存在了邻接，则不需要再次形成。这使传输中断的时间缩短为泛洪新的 LSA(宣告新的 DR)所需要的时间。

4．非指定路由(DROther)

不是 DR 和 BDR 的路由器称之为 DROther。DR、BDR 或 DROther 是相对接口而言。路由器的一个接口在某一区域可能是 DR，而在另一个区域可能是 BDR 或 DROther。

5.5.5　思科路由器单区域 OSPF 的配置

1. OSPF 配置中的常用命令

(1)　启用 RIP 命令

```
Router(config)#router ospf process-id
Router(config-router)#
```

其中：*process-id* 为 OSPF 的进程 ID，取值范围是 1～65535。在一个路由器上可以运行多个 OSPF 进程。

本命令可以启动一个 OSPF 路由进程，然后切换到路由配置模式。

(2)　启用通告 OSPF 的网段

```
Router(config-router)#network address wildcard-mask area area-id
```

其中：*address* 可以是网络地址或接口地址，例如 192.168.1.0。

wildcard-mask 称为通配符掩码，是一种反掩码形式，例如 10.0.0.0/30 的子网掩码是 255.255.255.252，其反掩码是 0.0.0.3。

area-id 是区域 ID，可以使用数值形式表示，也可以使用 IP 地址形式表示。在单区域 OSPF 中，所有的区域 ID 都应该一致。

2. 单区域点对点 OSPF 配置

如图 5-20 所示，在三台路由器通过点对点串行链路互联的网络中，每个路由器的局域网段通过一台交换机连接了两台计算机。通过配置路由器 RTA、RTB 和 RTC 的动态路由协议 OSPF，使全网都可以进行通信。IP 地址、子网掩码如表 5-2 所示。

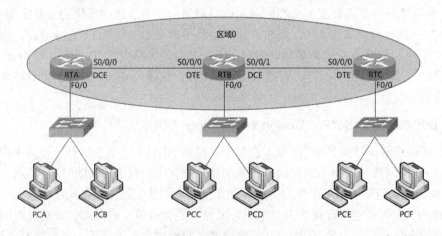

图 5-20　配置 OSPF

表 5-2　网络设备的 TCP/IP 参数

设　备	接　口	IP 地址	子网掩码	网　关
PCA	NIC	192.168.1.2	255.255.255.0	192.168.1.1
PCB	NIC	192.168.1.3	255.255.255.0	192.168.1.1

续表

设　备	接　口	IP 地址	子网掩码	网　关
PCC	NIC	192.168.2.2	255.255.255.0	192.168.2.1
PCD	NIC	192.168.2.3	255.255.255.0	192.168.2.1
PCE	NIC	192.168.3.2	255.255.255.0	192.168.3.1
PCF	NIC	192.168.3.3	255.255.255.0	192.168.3.1
RTA	F0/0	192.168.1.1	255.255.255.0	
	S0/0/0	10.0.0.1	255.255.255.252	
RTB	F0/0	192.168.2.1	255.255.255.0	
	S0/0/0	10.0.0.2	255.255.255.252	
	S0/0/1	20.0.0.1	255.255.255.252	
RTC	F0/0	192.168.3.1	255.255.255.0	
	S0/0/0	20.0.0.2	255.255.255.252	

配置步骤如下。

① 配置每台设备的网络接口卡(NIC)的 IP 地址、子网掩码和网关。

② 配置每台路由器的接口的时钟速率、IP 地址和子网掩码。

③ 配置每台路由器的 OSPF 路由。

④ 使用 copy running-config startup-config 命令保存路由器配置。

(1) RTA 路由器的配置。

```
Router>enable
Router#configure terminal
Router(config)#hostname RTA
RTA(config)#interface FastEthernet0/0
RTA(config-if)#ip address 192.168.1.1 255.255.255.0
RTA(config-if)#no shutdown
RTA(config-if)#interface Serial0/0/0
RTA(config-if)#clock rate 2000000
RTA(config-if)#ip address 10.0.0.1 255.255.255.252
RTA(config-if)#no shutdown
RTA(config-if)#exit
RTA(config)#router ospf 1
!启用 OSPF 路由协议
RTA(config-router)# network 192.168.1.0 0.0.0.255 area 0
!在区域 0 通告 192.168.1.0/24 网段
RTA(config-router)# network 10.0.0.1 0.0.0.3 area 0
!在区域 0 通告 10.0.0.1/30 网段
RTA(config-router)#^Z
RTA#copy running-config startup-config
```

(2) RTB 路由器的配置。

```
Router>enable
Router#configure terminal
```

```
Router(config)#hostname RTB
RTB(config)#interface FastEthernet0/0
RTB(config-if)#ip address 192.168.2.1 255.255.255.0
RTB(config-if)#no shutdown
RTB(config-if)#interface Serial0/0/0
RTB(config-if)#ip address 10.0.0.2 255.255.255.252
RTB(config-if)#no shutdown
RTB(config-if)#interface Serial0/0/1
RTB(config-if)#clock rate 2000000
RTB(config-if)#ip address 20.0.0.1 255.255.255.252
RTB(config-if)#no shutdown
RTB(config-if)#exit
RTB(config)# router ospf 1
RTB(config-router)#network 192.168.2.0 0.0.0.255 area 0
RTB(config-router)#network 10.0.0.2 0.0.0.3 area 0
RTB(config-router)#network 20.0.0.1 0.0.0.3 area 0
RTB(config-router)#^Z
RTB#copy running-config startup-config
```

(3) RTC 路由器的配置。

```
Router>enable
Router#configure terminal
Router(config)#hostname RTC
RTC(config)#interface FastEthernet0/0
RTC(config-if)#ip address 192.168.3.1 255.255.255.0
RTC(config-if)#no shutdown
RTC(config-if)#interface Serial0/0/0
RTC(config-if)#ip address 20.0.0.2 255.255.255.252
RTC(config-if)#no shutdown
RTC(config-if)#exit
RTC(config)# router ospf 1
RTC(config-router)#network 192.168.3.0 0.0.0.255 area 0
RTC(config-router)#network 20.0.0.2 0.0.0.3 area 0
RTC(config-router)#^Z
RTC#copy running-config startup-config
```

3. OSPF 的验证命令

(1) 显示路由表。

```
Router> show ip route [ospf| prefix]
```

其中：prefix 为目的网络地址，例如 192.168.1.0。

下面的例子显示路由器 RTA 的路由表。

```
RTA#show ip route
Codes: C- connected, S- static, I- IGRP, R- RIP, M- mobile, B- BGP
  D - EIGRP, EX - EIGRP external, O - OSPF, IA - OSPF inter area
  N1 - OSPF NSSA external type 1, N2 - OSPF NSSA external type 2
  E1 - OSPF external type 1, E2 - OSPF external type 2, E - EGP
```

```
     i - IS-IS, L1-IS-IS level-1, L2-IS-IS level-2, ia - IS-IS inter area
     * - candidate default, U - per-user static route, o - ODR
     P - periodic downloaded static route
Gateway of last resort is not set
     10.0.0.0/30 is subnetted, 1 subnets
C    10.0.0.0 is directly connected, Serial0/0/0
     20.0.0.0/30 is subnetted, 1 subnets
O    20.0.0.0 [110/845] via 10.0.0.2, 00:01:09, Serial0/0/0
C    192.168.1.0/24 is directly connected, FastEthernet0/0
O    192.168.2.0/24 [110/782] via 10.0.0.2, 00:01:09, Serial0/0/0
O    192.168.3.0/24 [110/846] via 10.0.0.2, 00:00:34, Serial0/0/0
RTA#show ip route ospf
! 显示路由器 RTA 的 OSPF 路由
     20.0.0.0/30 is subnetted, 1 subnets
O    20.0.0.0/30 [110/845] via 10.0.0.2, 00:11:20, Serial0/0/0
O    192.168.2.0/24 [110/782] via 10.0.0.2, 00:11:20, Serial0/0/0
O    192.168.3.0/24 [110/846] via 10.0.0.2, 00:10:45, Serial0/0/0
```

(2) 显示 IP 路由协议信息。

```
Router>show ip protocols
```

显示 RTA 路由器的路由协议信息如下。

```
RTA#show ip protocols
Routing Protocol is "ospf 1"
  Outgoing update filter list for all interfaces is not set
  Incoming update filter list for all interfaces is not set
  Router ID 192.168.1.1
  Number of areas in this router is 1. 1 normal 0 stub 0 nssa
  Maximum path: 4
  Routing for Networks:
    192.168.1.0 0.0.0.255 area 0
    10.0.0.0 0.0.0.3 area 0
  Routing Information Sources:
    Gateway         Distance      Last Update
    10.0.0.2             110        00:11:44
  Distance: (default is 110)
```

(3) 显示 OSPF 基本信息。

```
Router>show ip ospf < process-id | database| interface | neighbor >
```

① 显示 RTA 路由器的 OSPF 基本信息。

```
RTA#show ip ospf
 Routing Process "ospf 1" with ID 192.168.1.1
 Supports only single TOS(TOS0) routes
 Supports opaque LSA
 SPF schedule delay 5 secs, Hold time between two SPFs 10 secs
 Minimum LSA interval 5 secs. Minimum LSA arrival 1 secs
 Number of external LSA 0. Checksum Sum 0x000000
```

```
Number of opaque AS LSA 0. Checksum Sum 0x000000
Number of DCbitless external and opaque AS LSA 0
Number of DoNotAge external and opaque AS LSA 0
Number of areas in this router is 1. 1 normal 0 stub 0 nssa
...
```

② 显示 RTA 路由器的 OSPF 链路状态数据库信息。

```
RTA#show ip ospf database
          OSPF Router with ID (192.168.1.1) (Process ID 1)
               Router Link States (Area 0)
Link ID         ADV Router      Age      Seq#       Checksum Link count
192.168.1.1     192.168.1.1     1081     0x80000003 0x0077dc   3
192.168.2.1     192.168.2.1     1046     0x80000005 0x00d8e3   5
192.168.3.1     192.168.3.1     1046     0x80000003 0x009d9b   3
```

③ 显示 RTA 路由器的 OSPF 接口信息。

```
RTA#show ip ospf interface
FastEthernet0/0 is up, line protocol is up
  Internet address is 192.168.1.1/24, Area 0
  Process ID 1,Router ID 192.168.1.1,Network Type BROADCAST,Cost: 1
  Transmit Delay is 1 sec, State DR, Priority 1
  Designated Router (ID) 192.168.1.1, Interface address 192.168.1.1
  No backup designated router on this network
  Timer intervals configured, Hello 10,Dead 40,Wait 40,Retransmit 5
    Hello due in 00:00:00
  Index 1/1, flood queue length 0
  Next 0x0(0)/0x0(0)
  Last flood scan length is 1, maximum is 1
  Last flood scan time is 0 msec, maximum is 0 msec
  Neighbor Count is 0, Adjacent neighbor count is 0
  Suppress hello for 0 neighbor(s)
Serial0/0/0 is up, line protocol is up
...
```

④ 显示 RTA 路由器的 OSPF 邻居信息。

```
RTA#show ip ospf  neighbor
Neighbor ID     Pri   State         Dead Time    Address     Interface
192.168.2.1      1    FULL/-        00:00:34     10.0.0.2
```

5.5.6　多区域 OSPF

1. 将自治系统划分为区域

在 OSPF 中，允许将一系列连续的网络和主机组合在一起。这样的组合以及至少有一个接口接入这些网络的路由器，称为区域。每个区域独立地运行一套链路状态路由算法，这意味着每个区域有其自身的链路状态数据库。

区域内的拓扑结构对于区域外来说是不可见的。反过来，在给定区域内的路由器也不知道区域外的拓扑细节。这种隔绝与将整个 AS 作为单一的链路状态域相比，可以使协议大大减少路由流量。

随着区域概念的引入，AS 中的路由器不再有完全相同的链路状态数据库。事实上路由器为它所连接的每个区域建立单独的链路状态数据库。连接多个区域的路由器被称为区域边界路由器(ABR)。两台属于同一区域的路由器，能为该区域建立完全相同的区域链路状态数据库。

在 AS 内部的转发有两个层次，取决于数据包的源及目标地址是在同一个区域内(使用区域内路由)，还是在不同的区域间(使用区域间路由)。在使用区域内路由时，数据包仅根据从该区域内得到的信息来转发，而不使用从区域外得到的信息，这可以保护区域内路由，从而避免错误路由信息。

2．自治系统的骨干区域

OSPF 的骨干区域是 OSPF 的特殊区域 0，由于 OSPF 的区域号是按 IP 地址的格式，所以经常被写为区域 0.0.0.0。OSPF 骨干区域始终包含所有的 ABR。骨干区域负责发布其他区域之间的路由信息。骨干区域必须是连续的，但不一定是物理上连续。骨干区域的连续性可以通过配置虚拟链接(Virtual Link)来建立和维持。

3．区域间路由

当数据包在两个非骨干区域之间转发时，使用骨干区域。数据包所经过的路径可以被分为三个连续的过程：从源到 ABR 的区域内路径；从源区域到目标区域的骨干路径；到达目标的另一个区域内路径。

换一个角度看，区域间路由可以被理解为一个星形配置的自治系统，骨干区域是中心，每个非骨干区域是分支，通过这种机制可以保障 OSPF 中不会出现环路。

4．路由器的分类

当把自治系统划分为 OSPF 区域以后，根据功能，可以将路由器进一步分为以下功能重叠的四类。

(1) 内部路由器(Internal Router，IR)。
路由器所直接连接的网络都属于同一个区域。这些路由器只运行路由算法的一个副本。
(2) 区域边界路由器(Area Border Router，ABR)。
接入多个区域的路由器。ABR 运行路由算法的多个副本，每个接入的区域一个副本。ABR 将所接入区域的拓扑信息汇总后发布到骨干区域。骨干区域再将这些信息发布到其他区域。
(3) 骨干路由器(Backbone Router，BR)。
至少有一个接口在骨干区域的路由器。这包括所有接入多个区域的路由器，即 ABR。但骨干路由器不一定是 ABR，所有接口都在骨干区域的路由器也是骨干路由器。
(4) 自治系统边界路由器(AS Boundary Router，ASBR)。
它是与属于其他 AS 的路由器交换路由信息的路由器。这样的路由器在 AS 内通告自治系统外部路由信息。到达各台 ASBR 的路径要被 AS 中的每台路由器所知晓。该分类与前面的分类完全独立：ASBR 可能是内部路由器或 ABR，也可能在或不在骨干区域中。

5.5.7　思科路由器多区域 OSPF 的配置

如图 5-21 所示，三台路由器通过点对点串行链路互连的网络，路由器 RTB 作为 ABR 同时负责连通骨干区域 0 和区域 1。每个路由器的局域网段通过一台交换机连接两台计算机。通过配置路由器 RTA、RTB 和 RTC 的动态路由协议 OSPF，使全网可以通信，IP 地址、子网掩码如表 5-3 所示。

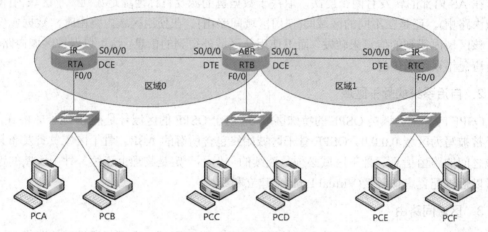

图 5-21　配置多区域 OSPF

表 5-3　网络设备的 TCP/IP 参数

设　备	接　口	IP 地址	子网掩码	网　关
PCA	NIC	192.168.1.2	255.255.255.0	192.168.1.1
PCB	NIC	192.168.1.3	255.255.255.0	192.168.1.1
PCC	NIC	192.168.2.2	255.255.255.0	192.168.2.1
PCD	NIC	192.168.2.3	255.255.255.0	192.168.2.1
PCE	NIC	192.168.3.2	255.255.255.0	192.168.3.1
PCF	NIC	192.168.3.3	255.255.255.0	192.168.3.1
RTA	F0/0	192.168.1.1	255.255.255.0	
	S0/0/0	10.0.0.1	255.255.255.252	
RTB	F0/0	192.168.2.1	255.255.255.0	
	S0/0/0	10.0.0.2	255.255.255.252	
	S0/0/1	20.0.0.1	255.255.255.252	
RTC	F0/0	192.168.3.1	255.255.255.0	
	S0/0/0	20.0.0.2	255.255.255.252	

配置步骤如下。

①　配置每台设备的网络接口卡(NIC)的 IP 地址、子网掩码和网关。

② 配置每台路由器的接口的时钟速率、IP 地址和子网掩码。

③ 配置每台路由器的 OSPF 路由。

④ 使用 copy running-config startup-config 命令保存路由器配置。

(1) RTA 路由器的配置。

```
Router>enable
Router#configure terminal
Router(config)#hostname RTA
RTA(config)#interface FastEthernet0/0
RTA(config-if)#ip address 192.168.1.1 255.255.255.0
RTA(config-if)#no shutdown
RTA(config-if)#interface Serial0/0/0
RTA(config-if)#clock rate 2000000
RTA(config-if)#ip address 10.0.0.1 255.255.255.252
RTA(config-if)#no shutdown
RTA(config-if)#exit
RTA(config)#router ospf 1
!启用 OSPF 路由协议
RTA(config-router)# network 192.168.1.0 0.0.0.255 area 0
!在区域 0 通告 192.168.1.0/24 网段
RTA(config-router)# network 10.0.0.1 0.0.0.3 area 0
!在区域 0 通告 10.0.0.1/30 网段
RTA(config-router)#^Z
RTA#copy running-config startup-config
```

(2) RTB 路由器的配置。

```
Router>enable
Router#configure terminal
Router(config)#hostname RTB
RTB(config)#interface FastEthernet0/0
RTB(config-if)#ip address 192.168.2.1 255.255.255.0
RTB(config-if)#no shutdown
RTB(config-if)#interface Serial0/0/0
RTB(config-if)#ip address 10.0.0.2 255.255.255.252
RTB(config-if)#no shutdown
RTB(config-if)#interface Serial0/0/1
RTB(config-if)#clock rate 2000000
RTB(config-if)#ip address 20.0.0.1 255.255.255.252
RTB(config-if)#no shutdown
RTB(config-if)#exit
RTB(config)# router ospf 1
RTB(config-router)#network 192.168.2.0 0.0.0.255 area 0
RTB(config-router)#network 10.0.0.2 0.0.0.3 area 0
!10.0.0.0 和 192.168.2.0 都位于区域 0
RTB(config-router)#network 20.0.0.1 0.0.0.3 area 1
!20.0.0.0 位于区域 1
RTB(config-router)#^Z
RTB#copy running-config startup-config
```

(3) RTC 路由器的配置。

```
Router>enable
Router#configure terminal
Router(config)#hostname RTC
RTC(config)#interface FastEthernet0/0
RTC(config-if)#ip address 192.168.3.1 255.255.255.0
RTC(config-if)#no shutdown
RTC(config-if)#interface Serial0/0/0
RTC(config-if)#ip address 20.0.0.2 255.255.255.252
RTC(config-if)#no shutdown
RTC(config-if)#exit
RTC(config)# router ospf 1
RTC(config-router)#network 192.168.3.0 0.0.0.255 area 1
RTC(config-router)#network 20.0.0.2 0.0.0.3 area 1
RTC(config-router)#^Z
RTC#copy running-config startup-config
```

5.6 使用 SDM 配置 OSPF 路由

在本节中将使用 SDM 来配置 Cisco 3640 路由器的 OSPF 协议。如图 5-22 所示，单击工具栏中的【配置】按钮，在左侧【任务】窗格中选择【路由】选项，再在右侧【路由】界面的【动态路由】选项组中选择 OSPF 选项。单击【编辑】按钮将打开【编辑 IP 动态路由】对话框，如图 5-23 所示。

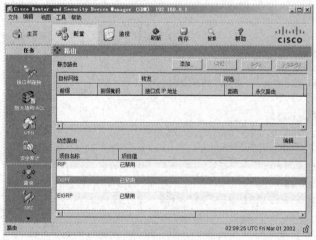
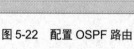

图 5-22　配置 OSPF 路由

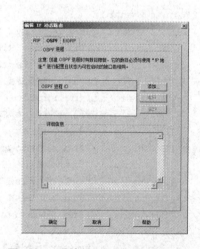

图 5-23　【编辑 IP 动态路由】对话框

在【编辑 IP 动态路由】对话框中单击【添加】按钮，将打开【添加 OSPF】对话框，如图 5-24 所示。在【OSPF 进程 ID】文本框中输入相应的进程 ID，本例中输入的是"1"。

单击【添加】按钮，将显示【添加网络】对话框，如图 5-25 所示。在【添加网络】对话框中输入相应的网络地址、通配符掩码和区域后，单击【确定】按钮，完成 OSPF 的配置。

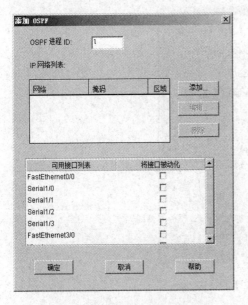

图 5-24　【添加 OSPF】对话框

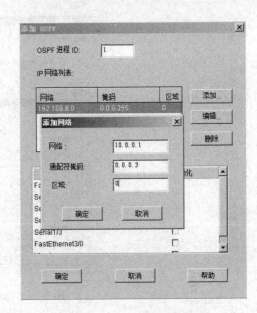

图 5-25　【添加网络】对话框

完成 OSPF 配置后，将看到 OSPF 进程已经启用，如图 5-26 所示。在【编辑 IP 动态路由】对话框中可以查看已经发布的网络，如图 5-27 所示。

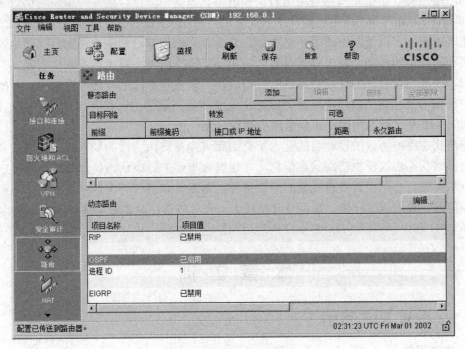

图 5-26　OSPF 进程已启用

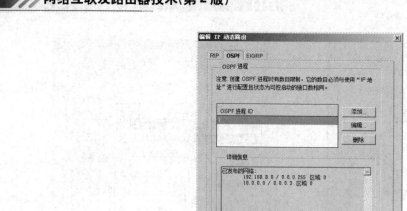

图 5-27 已经发布的路由

本 章 小 结

动态路由协议包括距离向量路由协议和链路状态路由协议。距离向量路由协议采用贝尔曼-福特(Bellman-Ford)路由选择算法来计算最佳路径,在每个启动路由进程的路由器中维护一张路由表,它以子网中的每个路由器为索引,列出当前已知路由器到目标路由器的最佳距离和所使用的线路。通过邻近设备之间相互交换路由表,路由器不断地更新其内部的路由表。距离向量算法的优点是算法的开销较小;缺点是算法的收敛速度较慢、可能传播错误的路由信息从而造成路由环路问题。常见的距离向量路由协议有 RIP、IGRP、EGRP 和 BGP。RIP 是比较常用的距离向量路由协议。

链路状态路由协议的设计目的是为了克服距离向量路由协议的局限性。链路状态路由器通过链路状态协议泛洪链路状态信息,并根据收集到的链路状态信息计算出最优的网络拓扑,从而使每个路由器具有完整的网络拓扑。链路状态协议的优点是可以很好地避免路由环路问题,收敛速度较快;缺点是开销较大,在生成链路状态数据库和 SPF 树时需要占用较多 CPU 和内存资源。OSPF 协议是常用的链路状态路由协议。

本 章 实 训

实训 1　配置 RIP 路由 1

1. 实训目的

通过上机实训,使学生熟练掌握 RIP 路由的配置。

2. 实训内容

RIP 路由的配置。

3. 实训设备和环境

(1)　思科 2811 路由器 3 台。

(2)　思科 Catalyst 2960 交换机 3 台。

(3)　PC 6 台。

(4)　控制台线 1 根。

(5)　直通网线 9 根。

(6)　V.35 DTE 电缆 2 根、V.35 DCE 电缆 2 根。

如无硬件设备建议使用思科 Packet Tracer 软件进行实训。

4. 拓扑结构

请参考图 5-14。

5. 实训要求

(1)　按照拓扑图连接网络。

(2)　路由器通过串行电缆互连。

(3)　路由器和交换机通过直通网线互连。

(4)　PC 和交换机通过直通网线互连。

(5)　配置 PC 的网关和 IP 地址。

(6)　配置路由器接口。

(7)　配置路由器的 RIP 路由。

6. 实训步骤

请参考"5.2.2　思科路由器 RIP 的配置"。

实训 2　配置单区域 OSPF 路由

1. 实训目的

通过上机实训,使学生熟练掌握单区域 OSPF 路由的配置。

2. 实训内容

单区域 OSPF 路由的配置。

3. 实训设备和环境

(1)　思科 2811 路由器 3 台。

(2)　思科 Catalyst 2960 交换机 3 台。

(3)　PC 6 台。

(4)　控制台线 1 根。

(5)　直通网线 9 根。

(6)　V.35 DTE 电缆 2 根、V.35 DCE 电缆 2 根。

如无硬件设备则建议使用思科 Packet Tracer 软件进行实训。

4. 拓扑结构

请参考图 5-20。

5. 实训要求

(1) 按照拓扑图连接网络。

(2) 路由器通过串行电缆互连。

(3) 路由器和交换机通过直通网线互连。

(4) PC 和交换机通过直通网线互连。

(5) 配置 PC 的网关和 IP 地址。

(6) 配置路由器接口。

(7) 配置路由器的 OSPF 路由。

6. 实训步骤

请参考 5.5.5 一节。

实训 3　配置 RIP 路由 2

1. 实训目的

通过上机实训，使学生熟练掌握复杂拓扑的 RIP 路由的配置。

2. 实训内容

配置 RIP 路由，使全网互通。

3. 实训设备和环境

(1) 思科 2811 路由器 5 台。

(2) 思科 Catalyst 2960 交换机 4 台。

(3) PC 10 台。

(4) 控制台线 5 根。

(5) 直通网线 16 根。

(6) V.35 DTE 电缆 3 根、V.35 DCE 电缆 3 根。

如无硬件设备，则建议使用思科 Packet Tracer 软件进行实训。

4. 拓扑结构

请参考表 4-2、表 4-3 和图 4-22 所示的实训拓扑图。

5. 实训要求

(1) 按照拓扑图连接网络。

(2) 路由器通过串行电缆互连。

(3) 路由器和交换机通过直通网线互连。

(4) PC 和交换机通过直通网线互连。

(5) 配置 PC 的网关和 IP 地址。

(6)　配置路由器接口。

(7)　配置路由器的 RIP 路由。

(8)　使用 ping 命令测试全网的连通性，并记录。

(9)　使用 show ip route 命令查看每台路由器的路由表，并记录。

6. 实训步骤

(1)　路由器的配置。

RTA 路由器的配置：

```
Router>enable
Router#configure terminal
Router(config)#hostname RTA
RTA(config)#interface FastEthernet0/0
RTA(config-if)#ip address 192.5.5.1 255.255.255.0
RTA(config-if)#no shutdown
RTA(config-if)#exit
RTA(config)#interface FastEthernet0/1
RTA(config-if)#ip address 205.7.5.1 255.255.255.0
RTA(config-if)#no shutdown
RTA(config-if)#exit
RTA(config)#interface Serial0/0/0
RTA(config-if)#clock rate 64000
RTA(config-if)#ip address 201.100.11.1 255.255.255.0
RTA(config-if)#no shutdown
RTA(config-if)#exit
RTA(config)#router rip
RTA(config-router)#network 201.100.11.0
RTA(config-router)#network 192.5.5.0
RTA(config-router)#network 205.7.5.0
RTA(config)#exit
RTA#copy running-config startup-config
```

RTB 路由器的配置：

```
Router>enable
Router#configure terminal
Router(config)#hostname RTB
RTB(config)#interface FastEthernet0/0
RTB(config-if)#ip address 219.17.100.1 255.255.255.0
RTB(config-if)#no shutdown
RTB(config-if)#exit
RTB(config)#interface Serial0/0/0
RTB(config-if)#ip address 199.6.13.1 255.255.255.0
RTB(config-if)#clock rate 64000
RTB(config-if)#no shutdown
RTB(config-if)#exit
RTB(config)#interface Serial0/0/1
RTB(config-if)#ip address 201.100.11.2 255.255.255.0
```

```
RTB(config-if)#exit
RTB(config)#router rip
RTB(config-router)#network 201.100.11.0
RTB(config-router)#network 199.6.13.0
RTB(config-router)#network 219.17.100.0
RTB(config)#exit
RTB#copy running-config startup-config
```

RTC 路由器的配置：

```
Router>enable
Router#configure terminal
Router(config)#hostname RTC
RTC(config)#interface FastEthernet0/0
RTC(config-if)#end
RTC#configure terminal
RTC(config)#interface FastEthernet0/0
RTC(config-if)#ip address 223.8.151.1 255.255.255.0
RTC(config-if)#no shutdown
RTC(config-if)#exit
RTC(config)#interface Serial0/0/0
RTC(config-if)#clock rate 64000
RTC(config-if)#ip address 204.204.7.1 255.255.255.0
RTC(config-if)#no shutdown
RTC(config-if)#exit
RTC(config)#interface Serial0/0/1
RTC(config-if)#ip address 199.6.13.2 255.255.255.0
RTC(config-if)#exit
RTC(config)#router rip
RTC(config-router)#network 199.6.13.0
RTC(config-router)#network 204.204.7.0
RTC(config-router)#network 223.8.151.0
RTC(config)#exit
RTC#copy running-config startup-config
```

RTD 路由器的配置：

```
Router>enable
Router#configure terminal
Router(config)#hostname RTD
RTD(config)#interface FastEthernet0/0
RTD(config-if)#ip address 210.93.105.1 255.255.255.0
RTD(config-if)#no shutdown
RTD(config-if)#exit
RTD(config)#interface Serial0/0/1
RTD(config-if)#ip address 204.204.7.2 255.255.255.0
RTD(config-if)#no shutdown
RTD(config-if)#exit
RTD(config)#router rip
RTD(config-router)#network 204.204.7.0
```

```
RTD(config-router)#network 210.93.105.0
RTD(config)#exit
RTD#copy running-config startup-config
```

RTE 路由器的配置:

```
Router>enable
Router#configure terminal
Router(config)#hostname RTE
RTE(config)#interface FastEthernet0/0
RTE(config-if)#ip address 210.93.105.2 255.255.255.0
RTE(config-if)#no shutdown
RTE(config)#exit
RTE#copy running-config startup-config
```

(2) PC 地址的配置参照表 4-3 进行配置。

(3) 在 PC1 命令行(选择【开始】|【运行】命令,输入 CMD)使用以下命令验证连通性。

```
ping 192.5.5.2
ping 219.17.100.2
ping 223.8.151.2
ping 210.93.105.3
tracert 210.93.105.3
```

记录验证结果后,依次在 PC3、5、7、9 重复以上操作,并记录结果。

(4) 在 RTA 上使用以下命令查看路由器基本信息。

```
RTA#show ip route
RTA#show ip route rip
RTA#show ip protocols
RTA#show ip rip database
```

记录验证结果后,依次在 RTB、RTC、RTD 重复以上操作,并记录结果。

实训 4 配置 EIGRP 路由

1. 实训目的

通过上机实训,使学生熟练掌握复杂拓扑情况下 EIGRP 路由的配置。

2. 实训内容

EIGRP 路由的配置。

3. 实训设备和环境

(1) 思科 2811 路由器 5 台。

(2) 思科 Catalyst 2960 交换机 4 台。

(3) PC 10 台。

(4) 控制台线 5 根。

(5) 直通网线 16 根。

(6) V.35 DTE 电缆 3 根、V.35 DCE 电缆 3 根。

如无硬件设备,则建议使用思科 Packet Tracer 软件进行实训。

4. 拓扑结构

请参考图 4-22、表 4-2 和表 4-3。

5. 实训要求

(1) 按照拓扑图连接网络。

(2) 路由器通过串行电缆互连。

(3) 路由器和交换机通过直通网线互连。

(4) PC 和交换机通过直通网线互连。

(5) 配置 PC 的网关和 IP 地址。

(6) 配置路由器接口。

(7) 配置路由器的 RIP 路由。

(8) 使用 ping 命令测试全网的连通性,并记录。

(9) 使用 show ip route 命令查看每台路由器的路由表,并记录。

6. 实训步骤

(1) 路由器的配置。

RTA 路由器的配置:

```
Router>enable
Router#configure terminal
Router(config)#hostname RTA
RTA(config)#interface FastEthernet0/0
RTA(config-if)#ip address 192.5.5.1 255.255.255.0
RTA(config-if)#no shutdown
RTA(config-if)#exit
RTA(config)#interface FastEthernet0/1
RTA(config-if)#ip address 205.7.5.1 255.255.255.0
RTA(config-if)#no shutdown
RTA(config-if)#exit
RTA(config)#interface Serial0/0/0
RTA(config-if)#clock rate 64000
RTA(config-if)#ip address 201.100.11.1 255.255.255.0
RTA(config-if)#no shutdown
RTA(config-if)#exit
RTA(config)#router eigrp 1
RTA(config-router)#network 201.100.11.0
RTA(config-router)#network 192.5.5.0
RTA(config-router)#network 205.7.5.0
RTA(config)#exit
RTA#copy running-config startup-config
```

RTB 路由器的配置：

```
Router>enable
Router#configure terminal
Router(config)#hostname RTB
RTB(config)#interface FastEthernet0/0
RTB(config-if)#ip address 219.17.100.1 255.255.255.0
RTB(config-if)#no shutdown
RTB(config-if)#exit
RTB(config)#interface Serial0/0/0
RTB(config-if)#ip address 199.6.13.1 255.255.255.0
RTB(config-if)#clock rate 64000
RTB(config-if)#no shutdown
RTB(config-if)#exit
RTB(config)#interface Serial0/0/1
RTB(config-if)#ip address 201.100.11.2 255.255.255.0
RTB(config-if)#exit
RTB(config)#router eigrp 1
RTB(config-router)#network 201.100.11.0
RTB(config-router)#network 199.6.13.0
RTB(config-router)#network 219.17.100.0
RTB(config)#exit
RTB#copy running-config startup-config
```

RTC 路由器的配置：

```
Router>enable
Router#configure terminal
Router(config)#hostname RTC
RTC(config)#interface FastEthernet0/0
RTC(config-if)#end
RTC#configure terminal
RTC(config)#interface FastEthernet0/0
RTC(config-if)#ip address 223.8.151.1 255.255.255.0
RTC(config-if)#no shutdown
RTC(config-if)#exit
RTC(config)#interface Serial0/0/0
RTC(config-if)#clock rate 64000
RTC(config-if)#ip address 204.204.7.1 255.255.255.0
RTC(config-if)#no shutdown
RTC(config-if)#exit
RTC(config)#interface Serial0/0/1
RTC(config-if)#ip address 199.6.13.2 255.255.255.0
RTC(config-if)#exit
RTC(config)#router eigrp 1
RTC(config-router)#network 199.6.13.0
RTC(config-router)#network 204.204.7.0
RTC(config-router)#network 223.8.151.0
RTC(config)#exit
RTC#copy running-config startup-config
```

RTD 路由器的配置：

```
Router>enable
Router#configure terminal
Router(config)#hostname RTD
RTD(config)#interface FastEthernet0/0
RTD(config-if)#ip address 210.93.105.1 255.255.255.0
RTD(config-if)#no shutdown
RTD(config-if)#exit
RTD(config)#interface Serial0/0/1
RTD(config-if)#ip address 204.204.7.2 255.255.255.0
RTD(config-if)#no shutdown
RTD(config-if)#exit
RTD(config)#router eigrp 1
RTD(config-router)#network 204.204.7.0
RTD(config-router)#network 210.93.105.0
RTD(config)#exit
RTD#copy running-config startup-config
```

RTE 路由器的配置：

```
Router>enable
Router#configure terminal
Router(config)#hostname RTE
RTE(config)#interface FastEthernet0/0
RTE(config-if)#ip address 210.93.105.2 255.255.255.0
RTE(config-if)#no shutdown
RTE(config)#exit
RTE#copy running-config startup-config
```

(2) PC 地址的配置参照表 4-3 进行配置。

(3) 在 PC1 命令行(选择【开始】|【运行】命令，输入 CMD)，使用以下命令验证连通性。

```
ping 192.5.5.2
ping 219.17.100.2
ping 223.8.151.2
ping 210.93.105.3
tracert 210.93.105.3
```

记录验证结果后，依次在 PC3、PC5、PC7、PC9 重复以上操作，并记录结果。

(4) 在 RTA 上使用以下命令查看路由器基本信息。

```
RTA#show ip route
RTA#show ip route eigrp
RTA#show ip protocols
RTA#show ip eigrp interfaces
RTA#show ip eigrp neighbors
RTA#show ip eigrp topology
```

记录验证结果后，依次在 RTB、RTC、RTD 重复以上操作，并记录结果。

实训 5　配置单区域 OSPF 路由和 DR 的选取

1. 实训目的

通过上机实训，使学生熟练掌握复杂拓扑情况下单区域 OSPF 路由的配置。

2. 实训内容

单区域 OSPF 路由的配置。

3. 实训设备和环境

(1)　思科 2811 路由器 5 台。

(2)　思科 Catalyst 2960 交换机 4 台。

(3)　PC 10 台。

(4)　控制台线 5 根。

(5)　直通网线 16 根。

(6)　V.35 DTE 电缆 3 根、V.35 DCE 电缆 3 根。

如无硬件设备，则建议使用思科 Packet Tracer 软件进行实训。

4. 拓扑结构

请参考图 4-22、表 4-2 和表 4-3。

5. 实训要求

(1)　按照拓扑图连接网络。

(2)　路由器通过串行电缆互连。

(3)　路由器和交换机通过直通网线互连。

(4)　PC 和交换机通过直通网线互连。

(5)　配置 PC 的网关和 IP 地址。

(6)　配置路由器接口。

(7)　配置路由器的 RIP 路由。

(8)　使用 ping 命令测试全网的连通性，并记录。

(9)　使用 show ip route 命令查看每台路由器的路由表，并记录。

(10) 观察 RTD 和 RTE 的 DR 和 BDR 的选取。

6. 实训步骤

(1)　路由器的配置。

RTA 路由器的配置：

```
Router>enable
Router#configure terminal
Router(config)#hostname RTA
RTA(config)#interface FastEthernet0/0
RTA(config-if)#ip address 192.5.5.1 255.255.255.0
RTA(config-if)#no shutdown
```

```
RTA(config-if)#exit
RTA(config)#interface FastEthernet0/1
RTA(config-if)#ip address 205.7.5.1 255.255.255.0
RTA(config-if)#no shutdown
RTA(config-if)#exit
RTA(config)#interface Serial0/0/0
RTA(config-if)#clock rate 64000
RTA(config-if)#ip address 201.100.11.1 255.255.255.0
RTA(config-if)#no shutdown
RTA(config-if)#exit
RTA(config)#router ospf 1
RTA(config-router)#network 201.100.11.0  0.0.0.255 area 0
RTA(config-router)#network 192.5.5.0  0.0.0.255 area 0
RTA(config-router)#network 205.7.5.0  0.0.0.255 area 0
RTA(config)#exit
RTA#copy running-config startup-config
```

RTB 路由器的配置：

```
Router>enable
Router#configure terminal
Router(config)#hostname RTB
RTB(config)#interface FastEthernet0/0
RTB(config-if)#ip address 219.17.100.1 255.255.255.0
RTB(config-if)#no shutdown
RTB(config-if)#exit
RTB(config)#interface Serial0/0/0
RTB(config-if)#ip address 199.6.13.1 255.255.255.0
RTB(config-if)#clock rate 64000
RTB(config-if)#no shutdown
RTB(config-if)#exit
RTB(config)#interface Serial0/0/1
RTB(config-if)#ip address 201.100.11.2 255.255.255.0
RTB(config-if)#exit
RTB(config)#router ospf 1
RTB(config-router)#network 201.100.11.0  0.0.0.255 area 0
RTB(config-router)#network 199.6.13.0  0.0.0.255 area 0
RTB(config-router)#network 219.17.100.0  0.0.0.255 area 0
RTB(config)#exit
RTB#copy running-config startup-config
```

RTC 路由器的配置：

```
Router>enable
Router#configure terminal
Router(config)#hostname RTC
RTC(config)#interface FastEthernet0/0
```

```
RTC(config-if)#end
RTC#configure terminal
RTC(config)#interface FastEthernet0/0
RTC(config-if)#ip address 223.8.151.1 255.255.255.0
RTC(config-if)#no shutdown
RTC(config-if)#exit
RTC(config)#interface Serial0/0/0
RTC(config-if)#clock rate 64000
RTC(config-if)#ip address 204.204.7.1 255.255.255.0
RTC(config-if)#no shutdown
RTC(config-if)#exit
RTC(config)#interface Serial0/0/1
RTC(config-if)#ip address 199.6.13.2 255.255.255.0
RTC(config-if)#exit
RTC(config)#router ospf 1
RTC(config-router)#network 199.6.13.0 0.0.0.255 area 0
RTC(config-router)#network 204.204.7.0 0.0.0.255 area 0
RTC(config-router)#network 223.8.151.0 0.0.0.255 area 0
RTC(config)#exit
RTC#copy running-config startup-config
```

RTD 路由器的配置:

```
Router>enable
Router#configure terminal
Router(config)#hostname RTD
RTD(config)#interface FastEthernet0/0
RTD(config-if)#ip address 210.93.105.1 255.255.255.0
RTD(config-if)#no shutdown
RTD(config-if)#exit
RTD(config)#interface Serial0/0/1
RTD(config-if)#ip address 204.204.7.2 255.255.255.0
RTD(config-if)#no shutdown
RTD(config-if)#exit
RTD(config)#router ospf 1
RTD(config-router)#network 204.204.7.0 0.0.0.255 area 0
RTD(config-router)#network 210.93.105.0 0.0.0.255 area 0
RTD(config)#exit
RTD#copy running-config startup-config
```

RTE 路由器的配置:

```
Router>enable
Router#configure terminal
Router(config)#hostname RTE
RTE(config)#interface FastEthernet0/0
RTE(config-if)#ip address 210.93.105.2 255.255.255.0
```

```
RTE(config-if)#no shutdown
RTD(config-if)#exit
RTD(config)#router ospf 1
RTD(config-router)#network 210.93.105.0 0.0.0.255 area 0
RTE(config)#exit
RTE#copy running-config startup-config
```

(2) PC 地址的配置参照表 4-3 进行配置。

(3) 在 PC1 命令行(选择【开始】|【运行】命令,输入 CMD)使用以下命令验证连通性。

```
ping 192.5.5.2
ping 219.17.100.2
ping 223.8.151.2
ping 210.93.105.3
tracert 210.93.105.3
```

记录验证结果后,依次在 PC3、PC5、PC7、PC9 重复以上操作,并记录结果。

(4) 在 RTA 上使用以下命令查看路由器基本信息。

```
RTA#show ip route
RTA#show ip route OSPF
RTA#show ip protocols
RTA#show ip OSPF
RTA#show ip OSPF interface
RTA#show ip OSPF neighbor detail
RTA#show ip OSPF database
```

记录验证结果后,依次在 RTB、RTC、RTD、RTE 重复以上操作,记录结果并指出 RTD 和 RTE 的 DR 和 DBR 的角色。

实训 6　配置多区域 OSPF 路由

1. 实训目的

通过上机实训,使学生熟练掌握复杂拓扑情况下多区域 OSPF 路由的配置。

2. 实训内容

多区域 OSPF 路由的配置。

3. 实训设备和环境

(1) 思科 2811 路由器 5 台。

(2) 思科 Catalyst 2960 交换机 4 台。

(3) PC 10 台。

(4) 控制台线 5 根。

(5) 直通网线 16 根。

(6) V.35 DTE 电缆 3 根、V.35 DCE 电缆 3 根。

如无硬件设备,则建议使用思科 Packet Tracer 软件进行实训。

4. 拓扑结构

多区域 OSPF 拓扑图，如图 5-28 所示。

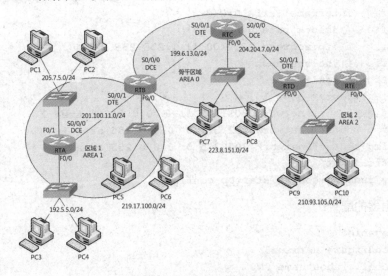

图 5-28　多区域 OSPF 拓扑图

IP 地址参考表 4-2 和表 4-3。

5. 实训要求

(1) 按照拓扑图连接网络。
(2) 路由器通过串行电缆互连。
(3) 路由器和交换机通过直通网线互连。
(4) PC 和交换机通过直通网线互连。
(5) 配置 PC 的网关和 IP 地址。
(6) 配置路由器接口。
(7) 配置路由器的 RIP 路由。
(8) 使用 ping 命令测试全网的连通性，并记录。
(9) 使用 show ip route 命令查看每台路由器的路由表，并记录。
(10) 观察多区域 OSPF 的链路状态数据库。

6. 实训步骤

(1) 路由器的配置。
RTA 路由器的配置：

```
Router>enable
Router#configure terminal
Router(config)#hostname RTA
RTA(config)#interface FastEthernet0/0
RTA(config-if)#ip address 192.5.5.1 255.255.255.0
RTA(config-if)#no shutdown
RTA(config-if)#exit
RTA(config)#interface FastEthernet0/1
```

```
RTA(config-if)#ip address 205.7.5.1 255.255.255.0
RTA(config-if)#no shutdown
RTA(config-if)#exit
RTA(config)#interface Serial0/0/0
RTA(config-if)#clock rate 64000
RTA(config-if)#ip address 201.100.11.1 255.255.255.0
RTA(config-if)#no shutdown
RTA(config-if)#exit
RTA(config)#router ospf 1
RTA(config-router)#network 201.100.11.0  0.0.0.255 area 1
RTA(config-router)#network 192.5.5.0  0.0.0.255 area 1
RTA(config-router)#network 205.7.5.0  0.0.0.255 area 1
RTA(config)#exit
RTA#copy running-config startup-config
```

RTB 路由器的配置:

```
Router>enable
Router#configure terminal
Router(config)#hostname RTB
RTB(config)#interface FastEthernet0/0
RTB(config-if)#ip address 219.17.100.1 255.255.255.0
RTB(config-if)#no shutdown
RTB(config-if)#exit
RTB(config)#interface Serial0/0/0
RTB(config-if)#ip address 199.6.13.1 255.255.255.0
RTB(config-if)#clock rate 64000
RTB(config-if)#no shutdown
RTB(config-if)#exit
RTB(config)#interface Serial0/0/1
RTB(config-if)#ip address 201.100.11.2 255.255.255.0
RTB(config-if)#exit
RTB(config)#router ospf 1
RTB(config-router)#network 201.100.11.0  0.0.0.255 area 1
RTB(config-router)#network 199.6.13.0  0.0.0.255 area 0
RTB(config-router)#network 219.17.100.0  0.0.0.255 area 1
RTB(config)#exit
RTB#copy running-config startup-config
```

RTC 路由器的配置:

```
Router>enable
Router#configure terminal
Router(config)#hostname RTC
RTC(config)#interface FastEthernet0/0
RTC(config-if)#end
RTC#configure terminal
RTC(config)#interface FastEthernet0/0
RTC(config-if)#ip address 223.8.151.1 255.255.255.0
RTC(config-if)#no shutdown
```

```
RTC(config-if)#exit
RTC(config)#interface Serial0/0/0
RTC(config-if)#clock rate 64000
RTC(config-if)#ip address 204.204.7.1 255.255.255.0
RTC(config-if)#no shutdown
RTC(config-if)#exit
RTC(config)#interface Serial0/0/1
RTC(config-if)#ip address 199.6.13.2 255.255.255.0
RTC(config-if)#exit
RTC(config)#router ospf 1
RTC(config-router)#network 199.6.13.0 0.0.0.255 area 0
RTC(config-router)#network 204.204.7.0 0.0.0.255 area 0
RTC(config-router)#network 223.8.151.0 0.0.0.255 area 0
RTC(config)#exit
RTC#copy running-config startup-config
```

RTD 路由器的配置：

```
Router>enable
Router#configure terminal
Router(config)#hostname RTD
RTD(config)#interface FastEthernet0/0
RTD(config-if)#ip address 210.93.105.1 255.255.255.0
RTD(config-if)#no shutdown
RTD(config-if)#exit
RTD(config)#interface Serial0/0/1
RTD(config-if)#ip address 204.204.7.2 255.255.255.0
RTD(config-if)#no shutdown
RTD(config-if)#exit
RTD(config)#router ospf 1
RTD(config-router)#network 204.204.7.0 0.0.0.255 area 0
RTD(config-router)#network 210.93.105.0 0.0.0.255 area 2
RTD(config)#exit
RTD#copy running-config startup-config
```

RTE 路由器的配置：

```
Router>enable
Router#configure terminal
Router(config)#hostname RTE
RTE(config)#interface FastEthernet0/0
RTE(config-if)#ip address 210.93.105.2 255.255.255.0
RTE(config-if)#no shutdown
RTD(config-if)#exit
RTD(config)#router ospf 1
RTD(config-router)#network 210.93.105.0 0.0.0.255 area 2
RTE(config)#exit
RTE#copy running-config startup-config
```

(2) PC 地址的配置参照表 4-3 进行配置。

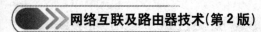

(3) 在 PC1 命令行(选择【开始】|【运行】命令，输入 CMD)使用以下命令验证连通性。

```
ping 192.5.5.2
ping 219.17.100.2
ping 223.8.151.2
ping 210.93.105.3
tracert 210.93.105.3
```

记录验证结果后，依次在 PC3、PC5、PC7、PC9 重复以上操作，并记录结果。

(4) 在 RTA 上使用以下命令查看路由器基本信息。

```
RTA#show ip route
RTA#show ip route OSPF
RTA#show ip protocols
RTA#show ip OSPF
RTA#show ip OSPF interface
RTA#show ip OSPF neighbor detail
RTA#show ip OSPF database
```

记录验证结果后，依次在 RTB、RTC、RTD、RTE 重复以上操作，记录结果。

复习自测题

一、填空题

1. 距离向量算法的优点是_____。缺点是_____、_____从而造成路由环路问题。

2. 路由环路的解决方法有_____、_____、_____、_____、_____、_____。

3. RIP 使用_____协议的_____端口进行 RIP 进程之间的通信。

4. RIP 以_____作为网络度量值。

5. RIP 采用_____或_____进行通信，其中 RIPv1 只支持_____，而 RIPv2 则支持_____。

6. RIP 的网络直径不超过_____跳，适合于中小型网络。_____跳时认为网络不可达。

7. RIPv1 是_____类路由协议，RIPv2 是_____类路由协议，即 RIPv2 的报文中含有掩码信息。

8. 链路状态路由器通过对链路状态数据库执行_____算法，从而找到以路由器自身为根的_____，即通往目的地的最佳路径，并建立 SPF 树形结构。

9. OSPF 使用_____分组直接封装 OSPF 协议报文，协议号是_____。

10. OSPF 能有效地避免路由环路，由于 OSPF 使用_____，因此从算法本身就保证了不会产生环路。

11. OSPF 是_____路由协议，报文中含有_____信息，支持变长子网掩码。

12. OSPF 使用区域_____划分，从而实现了层次化网络，减少了带宽占用。

13. OSPF 使用组播更新路由信息，减少了对不运行 OSPF 协议的设备的干扰，使用的组播地址分别是_____和_____。

14. OSPF 的骨干区域是 OSPF 的特殊区域_____(由于 OSPF 的区域号是按 IP 地址的格式，所以经常被写为区域_____)。

15. DR 的选举原则是路由器优先级_____的路由器将成为 DR。网络中的所有路由器的优先级默认为_____，最大为_____。

二、问答题

1. 距离向量算法和链路状态算法的区别是什么？
2. 配置 RIP 路由的步骤是什么？
3. 配置单区域 OSPF 路由的步骤是什么？
4. 使用 SDM 配置路由器的 OSPF 路由的步骤是什么？

第6章 局域网交换技术

随着交换机逐步取代集线器，以及诸如快速以太网和千兆位以太网等新兴以太网络标准的相继问世，网络技术领域发生了巨大变化。局域网经历了从单工到双工、从共享到交换、从低速到高速的发展历程。本章主要介绍了交换机的基本功能、工作原理、性能参数、端口连接及登录方式，并以思科 Catalyst 系列交换机为例介绍了交换机的基本配置方法。

完成本章的学习，你将能够：

● 描述交换机的基本功能、分类及其工作原理；
● 了解交换机的端口连接及配置方式与配置模式；
● 对思科交换机的基本参数进行配置。

核心概念： 以太网交换机、存储转发、多层交换、端口连接、控制台登录、远程配置、配置模式。

6.1 交换机基础

6.1.1 交换机的工作原理

在计算机网络系统中，交换概念的提出是对于共享工作模式的改进。集线器(又称 Hub)就是一种共享设备。Hub 本身不能识别目的地址，数据帧在以 Hub 为架构的网络上是以广播方式传输的，由每一台终端通过验证数据包头的地址信息来决定是否接收。也就是说，在这种工作方式下，同一时刻网络上只能传输一组数据包，如果发生碰撞就得重试。这种方式就是共享网络带宽。

交换机也叫交换式集线器，是一种工作在数据链路层的网络互联设备。它通过对信息进行重新生成，并经过内部处理后转发至指定端口，具备自动寻址能力和交换作用。由于交换机根据所传递数据包的目的地址，将每一数据包独立地从源端口送至目的端口，从而避免了和其他端口发生碰撞。

交换机拥有一条很高带宽的背部总线和内部交换矩阵。交换机的所有端口都挂接在这条背部总线上，源端口收到数据包以后，先查找内存中的 MAC 地址对照表以确定目的 MAC 地址(网卡的硬件地址)的网卡挂接在哪个端口上，通过内部交换矩阵迅速将数据包传送到目的端口。如果地址对照表中暂没有目的 MAC 与交换机端口的映射关系，则广播到除本端口以外的所有其余端口，接收端口回应后交换机会"学习"新的地址，并把它添加入内部 MAC 地址表中。

交换机和网桥一样缩小了网络的冲突域，它的一个端口就是一个单独的冲突域。在以太网中，当交换机的一个端口连接一台计算机时，虽然还是采用 CSMA/CD 介质访问控制方式，但在一个端口是一个冲突域的情况下，实际上只有一台计算机竞争线路。在数据传输时，只有源端口与目的端口间通信，不会影响其他端口，减少了冲突的发生。只要网络上的用户不同时访问同一个端口而且是全双工交换的话，就不会发生冲突了。

6.1.2　交换机的基本功能

交换机具有如下基本功能。

- 地址学习(Address Learning)：以太网交换机能够学习到所有连接到其端口的设备的 MAC 地址。地址学习的过程是通过监听所有流入的数据帧，对其源 MAC 地址进行检验，形成一个 MAC 地址到其相应端口的映射，并将此映射存放在交换机缓存中的 MAC 地址表中。
- 帧的转发和过滤(Forword/Filter Decision)：当一个数据帧到达交换机后，交换机首先通过查找 MAC 地址表来决定如何转发该数据帧。如果目的地址在 MAC 地址表中有映射时，它就被转发到连接目的节点的端口，否则将数据帧向除源端口以外的所有端口转发。
- 环路避免(Loop Avoidance)：当交换机包括一个冗余回路时，以太网交换机通过生成树协议(Spanning Tree Protocol)避免回路的产生，防止数据帧在网络中不断循环的现象发生，同时允许存在后备路径。

交换机除了能够连接同种类型的网络之外，还可以在不同类型的网络(如 10 兆位以太网和快速以太网)之间起到互联作用。目前许多交换机都能够提供支持快速以太网或 FDDI 等高速连接端口，用于连接网络中的其他交换机或者为带宽占用量大的关键服务器提供附加带宽。

6.1.3　交换机的分类

由于交换机所具有许多优越性，所以它的应用和发展速度远远高于集线器。出现了各种类型的交换机，主要是为了满足各种不同应用环境需求。本小节介绍当前交换机的一些主流分类。

1. 根据交换机的端口结构划分

如果按交换机的端口结构来分，则交换机大致可分为固定端口交换机和模块化交换机两种不同的结构。其实还有一种是两者兼顾，那就是在提供基本固定端口的基础上再配备一定的扩展插槽或模块。

(1) 固定端口交换机。

顾名思义，固定端口交换机所具有的端口数量是固定的，如果是 8 口的，就只能有 8 个端口，不能再扩展。目前这种固定端口的交换机比较常见，一般标准的端口数有 8 口、16 口、24 口和 48 口等。

固定端口交换机虽然相对来说价格便宜一些，但由于它只能提供有限的端口和固定类型的接口，因此无论从可连接的用户数量上，还是从可使用的传输介质上来说都具有一定的局限性，但这种交换机在工作组中应用较多，一般适用于小型网络和桌面交换环境。

(2) 模块化交换机。

模块化交换机在价格上要比固定端口交换机贵很多，但它拥有更大的灵活性和可扩充性，用户可任意选择不同数量、不同速率和不同接口类型的模块，以适应千变万化的网络需求。而且，模块式交换机大多有很强的容错能力，支持交换模块的冗余备份，并且往往配有可热插拔的双电源,以保证交换机的电力供应。在选择交换机时,应按照需要和经费综合考虑选择模块式或固定方式。一般来说,核心层交换机应考虑其扩充性、兼容性和排错性,因此应当选用模块化交换机;而接入层交换机则由于任务较为单一,故可采用简单的固定式交换机。

2. 根据交换机的应用层次划分

根据交换机应用层次的不同我们可以将交换机划分为接入层交换机、汇聚层交换机和核心层交换机。

(1) 接入层交换机。

接入层交换机(也称工作组交换机)通常为固定配置,拥有 24~80 口的 100Base-TX 以太网口,用于实现普通计算机的网络接入。同时,往往拥有 1~2 个 1000Mbps 端口或插槽,用于实现与汇聚层交换机连接。例如思科 Catalyst 2960 系列交换机通常用作接入层交换机。

(2) 汇聚层交换机。

汇聚层交换机(也称部门交换机)是面向楼宇或部门接入的交换机,用于将接入层交换机连接在一起,并且实现与核心层交换机的连接。汇聚层交换机可以是固定配置,也可以是模块配置,一般有光纤接口。支持基于端口的 VLAN,可实现端口管理,对流量进行控制。例如思科 Catalyst 4900 系列交换机通常用作汇聚层交换机。

(3) 核心层交换机。

核心层交换机(也称中心交换机)全部采用模块化结构,可作为网络骨干构建高速局域网。核心层交换机可以提供用户化定制、优先级队列服务和网络安全控制,并能很快适应数据增长和改变的需要,从而满足用户的需求。例如思科 Catalyst 6500 系列交换机通常用作核心层交换机。

3. 根据传输协议标准划分

根据交换机使用的网络传输协议的不同我们一般可以将局域网交换机分为以太网交换机、快速以太网交换机、千兆位以太网交换机、万兆位以太网交换机、FDDI 交换机、ATM 交换机和令牌环交换机等。

(1) 以太网交换机。

首先要说明的一点是,这里所指的"以太网交换机"是指带宽在 100Mbps 以下的以太网所用的交换机。下面我们还将讲到的"快速以太网交换机"、"千兆位以太网交换机"和"万兆位以太网交换机"其实也是以太网交换机,只不过它们所采用的协议标准或者传输介质不同,当然其接口形式也可能不同。

以太网交换机是最普遍和便宜的,它的档次比较齐全,应用领域也非常广泛,在大大小小的局域网中都可以见到它们的踪影。以太网包括 RJ-45、BNC 和 AUI 三种网络接口。所用的传输介质分别为双绞线、细同轴电缆和粗同轴电缆。一般是在 RJ-45 接口的基础上为了兼顾同轴电缆介质的网络连接而配上 BNC 或 AUI 接口。

(2) 快速以太网交换机。

快速以太网交换机是用于 100Mbps 快速以太网。快速以太网是一种在普通双绞线或者光纤上实现 100Mbps 传输带宽的网络技术。要注意的是,一讲到快速以太网就认为全都是纯正 100Mbps 带宽的端口，事实上目前基本上还是以 10/100Mbps 自适应型的为主。一般来说这种快速以太网交换机通常所采用的传输介质也是双绞线，其接口类型为 100Base-TX 双绞线端口；有的快速以太网交换机为了兼顾与其他光传输介质的网络互联，或许会配有少量的 100Base-FX 光纤接口。

(3) 千兆位以太网交换机。

千兆位以太网交换机用于 1000Mbps 的以太网中，它的带宽可以达到 1000Mbps。它一般用于一个大型网络的骨干网段，所采用的传输介质有光纤、双绞线两种，对应的接口有光纤接口和 RJ-45 接口两种。千兆位以太网交换机既有固定配置交换机，也有模块化交换机，通常用于汇聚层或核心层。

(4) 万兆位以太网交换机。

万兆位以太网交换机主要是为了适应当今 10 千兆位以太网络的接入，它采用的传输介质为光纤，其接口方式也就相应为光纤接口。万兆位以太网交换机拥有 10Gbps 以太网端口或插槽，既有固定配置交换机，也有模块化交换机，通常用于汇聚层或核心层。

(5) ATM 交换机。

ATM 交换机是用于 ATM 网络的交换机产品。ATM 网络的传输介质一般采用光纤，接口类型同样一般有以太网 RJ-45 接口和光纤接口两种，这两种接口适合与不同类型的网络互联。相对于物美价廉的以太网交换机而言，ATM 交换机的价格是很高的，所以在普通局域网中很少见到。

(6) FDDI 交换机。

FDDI 技术是在快速以太网技术还没有开发出来之前开发的，主要是为了解决当时 10Mbps 以太网和 16Mbps 令牌网速度的局限。因为它的传输速率可达到 100Mbps，所以在当时还是有一定市场。但由于采用了光纤作为传输介质，比以双绞线为传输介质的网络成本高出许多，所以随着快速以太网技术的成功开发，FDDI 技术也就失去了它应有的市场。

4. 根据交换机工作的协议层划分

网络设备都工作在 OSI/RM 模型的一定层次上。交换机根据工作的协议层可分第二层交换机、第三层交换机和第四层交换机。

(1) 第二层交换机。

第二层交换机工作在 OSI/RM 模型的第二层——数据链路层。这种交换机依赖于数据链路层中的信息(如 MAC 地址)完成不同端口间数据的快速交换，主要功能包括物理编址、错误校验、帧序列以及数据流控制等。这是最原始的交换技术产品，目前桌面型交换机一般都属于这种类型。因为桌面型的交换机一般来说所承担的工作复杂性不是很强，又处于网络的最低层，所以就只需要提供最基本的数据链接功能即可。需要说明的是，所有的交换机在协议层次上来说都是向下兼容的，也就是说所有的交换机都能够工作在第二层。接入层交换机通常全部采用第二层交换机。思科 Catalyst 2950、2960 系列交换机均为第二层交换机。

(2) 第三层交换机。

第三层交换机可以工作在网络层，它比第二层交换机功能更强。这种交换机因为工作于 OSI/RM 模型的网络层，所以它具有路由功能。当网络规模较大时，可以根据特殊应用需求划分为小而独立的 VLAN 网段，以减小广播所造成的影响。通常这类交换机是采用模块化结构，以适应灵活配置的需要。在大中型网络中，核心层交换机通常都由第三层交换机充当，某些网络应用复杂的汇聚层交换机也可以选用第三层交换机。思科 Catalyst 3550、3560、3750 系列交换机均为第三层交换机。

(3) 第四层交换机。

第四层交换机工作于 OSI/RM 模型的第四层，即传输层。这种交换机不仅可以完成端到端的交换，还能根据端口主机的应用特点来确定或限制它的交换流量。简单地说，第四层交换机基于传输层数据包的交换过程，是一类基于 TCP/IP 应用层的用户应用交换需求的新型局域网交换机。第四层交换机支持 TCP/UDP 第四层以下的所有协议，可根据 TCP/UDP 端口号来区分数据包的应用类型，从而实现应用层的访问控制和服务质量保证。它可以查看第三层数据包头源地址和目的地址的内容，可以通过基于观察到的信息采取相应的动作，实现带宽分配、故障诊断和对 TCP/IP 应用程序数据流进行访问控制的关键功能。第四层交换机通过任务分配和负载均衡优化网络，并提供详细的流量统计信息和记账信息，从而在应用的层级上解决网络拥塞、网络安全和网络管理等问题，使网络具有智能和可管理的特性。思科 Catalyst 4500、4900 和 6500 系列交换机都支持第四层交换技术。

5. 根据是否支持网管功能划分

按照是否支持网络管理功能，可以将交换机分为"网管型"和"非网管型"两大类。

网管型交换机提供了基于终端控制台(Console)、Web 页面以及支持 Telnet 远程登录网络等多种网络管理方式，因此网络管理人员可以对该交换机的工作状态、网络运行状况进行本地或远程实时监控。网管型交换机支持 SNMP 等网管协议。SNMP 由一整套简单的网络通信规范组成，可以完成所有基本的网络管理任务，对网络资源的需求量少，具备一些安全机制。SNMP 的工作机制非常简单，主要通过各种不同类型的消息，即 PDU(协议数据单位)实现网络信息的交换。

6.1.4 交换机的转发方式

以太网交换机转发数据帧有三种交换方式，如图 6-1 所示。

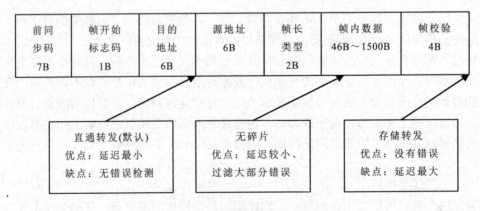

图 6-1　三种交换方式的比较

1. 直通转发(Cut-Through)

交换机在输入端口检测到一个数据帧时，检查该帧的帧头，只要获取了帧的目的地址，就开始转发帧。它的优点是：开始转发前不需要读取整个完整的帧，延迟非常小，交换非常快。它的缺点是：因为数据帧的内容没有被交换机保存下来，所以无法检查所传送的数据帧是否有误，不能提供错误检测能力。直通转发技术适用于网络链路质量较好、错误数据包较少的网络环境。

2. 存储转发(Store-and-Forward)

存储转发技术要求交换机在接收到全部数据包后再决定如何转发。这样一来，交换机可以在转发之前检查数据包的完整性和正确性，把错误帧丢弃(如果它太短而小于64B；或者太长而大于1518B；或者数据传输过程中出现了错误，都将被丢弃)，最后才取出数据帧的源地址和目的地址，查找地址表后进行过滤和转发。其优点是没有残缺数据包转发，减少了潜在的不必要数据转发。其缺点是转发速率比直通转发技术慢。所以，存储转发技术比较适应于普通链路质量的网络环境。

3. 无碎片(Fragment-Free)

这是改进后的直通转发，是介于前两者之间的一种解决方法。由于在正常运行的网络中，冲突大多发生在64B之前，所以无碎片方法在读取数据帧的前64B后，就开始转发该帧。这种方式也不提供数据校验，它的数据处理速度虽然比直接转发方式慢，但比存储转发方式快许多。

从三种转换方式可以看出，交换机的数据转发延迟和错误率取决于采用何种交换方法。存储转发的延迟最大，无碎片次之，直通转发最小；然而存储转发的帧错误率最小，无碎片次之，直接转发最大。在采用何种交换方法上，需要全面考虑。现在交换机可以做到在正常情况下采用直通转发方式，而当数据的错误率达到一定程度时，自动转换到存储转发方式。

6.1.5 交换机的主要技术参数

局域网交换机是组成网络系统的核心设备。对用户而言，局域网交换机最主要的指标是数据交换能力、端口的配置和包转发速率等。下面对交换机的主要技术参数进行介绍。

1. 转发方式

转发方式分为直通转发、存储转发和无碎片转发三种。由于不同的转发方式适用于不同的网络环境，因此应当根据应用的需要进行选择。

2. 背板带宽

由于所有端口间的通信都需要通过背板完成，所以背板带宽标志着交换机总的数据交换能力。背板带宽越高，负载数据转发的能力越强。在以背板总线为交换通道的交换机上，任何端口接收的数据，都将放到总线上并由总线传递给目标端口。这种情况下背板带宽就是总线的带宽。模块化的交换机一般采用交换矩阵，此时背板带宽实际上指的是交换矩阵的总吞吐量。

3．包转发速率

包转发速率又称为吞吐量，它体现了交换引擎的转发性能。目前，最流行的交换机称为线速交换。所谓线速交换，是指交换速度达到传输线路上的数据传输速度，能够最大限度消除交换瓶颈。实现线速交换的核心是 ASIC 技术，用硬件实现协议解析和包转发，而不是传统的软件处理方式。

4．MAC 地址表大小

交换机能够记住连接到各端口设备的网卡的物理地址(即 MAC 地址)，以便实现快速的数据转发。MAC 地址表越大，能够记住的设备物理地址越多，越便于快速转发。例如对于一个 2K 地址空间的交换机，可以支持 2048 个 MAC 地址，也就是说，通过交换机端口连接其他 Hub 或交换机来扩展连接时，最多可连接 2048 个计算机或网络设备。

5．延时

交换机延时是指从交换机接收数据包到开始向目的端口复制数据包之间的时间间隔。延时越小，数据的传输速率越快，网络的效率也就越高。由于采用存储转发技术的交换机必须要等待完整的数据包接收完毕后才开始转发数据包，所以它的延时与所接收数据包的大小有关。数据包越大，则延时越长；反之，数据包越小，则延时越短。

6．VLAN 支持

通过将局域网划分为多个 VLAN，可以减少不必要的数据广播。同时通过 VLAN 划分技术可以灵活地将网络按照管理功能划分成多个虚拟的网络，从而突破了地理位置的限制，增强了网络的灵活性和安全性。随着 VLAN 技术的广泛应用，交换机的 VLAN 支持能力也成为选购的重要性能参数。

7．管理功能

交换机的管理功能是指交换机如何控制用户访问交换机，以及用户对交换机的可视程度如何。通常，交换机厂商都提供管理软件或满足第三方管理软件远程管理交换机。一般的交换机满足 SNMP MIB-I/MIB-II 统计管理功能，而复杂一些的交换机会增加通过内置 RMON 组来支持 RMON 主动监视功能。有的交换机还允许外接 RMON 监视可选端口的网络状况。

8．扩展树

由于交换机实际上是多端口的透明桥接设备，所以交换机也有桥接设备的固有问题——"拓扑环"(Topology Loop)问题。当某个网段的数据包通过某个桥接设备传输到另一个网段，而返回的数据包通过另一个桥接设备返回源地址。这个现象就叫"拓扑环"。一般来说，交换机采用扩展树(Spanning Tree，也称生成树)协议算法让网络中的每一个桥接设备相互知道，自动防止拓扑环现象。交换机通过将检测到的"拓扑环"中的某个端口断开，达到消除"拓扑环"的目的，维持网络中的拓扑树的完整性。在网络设计中，"拓扑环"常被推荐用于关键数据链路的冗余备份链路选择。所以，带有扩展树协议支持的交换机可以用于连接网络中关键资源的交换冗余。

以上是交换机的主要性能技术参数。在选购交换机时，除了要考虑上述性能参数外，还必须考虑交换机的端口数(一般为 8 的倍数)、是否配有级联端口、所支持的端口类型等因素。

6.2 交换机的端口与连接

6.2.1 交换机的端口类型

交换机的主要功能就是用于连接各种网络设备(如路由器、防火墙和其他的交换机等)以及终端设备(如计算机、网络打印机、网络摄像头等)，从而实现相互之间的通信。由于网络环境和网络需求非常复杂，所以交换机的端口类型也多种多样。目前使用的交换机端口一般可分为双绞线端口、光纤端口、GBIC 模块与插槽、SFP 模块与插槽和 10GE 模块与插槽。

1. 双绞线端口

双绞线端口是应用最多的端口类型。其优点是价格低廉、连接简单、传输速率高，同时具有自适应的特点，可以智能地判断对端设备的传输速率和工作模块，自动进行协商，建立所能达到的最高传输速率。其缺点是传输距离较短(100Mbps 和 1000Mbps 的网络只能传输 100m)、抗干扰能力差。

10/100Mbps 自适应(100Base-TX)双绞线端口用于实现与普通计算机和网络终端的连接，该类端口要求使用五类以上的非屏蔽双绞线(UTP)进行连接。10/100/1000Mbps 自适应(1000Base-T)双绞线端口常用于实现与其他交换机的级联，也可用于连接网络服务器。该类端口要求使用超五类或六类非屏蔽双绞线进行连接。

注意： 100Base-TX 和 1000Base-T 端口在外观上没有什么区别，必须借助交换机上的端口标记才能区分。

2. 光纤端口

光纤网络具有传输距离远、抗电磁干扰能力强和传输速率高的优点。IEEE 802.3u 和 IEEE 802.3z 分别定义了快速以太网的 100Base-FX 和千兆以太网的 1000Base-LX、1000Base-SX、1000Base-ZX 和 1000Base-LH 等光纤通信标准，其所对应的光纤端口，分别可以实现 100Mbit/s 和 1000Mbit/s 的远程连接。

注意： 与 1000Base-T 不同，1000Base-LX、1000Base-SX、1000Base-ZX 和 1000Base-LH 均不能支持自适应，不同速率和双工工作模式的端口无法连接和通信。因此要求相互连接的光纤端口必须拥有完全相同的传输速率和双工工作模式，既不可将 1000Mbps 的光纤端口与 100Mbps 的光纤端口连接在一起，也不可将全双工工作模式的光纤端口与半双工工作模式的光纤端口连接在一起，否则，将导致连接故障。

3. 1GE 模块与插槽

1GE 模块与插槽包括 GBIC 模块与插槽和 SFP 模块与插槽。

（1）GBIC 模块与插槽。

GBIC(Gigabit Interface Converter)是一个具有通用性且成本较低的千兆以太网连接标准，用于提供交换机与其他设备之间的高速连接。借助不同的 GBIC 模块，既可建立高密度端口的堆叠，又可实现与服务器或者远程主干网络的高速连接，因此，拥有很大的灵活性。

GBIC 模块分为两大类，一类是级联使用的 GBIC 模块，主要包括 1000Base-T、1000Base-LX/LH、1000Base-SX 和 1000Base-ZX 等四种，用于实现与其他交换机的普通连接；另一类是堆叠 GBIC 模块，用于实现交换机之间的千兆连接，使交换机的管理更简单，连接更高效。图 6-2 所示为常见的两种 GBIC 模块。

1000Base-T GBIC 模块　　　　　　1000Base-SX GBIC 模块

图 6-2　GBIC 模块

（2）SFP 模块与插槽。

SFP(Small Form-factor Pluggable)可以简单地理解为 GBIC 的升级版本。目前，SFP 正在逐步取代 GBIC 成为新的千兆位以太网接口标准。

SFP 插槽如图 6-3 所示，所占用的空间比 GBIC 模块减少一半，而在功能上与 GBIC 基本一致，只是体积微型化，因此，也被称为小型化 GBIC(Mini-GBIC)。

SFP 模块的类型与 GBIC 相似，也可分别应用于双绞线如图 6-4 所示，和光纤如图 6-5 所示，从而使网络连接变得更加灵活。

SFP 插槽

图 6-3　SFP 插槽　　　图 6-4　1000Base-T SFP 模块　图 6-5　1000Base-SX SFP 模块

4．10GE 模块与插槽

10Gbit/s 端口是目前速度最快、价格最昂贵的端口，因此，10Gbps 端口通常用于实现

高职高专立体化教材　计算机系列

重点业务的汇聚层交换机与核心层交换机之间的连接。10Gbps 端口通常借助于不同标准的插槽和模块实现，主要包括 XENPAK、X2、XFP 和 SFP＋等四种。其中，XENPAK 是面向万兆以太网的第一代模块，X2 是 XENPAK 模块的改进版，目前应用最普遍，在思科 Catalyst 3560-E、3750-E 和 4900、6500-E 等系列中，X2 插槽被大量应用。SFP+(Small Form-factor Pluggable Plus)是用于 10Gbps 以太网的最新可插拔模块，它与 SFP 模块采用相同尺寸，能够与旧的 SFP 模块在同样的插槽中工作。相对于其他模块，SFP＋具有体积小、成本低、电源功耗低的优势，可用于替代目前的 XFP、XENPAK 和 X2 等万兆模块。

6.2.2 跳线

网络设备之间的连接都是借助跳线实现的。跳线主要分为双绞线跳线和光纤跳线两类，分别应用于不同的布线系统。

1．双绞线跳线

双绞线跳线用于连接双绞线端口，如图 6-6 所示。100Mbit/s 端口之间的连接，可以使用五类或超五类非屏蔽双绞线制作的跳线，而 1000Mbit/s 端口，则应使用六类非屏蔽双绞线跳线，以避免因跳线的电磁性能不达标而影响网络通信质量。

双绞线跳线有两种不同的类型，即直通线和交叉线，其适用场合及制作标准详见本书 2.2.2 小节。

2．光纤跳线

光纤跳线用于连接两端设备的光纤端口，其两端是光纤连接器，中间是 3～5 米左右的光纤，如图 6-7 所示。由于光纤端口的种类较多，所以只有选择与之相适应的连接器，才能实现设备间的连接。

图 6-6　双绞线跳线　　　　　　　　图 6-7　光纤跳线

目前常用的光纤连接器主要有 LC、FC、SC、ST 和 MT-RJ 等型号，各型光纤连接器如图 6-8(a)～(e)所示。

光纤跳线有单模和多模之分。交换机光纤端口、跳线都必须与综合布线时使用的光纤类型相一致，即：如果综合布线时使用的是多模光纤，那么交换机的光纤端口就必须执行 1000Base-SX 标准，同时使用多模光纤跳线；如果综合布线时使用的是单模光纤，那么交换机的光纤端口就必须执行 1000Base-LX/LH 标准，同时使用单模光纤跳线。

(a) LC 型光纤连接器

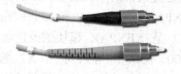

(b) FC 型光纤连接器

(c) SC 型光纤连接器

(d) ST 型光纤连接器

(e) MT-RJ 型光纤连接器

图 6-8　各型光纤连接器

6.2.3　交换机的连接

将两台或以上交换机相互连接在一起有两种方式，一种是级联方式，另一种是堆叠方式。具体方式的采用取决于交换机的型号、端口类型与传输介质等因素。

1. 交换机的级联

(1) 光纤端口的连接。

光纤主要被用于核心层交换机与汇聚层交换机之间的连接，或被用于汇聚层交换机之间的级联。需要注意的是，光纤端口均不支持堆叠方式，只能被用于级联。

所有交换机的光纤端口都是两个，分别是一收一发，对应的光纤跳线也必须是两根。当交换机通过光纤端口级联时，必须采用交叉连接方式，即将光纤跳线两端的收、发对调，当一端接"收"时，另一端接"发"。如果光纤跳线两端均接"收"或"发"，则该端口的 LED 指示灯不亮，表示该连接为失败。如图 6-9 所示。

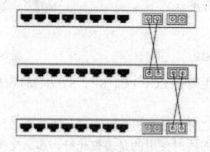

图 6-9　光纤端口的级联

(2) 双绞线端口的连接。

交换机之间的级联也可通过双绞线端口进行连接。当相互级联的两个端口分别为普通端口和 Uplink 端口时，应当使用直通电缆；当相互级联的两个端口均为普通端口时，则应当使用交叉电缆。如图 6-10(a)、(b)所示。

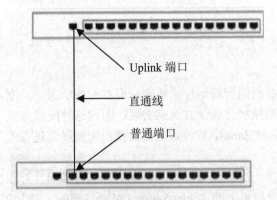
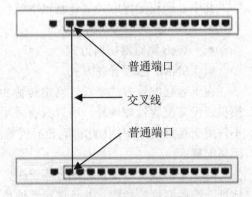

(a) 利用直通线通过 Uplink 端口级联交换机　　　　(b) 利用交叉线通过普通端口级联交换机

图 6-10　双绞线端口的连接方式

2．交换机的堆叠

交换机的堆叠是借助专用的堆叠电缆，通过交换机的背板连接起来。堆叠后的带宽是单一交换机端口速率的几十倍。堆叠不仅需要使用专门的堆叠电缆，而且需要专门的堆叠模块，如思科 GBIC GigaStack。另外，同一堆叠中的交换机必须是同一品牌，否则无法堆叠。

一个堆叠的若干台交换机方式，逻辑上可视为对一台交换机进行统一配置和管理，将三台 48 口的交换机堆叠在一起，效果就像是一个 144 口的交换机在工作，只需赋予其一个 IP 地址，即可通过该 IP 地址对所有的交换机进行管理，从而大大提高了管理效率。

不同品牌和型号的交换机支持不同的堆叠方式。如思科 Catalyst 2950、3550 交换机支持 GigaStack 堆叠方式，思科 Catalyst 3750/3750G 支持 StackWise 堆叠方式等。图 6-11 所示为思科的 GigaStack 菊花链式堆叠方式，它将交换机一个一个串接起来，每台交换机都只与相邻的交换机进行连接。

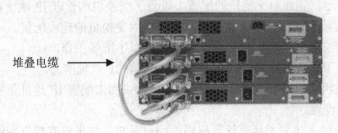

图 6-11　菊花链式堆叠方式

6.3　交换机配置

6.3.1　配置交换机的方式

对交换机进行配置有以下两种常见方式。

- 本地控制台登录方式。
- 远程配置方式。

其中，远程配置方式又包括以下三种：

- Telnet 远程登录方式。
- Web 浏览器访问方式。
- SNMP 远程管理方式。

由于远程配置方式要通过网络传输和交换机的管理地址来实现，而在初始状态下，交换机还没有配置管理地址，所以只有采用本地控制台登录方式来实现。因为这种配置方式不占用交换机的带宽，因此称为带外管理(Out of Band)，其特点是需要使用配置线缆进行近距离配置。

为了方便地实现交换机的远程管理，在第一次配置交换机时，我们可以为其配置管理地址、设备名称等参数，并且选择性地启用交换机上的 Telnet Server、Web Server、SNMP Agent 等服务，以便启用远程配置方式进行管理。

1．本地控制台登录方式

与路由器一样，可进行网络管理的交换机上一般都提供了一个专门用于管理设备的接口(Console 端口)，需要使用一条特殊的线缆连接到计算机的串行接口。计算机利用超级终端程序进行登录和配置。

不同类型的交换机 Console 端口所处的位置不相同，通常模块化交换机大多位于前面板，而固定端口交换机则大多位于后面板。在该端口的上方或侧方都会有类似"Console"字样的标识。通常情况下，在交换机的包装箱中都会随机赠送一条 Console 线和相应的 DB-9 或 DB-25 适配器。无论交换机采用 DB-9 或 DB-25 串行接口，还是采用 RJ-45 接口，都需要通过专门的 Console 线连接至配置用计算机(通常称为终端)的串行接口上。

交换机本地控制台登录的配置过程与路由器大致相同，请读者参考本书 3.1.1 小节的相关介绍。

2．通过 Telnet 对交换机进行远程管理

在首次通过 Console 端口完成对交换机的配置，设置了交换机的管理 IP 地址和登录密码后，就可通过 Telnet 协议来连接登录交换机，从而实现对交换机的远程配置。

在使用 Telnet 连接至交换机之前，应当确认已经做好以下准备工作。

(1) 在用于管理的计算机中安装 TCP/IP 协议，并配置好 IP 地址信息。

(2) 在被管理的交换机上已经配置好 IP 地址信息。如果尚未配置 IP 地址信息，则必须通过 Console 端口进行设置。

(3) 在被管理的交换机上建立了具有管理权限的用户账户。如果没有建立新的账户，则 Cisco 交换机默认的管理员账户为 admin。

假设交换机的管理 IP 地址为 192.168.168.3，进入 Windows 的 MS-DOS 方式，在 DOS 命令行输入并执行命令"telnet 192.168.168.3"，与交换机建立连接后将要求用户输入 telnet 登录密码，校验成功后即可登录交换机，出现交换机的命令行提示符，如图 6-12 所示。

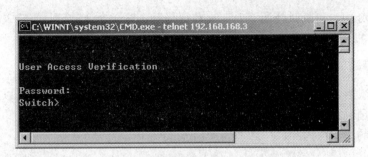

图 6-12　远程登录交换机的界面

3．通过 Web 浏览器的方式进行远程管理

目前多数可网管交换机都提供了 Web 管理方式。这种方式就像访问 WWW 服务器那样，在 Web 浏览器的地址栏输入"http://交换机的管理地址"，此时将弹出用户认证对话框，输入拥有管理权限的用户账号与密码，之后就可进入交换机的管理页面，对交换机的参数进行修改和设置，并可实时查看交换机的运行状态。

在利用 Web 浏览器管理交换机之前，应当确认已经做好以下准备工作。

(1)　用于管理的计算机与交换机都配置好了 IP 地址信息。

(2)　用于管理的计算机中安装有支持 Java 的 Web 浏览器，一般 IE 4.0 或 Netscape 4.0 及以上版本都支持。

(3)　在被管理的交换机上建立了拥有管理权限的用户账户与密码。

(4)　被管理的交换机的操作系统支持 HTTP 服务，并且已经启用了该服务。

6.3.2　交换机的配置模式

Cisco IOS 提供了用户模式与特权模式两种基本的命令执行级别，同时还提供了全局配置和特殊配置等配置模式。其中特殊配置模式又分为接口配置、Line 配置、VLAN 配置等多种类型，以允许用户对交换机进行全面的配置与管理。

1．用户模式

当用户通过交换机的控制台端口或 Telnet 登录到交换机时，此时所处的命令执行模式就是用户模式。在该模式下，可以简单查看交换机的软、硬件版本信息，并进行简单的测试，但不能更改配置文件。

用户模式的提示符是：

```
Switch>
```

其中：Switch 是主机名，在该模式下直接输入"？"并按 Enter 键，可获得该模式下可允许执行的命令清单及相关说明。如：

```
Switch> ?
```

若要获得某一命令的进一步帮助信息，可在命令之后，加"？"。如：

```
Switch>show ?
```

在思科 IOS 中，可随时使用"？"来获得帮助。输入命令时可只需输入命令的前几个字符，然后用 Tab 键自动补齐。

2. 特权模式

在用户模式下，执行 enable 命令，将进入到特权模式。在该模式下可以对交换机的配置文件进行管理，查看交换机的配置信息，进行网络测试与调试等。

特权模式的提示符为：

```
Switch#
```

在该模式下直接输入"？"并按 Enter 键，可获得该模式下可允许执行的命令清单及相关说明。返回用户模式，可执行 exit 或 disable 命令，重新启动交换机可执行 reload 命令。

3. 全局配置模式

在特权模式下，执行 configure terminal 命令，即可进入到全局配置模式。该模式下可以配置交换机的全局性参数(如主机名、登录信息等)。

全局配置模式的提示符为：

```
Switch(config)#
```

例如，若要设置交换机的名称为 st1，则可使用 hostname 命令来设置，其配置命令为：

```
Switch(config)#hostname  st1
St1(config)#
```

从全局配置模式返回特权模式，执行 exit、end 命令或按 Ctrl+Z 快捷键。

4. 接口配置模式

在全局配置模式下，执行 interface 命令，即进入接口配置模式。在该模式下，可对选定的接口进行配置，并且只能执行配置交换机端口的命令。

接口配置模式的提示符为：

```
Switch (config-if)#
```

例如，若要设置思科 Catalyst 2960 交换机的 0 号模块上的第 1 个快速以太网端口的通信速率为 100M，并采用全双工方式，则配置命令为：

```
Switch(config)# interface  fastethernet 0/1
Switch(config-if)# speed  100
Switch(config-if)# duplex  full
```

从接口配置模式退回全局配置模式，执行 exit 命令。如要退回特权模式，则执行 end 命令或按 Ctrl+Z 快捷键。

5. Line 配置模式

在全局配置模式下，执行 line vty 或 line console 命令，将进入 Line 配置模式。该模式主要用于对虚拟终端(vty)和控制台端口进行配置。

Line 配置模式的命令行提示符为：

```
Switch(config-line)#
```

从 Line 配置模式退回全局配置模式，执行 exit 命令；如要退回特权模式，则执行 end 命令或按 Ctrl+Z 快捷键。

6. VLAN 配置模式

在特权模式下执行 vlan database 配置命令，即可进入 VLAN 配置模式，在此模式下可实现对 VLAN 的创建、修改或删除等配置操作。

VLAN 配置模式的命令行提示符为：

```
Switch(vlan)#
```

退出 VLAN 配置模式，返回到特权模式，可执行 exit 命令。

6.3.3 基于 IOS 的交换机的常用配置命令

思科交换机和路由器一样也采用 IOS，所以交换机的很多基本配置(例如口令、主机名等)和路由器是类似的。本小节介绍交换机的常用配置命令。

1. 配置交换机主机名

```
Switch(config)#hostname  switch2960
!设置主机名为 switch2960
switch2960(config)#
```

2. 设置管理地址及相关口令

(1) 管理地址的设置。

```
Switch(config)# interface  vlan  1
!进入 vlan 1 接口配置模式
Switch(config-if)# ip address  192.168.1.3  255.255.255.0
!设置 IP 地址和网络掩码
switch(config-if)# ip default-gateway  192.168.1.1
!设置默认网关
```

注意：若不设置默认网关地址，则无法实现跨网段 Telnet 登录配置。

(2) 控制台登录口令的设置。

交换机的 Console 端口的编号为 0，通常需要利用该端口进行本地登录，以实现对交换机的配置和管理。为安全起见，应为该端口的登录设置密码。配置命令为：

```
Switch(config)# line console 0
!进入控制端口的 Line 配置模式
Switch(config-line)# password  abcde
!设置本地登录密码 abcde
Switch(config-line)# login
!使密码生效
Switch(config-line)# end
!返回特权模式
```

```
Switch#
```

(3) 远程登录口令设置。

交换机支持多个虚拟终端，一般为 16 个(0～15)。设置了密码的虚拟终端，就允许远程登录；没有设置密码的，则不能进行远程登录。例如如果对 0～3 条虚拟终端线路设置了登录密码，则交换机就允许同时有 4 个 Telnet 登录连接，其配置命令为：

```
Switch(config)# line vty 0 3
!对 0～3 条虚拟终端线路进行设置
Switch(config-line)# password addsee2
!设置远程登录密码为：addsee2
Switch(config-line)# login
!使密码生效
Switch(config-line)# end
!返回特权模式
Switch#
```

(4) 特权模式口令设置。

```
Switch(config)# enable password  mingmi
!设置特权模式密码为mingmi
Switch(config)# enable secret  mingmi
!设置特权模式密码为：mingmi
```

两者的区别在于：第一种方式下所设置的密码是以明文方式存储的，在 show run 命令中可见；第二种方式所设置的密码是以加密方式存储的，在 show run 命令中不可见。建议使用第二种方式设置特权模式口令。

3. 配置交换机接口类型

交换机接口类型分为 Ethernet(10Mbps)、Fast Ethernet(10/100Mbps)、GigabitEthernet 几种类型。在实际配置接口时，交换机接口的类型一定要写正确。一般可先用 show vlan 查看一下各接口的类型。在实际配置时，各接口类型可用前 3 个字符缩写。例如要配置 GigabitEthernet 第一个模块的第一个接口的命令为：

```
Switch(config)# interface  gig1/1
```

4. 配置接口描述、速度、双工模式

在交换机上有很多接口，在管理上可为交换机的每端口设置一个名字，方便记忆。可使用 description 命令来描述各个接口，其命令格式为：

```
Switch(config)# description  string
```

以太网交换机的双工模式可以设定为全双工或半双工(默认为半双工)，接口的速度和双工模式一般设置为自适应，这需要另一端设备也要配置为自适应。但是在千兆位以太网口(1000Base-T)上，不能将接口速度设置为自适应，只能设置为 1000，双工模式设置为全双工。

duplex 命令用来配置接口的双工模式，其命令格式为：

```
Switch(config-if)# duplex { auto | full | half }
```

其中：full 表示全双工，half 表示半双工，auto 表示自动检测双工模式。

speed 命令用来配置交换机的接口速度，其命令格式为：

```
Switch(config-if)# speed { 10 | 100 | 1000 | auto }
```

上述命令均在接口模式下使用，请看示例：

```
Switch(config)# interface gig1/1
!进入 gig1/1 接口配置模式
Switch(config-if)# description test
!接口描述名为 test
Switch(config-if)# duplex full
!接口模式为全双工
Switch(config-if)# speed 1000
!接口速率为 1000Mbps
```

5. 启用接口

交换机端口默认设置为关闭(Shutdown)，启用时配置命令如下：

```
switch(config)# interface gig1/1
!进入 gig1/1 接口配置模式
switch(config-if)# no shutdown
!启用接口
```

6. 配置提示信息

使用提示信息可以为用户登录到交换机上提供一些相关的提示。

(1) 日期消息。

可以给通过 Telnet、辅助接口或使用控制台接口登录到交换机上的用户设置每日提示信息。方法如下：

```
switch(config)# banner motd #
!输入命令
Enter TEXT message. End with the character "#".
Happy new day!
switch(config)# end
!退出全局模式
switch# logout
!退出登录状态
```

重新登录后会出现：

```
Happy new day!
User Access Verification
Password:
Switch>
```

(2) 登录信息。

可以设置每次登录时的提示信息。方法如下：

```
switch(config)# banner login #
```

```
Enter  TEXT  message. End with the character "#".
This  is  a  cisco  switch
switch(config)# end
switch# logout
```

重新登录后会出现:

```
Happy  new  day!
This is a cisco switch
User Access Verification
Password:
Switch>
```

7. 保存配置信息

在交换机上配置的文件(当前配置文件 running-config)首先保存在 DRAM 中,当交换机断电时信息将丢失,所以配置好交换机后必须将配置文件保存到 NVRAM 中,文件名为 startup-config。

保存配置信息命令如下:

```
switch# write  memory
```

或:

```
switch# copy  running-config   startup-config
```

删除配置信息命令如下:

```
switch# erase   running-config
!删除交换机的当前配置文件
switch# erase   startup-config
!删除交换机的保存配置文件
```

8. 显示配置信息

可使用 show 命令来显示交换机的相关配置信息并验证其相关配置,常用的显示命令有:

(1) 显示交换机某接口信息。

若要查看某一端口的工作状态和配置参数,可使用 show interface 命令,其格式为:

```
switch# show interface iftype mod/port
```

其中:iftype 代表端口类型,通常有 Ehternet(以太网端口,通信速度为 0Mbps)、FastEthernet(快速以太网端口,100Mbps)、GigabitEthernet(吉比特以太网端口,1000Mbps,如千兆位光纤端口)和 TenGigabitEthternet(万兆位以太网端口)等。

mod/port 代表端口所在的模块和在该模块中的编号。

例如,若要查看思科 Catalyst 2960-24 交换机 1 号光纤模块 1 号端口的信息,则查看命令为:

```
switch# show  interface  gig1/1
```

(2) 显示接口 IP 信息。

```
switch# show ip interface brief
```

(3) 显示所有 VLAN 信息。

```
switch# show vlan
```

(4) 显示路由表信息。

```
switch# show ip route
```

(5) 显示交换机 MAC 地址表。

```
switch# show mac-address-table
```

(6) 显示交换机正在运行的配置。

```
switch# show running-config
```

(7) 显示交换机存储在 NVRAM 中的启动配置。

```
switch# show startup-config
```

9. 设置空闲超时时间

空闲超时时间是指在无键盘敲击动作发生时，连接能够保持的时间，默认值为 30 秒。如果设置为 0 秒，指的是无限长的时间。

例如，若要将 vty 0～3 线路与 Console 的空闲超时时间设置为 3 分 4 秒，则配置命令为

```
switch(config)# line vty 0 4
switch(config-line)# exec-timeout 3 4
switch(config-line)# exit
switch(config)# line console 0
switch(config-line)# exec-timeout 3 4
switch(config-line)# end
switch#
```

本 章 小 结

交换机是一种工作在数据链路层的网络互联设备。它具有地址学习、过滤和转发以及避免环路等基本功能。对交换机按端口结构可划分为固定端口交换机和模块化交换机；按应用层次可划分为接入层交换机、汇聚层交换机和核心层交换机；按传输协议标准可划分为以太网交换机、快速以太网交换机、千兆位交换机、万兆位交换机、ATM 交换机、FDDI 交换机等；按交换机工作的协议层可划分为第二层、第三层和第四层交换机；按是否支持网管功能可划分为网管型交换机和非网管型交换机。交换机有直通转发、存储转发和无碎片三种方式。交换机的主要技术参数包括转发方式、背板带宽、包转发速率、MAC 地址表长度及延时等。交换机端口通常包括双绞线端口、光纤端口、GBIC 模块与插槽、SFP 模块与插槽和 10GE 模块与插槽五种类型，多个交换机之间的连接可通过级联或堆叠方式。对交换机的配置方式有本地控制台登录方式和远程配置方式两种，其中远程配置方式又包括

Telnet 登录、Web 访问和 SNMP 远程管理三种方式。交换机提供了用户模式、特权模式两种基本的命令执行级别。同时还提供了全局配置、接口配置、Line 配置、VLAN 数据库配置等多种级别的配置模式，以允许用户对交换机进行配置与管理。

本 章 实 训

1. 实训目的

通过上机实训，使学生能够熟练掌握交换机的基本配置方法。主要包括交换机的几种管理方式、交换机管理地址、口令、主机名、描述、提示信息、接口速度及双工工作模式的设置等。

2. 实训内容

(1) 交换机本地登录方式的连接与操作。

(2) 交换机主机名、管理地址、本地登录口令、远程登录口令、特权模式口令的设置。

(3) 交换机登录信息、每日提示信息的设置。

(4) 交换机端口描述、速度、双工工作模式的设置。

(5) 交换机配置信息的保存。

(6) 交换机配置信息的显示。

(7) 交换机远程登录的验证。

(8) 交换机 Web 管理方式的开启与验证。

3. 实训设备

(1) 思科 Catalyst 2960-24 第二层交换机 1 台。

(2) PC 1 台。

(3) 配置线、直通网线 1 根。

如无硬件设备建议使用思科 Packet Tracer 软件进行实训。

4. 拓扑结构

交换机基本配置拓扑图，如图 6-13 所示。

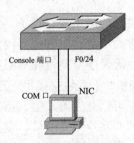

图 6-13　交换机基本配置拓扑图

5. 实训要求

(1) 按照拓扑图连接网络。

(2) PC 和交换机的 24 口用网线相连。

(3) 交换机的管理 IP 为 192.168.1.100/24。

(4) PC 网卡的 IP 地址为 192.168.1. 101/24。

6. 实训步骤

(1) 使用配置线与直通网线按拓扑图将计算机与交换机进行连接。

(2) 选择【开始】|【程序】|【附件】|【通讯】|【超级终端】命令，进行本地登录。

(3) 设置交换机主机名、管理地址、本地登录口令、远程登录口令及特权模式口令。

```
Switch> enable
Switch# configure terminal
Switch(config)# hostname  S2960
S2960(config)# interface  vlan 1
S2960(config-if)# no shutdown
S2960(config-if)# ip address 192.168.1.100   255.255.255.0
S2960(config-if)# exit
S2960(config)# line console 0
S2960(config-line)# password bddlmm
!设置本地登录密码
S2960 (config-line)# login
!使密码生效
S2960 (config-line)# exit
!返回全局配置模式
S2960 (config)# line vty 0 3
!对 0～3 条虚拟终端线路进行设置
S2960 (config-line)# password ycdlmm
!设置远程登录密码
S2960 (config-line)# login
!使密码生效
S2960 (config-line)# exit
!返回全局配置模式
S2960(config)# enable secret  tqmsmm
!设置特权模式密码
```

(4) 设置交换机的登录信息和每日提示信息。

```
S2960(config)#  banner login #
Enter TEXT message. End with the character "#".
This is  a cisco  S2960
S2960(config)# banner motd #
Enter TEXT message. End with the character "#".
Happy  new day!
S2960(config)#
```

(5) 设置交换机端口描述、速度及双工工作模式。

```
S2960(config)# interface fastethernet 0/24
S2960(config-if)# description  link-pc
!接口描述
S2960(config-if)# speed 100
```

```
!接口速度
S2960(config-if)# duplex   full
!双工工作模式
S2960(config-if)# end
S2960#
```

(6) 保存交换机的配置信息。

```
S2960# copy running-config   startup-config
```

(7) 显示交换机的配置信息。

```
S2960# show  running-config
```

(8) 交换机远程登录的验证。

配置主机的 IP 地址，在本实验中要与交换机的 IP 地址在一个网段，如图 6-14 所示。

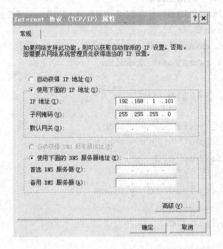

图 6-14　设置 IP 地址

首先验证主机与交换机是否连通。验证方法是在主机 DOS 命令行中执行 ping 命令，出现以下显示则表示连通，如图 6-15 所示。

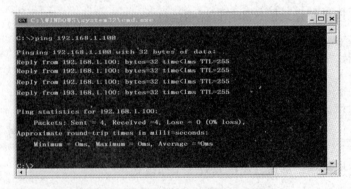

图 6-15　主机与交换机之间连通时的显示

然后在主机上进行远程登录。

```
C:\> telnet 192.168.1.100
```

```
Password:
S2960>
```

(9) 交换机 Web 管理方式的开启与验证。

```
S2960>enable
S2960#configure terminal
S2960(config)#ip http server
!开启交换机 Web 管理方式
S2960(config)#web-user admin password 0 digital
!设置交换机授权 HTTP 用户
S2960(config)#exit
S2960#show running-config
```

进入 Windows 系统，打开 IE 浏览器，在地址栏输入：http//192.168.1.100。在弹出的用户验证对话框中输入正确的登录名和口令，登录名是 admin，口令是 digital。

(10) 交换机的 Web 管理。

在 IE 浏览器中查看交换机相关配置信息。

复习自测题

一、选择题

1. 下列( )命令用来保存交换机的配置信息。

    A. write   B. copy running-config startup-config

    C. write NVRAM   D. copy startup-config running-config

2. 在思科交换机上，( )命令用于设置等待超时时间。

    A. set timeout idle-timeout   B. set idle-logout 或 idle-logout

    C. set exec-timeout 或 idle-logout   D. set logout 或 exec-timeout

3. 在交换机中，显示初始的命令提示符后，( )时间进行口令恢复。

    A. 15 秒   B. 30 秒

    C. 45 秒   D. 60 秒

4. 下列( )命令用来显示 NVRAM 中的配置文件。

    A. show running-config   B. show startup-config

    C. show backup-config   D. show version

5. ( )条命令提示符是接口配置模式。

    A. >   B. #

    C. (config)#   D. (config-if)#

二、简答题

1. 试述交换机的基本功能。

2. 交换机如何分类？

3. 交换机的端口有哪些主要类型？

4. 交换机之间的连接方式有哪几种?

三、操作训练题

1. 试写出配置交换机快速以太网口 0/1,设置速度为 100Mbps 及全双工工作模式的命令。

2. 试写出配置交换机管理地址、远程登录密码(思科)的命令。

第 7 章　虚拟局域网

虚拟局域网(VLAN)是目前应用非常广泛的一种局域网技术，它是由一些局域网网段构成的与物理位置无关的逻辑组。利用 VLAN 技术，可将大的局域网划分为若干较小的虚拟工作组，以缩小广播域，减少广播风暴，并提高网络通信的速度与效率。利用以太网交换机，可以方便地实现虚拟局域网。本章主要介绍了 VLAN 的基本概念、VLAN 中继协议、VLAN 中继技术、VLAN 的配置以及 VLAN 间的路由等相关知识。

完成本章的学习，你将能够：
- 描述 VLAN 的基本概念及其划分方法；
- 描述 VLAN 中继协议及其应用；
- 进行 VLAN 的划分与端口的配置；
- 进行 VTP 的配置与管理；
- 进行 VLAN 间路由通信的配置。

核心概念：虚拟局域网(VLAN)、虚拟网络中继协议(VTP)、Trunk、交换机间链路协议(ISL)、IEEE 802.1Q、VLAN 间路由。

7.1　VLAN 基础

7.1.1　VLAN 概述

随着以太网技术的普及，以太网的规模也越来越大，从小型的办公环境到大型的园区网络，网络管理变得越来越复杂。首先，在采用共享介质的以太网中，所有节点都处于同一个冲突域和同一个广播域中，即一个节点向网络中某些节点的广播会被网络中所有的节点所接收，这样会造成很大的带宽资源和主机处理能力的浪费。为了解决传统以太网的冲突域问题，采用了交换机来对网段进行逻辑划分。交换机虽然能解决冲突域问题，却不能克服广播域问题。例如，一个 ARP 广播就会被交换机转发到与其相连的所有网段中，当网络上有大量这样的广播存在时，不仅是对带宽的浪费，还会因过量的广播产生"广播风暴"。当网络规模增大时，网络广播风暴问题还会更加严重，并可能因此导致网络瘫痪。其次，在传统的以太网中，同一个物理网段中的节点也就是一个逻辑工作组，不同物理网段中的节点是不能直接相互通信的。这样，当用户由于某种原因在网络中移动，但同时还要继续留在原来的逻辑工作组时，就必然需要进行新的网络连接乃至重新布线。

为了解决上述问题，虚拟局域网(Virtual Local Area Network，VLAN)技术应运而生。虚拟局域网是一项以局域网交换机为基础，通过将局域网内的设备逻辑地而不是物理地划分成一个个网段而实现虚拟工作组的新兴技术。其最大的特点是在组成逻辑网时无须考虑用户或设备在网络中的物理位置。VLAN 可以在一个交换机或者跨交换机中实现。利用以太网交换机可以很方便地实现虚拟局域网。

1996 年 3 月，IEEE 802 委员会发布了关于虚拟局域网的 IEEE 802.1Q 协议标准草案。

目前，该标准已得到全世界重要网络厂商的支持。

1. VLAN 的分类

VLAN 在交换机上的实现方法可以大致划分为以下四类。

(1) 基于交换端口划分的 VLAN。

这种方式是把局域网交换机的某些端口的集合作为 VLAN 的成员。这些集合有时只在单个局域网交换机上，有时则跨越多台局域网交换机。虚拟局域网的管理应用程序根据交换机端口的标识 ID，将不同的端口分到对应的分组中，分配到同一个 VLAN 的各个端口上的所有站点都在一个广播域中，它们相互之间可以通信，不同的 VLAN 站点之间进行通信需经过路由器来进行。这种 VLAN 方式的优点在于简单，容易实现；它的缺点是自动化程度低，灵活性差。例如，不能在给定的端口上支持一个以上的 VLAN；网络站点从一个端口移动到另一个新的端口时，如果新端口与旧端口不属于同一个 VLAN，则用户必须对该站点重新进行网络地址的配置。

(2) 基于 MAC 地址划分的 VLAN。

这种方式的 VLAN 要求交换机对站点的 MAC 地址和交换机端口进行跟踪，在新站点入网时，根据需要将其划归至某一个 VLAN。不论该站点在网络中怎样移动，由于其 MAC 地址保持不变，因此用户不需要对网络地址重新配置。所有的用户必须明确地分配给一个 VLAN，在这种初始化工作完成后，对用户的自动跟踪才成为可能。在一个大型网络中，要求网络管理人员将每个用户一一划分到某一个 VLAN 中，十分烦琐。

(3) 基于网络层协议划分的 VLAN。

这种划分 VLAN 的方法是根据每个主机的网络层地址或协议类型(如果支持多协议)划分的，虽然这种划分方法可能是依据网络地址(如 IP 地址)，但它不是路由，所以不要与网络层的路由混淆。它虽然查看每个数据包的 IP 地址，但由于不是路由，所以没有 RIP、OSPF 等路由协议，而是根据生成树算法进行桥交换。

这种方法的优点是如果用户的物理位置改变了，不需要重新配置其所属的 VLAN，而且可以根据协议类型来划分 VLAN，这对网络管理者来说很重要。另外，这种方法不需要附加的帧标识来识别 VLAN，这样可以减少网络的通信量。这种方法的缺点是效率低，因为检查每一个数据包的网络层地址十分费时(相对于前面两种方法)。

(4) 基于 IP 组播划分的 VLAN。

IP 组播实际上也是一种 VLAN 的定义，即认为一个组播组就是一个 VLAN。这种划分的方法将 VLAN 扩大到了广域网，因此这种方法具有更大的灵活性，而且也很容易通过路由器进行扩展。当然这种方法不适合局域网，主要是效率不高。

2. VLAN 的实现

从实现的方式上看，所有 VLAN 均是通过交换机软件实现的。从实现的机制或策略来划分，VLAN 可分为静态 VLAN 和动态 VLAN。

(1) 静态 VLAN。

静态 VLAN 是指由网络管理员根据交换机端口进行静态 VALN 分配的方式。当在交换机上将某个端口分配给一个 VLAN 时，它将一直保持不变，直到网络管理员改变其配置为止。这种基于端口的 VLAN 配置简单，网络的可监控性强。但其缺乏足够的灵活性，当用户在网络中的位置发生变化时，必须由网络管理员重新配置交换机的端口。所以静态 VLAN 比较适合用户或设备位置相对稳定的网络环境。

(2) 动态 VLAN。

动态 VLAN 是指交换机上以联网用户的 MAC 地址、逻辑地址(如 IP 地址)或数据包协议等信息为基础，将交换机端口动态地分配给 VLAN 的方式。当用户的主机接入交换机端口时，交换机通过检查 VLAN 管理数据库中相应的关于 MAC 地址、逻辑地址(如 IP 地址)或数据包协议的表项，以相应的数据库表项内容动态地配置相应的交换机端口。以基于 MAC 地址的动态 VLAN 为例，网络管理员首先需要在 VLAN 策略服务器上配置一个关于 MAC 地址与 VLAN 划分映射关系的数据库。当交换机初始化时将从 VLAN 策略服务器上下载关于 MAC 地址与 VLAN 划分关系的数据库文件。此时若有一台主机连接到交换机的某个端口，交换机将会检测该主机的 MAC 地址信息，然后查找 VLAN 管理数据库中的 MAC 地址表项，用相应的 VLAN 配置内容来配置这个端口。这种机制的好处在于只要用户的应用性质不变，并且其所使用的主机不变(严格地说，是使用的网卡不变)，则用户在网络中移动时，并不需要对网络进行额外配置或管理。在使用 VLAN 管理软件建立 VLAN 管理数据库和维护该数据库时，需要做大量的管理工作。总之，不管以何种机制实现，分配给同一个 VLAN 的所有主机共享一个广播域，而分配给不同 VLAN 的主机将不会共享广播域。也就是说，只有位于同一个 VLAN 中的主机才能直接相互通信，而位于不同 VLAN 中的主机之间是不能直接相互通信的。

3．VLAN 的优点

(1) 简化网络管理，减少管理开销。

当 VLAN 中的用户从一个位置移动到另一个位置时，不需要或只需少量的重新布线、配置和调试即可，因此网络管理员能借助于 VLAN 技术轻松地管理整个网络，减少了在移动、添加和修改用户时的开销。例如，需要为完成某个项目建立一个工作组网络，其成员可能遍及全国或全世界。网络管理员只需设置几条命令，就能在很短时间内建立该项目的 VLAN 网络，其成员使用 VLAN 与在本地使用局域网一样。

(2) 控制网络广播包。

所有的网络控制协议都会产生广播数据，广播会被广播域内的所有设备接收和处理。广播会对工作站的性能产生明显的影响，随着广播数据包的增加，除了造成工作站性能的下降之外，还会消耗实际的网络带宽。如果不控制还会产生"广播风暴"，严重影响网络的性能。采用 VLAN 技术，可将某个交换端口划分到某个 VLAN 中，由于一个 VLAN 的广播不会扩散到其他 VLAN，因此端口不会接收其他 VLAN 广播。这样一来，就大大减少了广播的影响，提高了带宽的利用率。同时，通过控制 VLAN 中端口的数量，可以控制广播域的大小。

(3) 提高了网络的安全性。

VLAN 能将重要资源或应用放在一个安全的 VLAN 内，限制用户的数量与访问。而且 VLAN 能控制广播组的大小和位置，甚至能锁定某台设备的 MAC 地址。由于 VLAN 之间不能直接通信，并且通信流量被限制在 VLAN 内，所以 VLAN 间的通信必须通过路由器。通过在路由器上设置访问控制，可以控制访问有关 VLAN 的主机地址、应用类型、协议类

型等信息。因此 VLAN 能够提高网络的安全性。

7.1.2　VLAN 的配置

VLAN 的配置如图 7-1 所示。

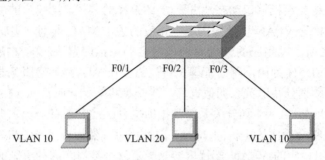

F0/1　　　F0/2　　　F0/3

VLAN 10　　　　　VLAN 20　　　　　VLAN 10

图 7-1　VLAN 配置实例图

1. 创建 VLAN

```
Switch# vlan database
Switch(vlan)# vlan 10 name stu1
Switch(vlan)# vlan 20 name stu2
Switch(vlan)# exit
Switch#
```

2. 将端口划入相应 VLAN

```
Switch# configure terminal
Switch(config)# interface fastethernet0/1
Switch(config-if)# switchport access vlan 10
Switch(config-if)# exit
Switch(config)# interface fastethernet0/2
Switch(config-if)# switchport access vlan 20
Switch(config-if)# exit
Switch(config)# interface fastethernet0/3
Switch(config-if)# switchport access vlan 10
Switch(config-if)# end
Switch#
```

3. 查看 VLAN 信息

```
Switch# show vlan
!查看所有 VLAN 信息
Switch# show vlan id 10
!查看 VLAN 10 的信息
Switch# show vlan id 20
!查看 VLAN 20 的信息
```

注意：(1)　默认情况下，交换机会自动创建和管理 VLAN 1，所有交换机端口默认属于 VLAN 1，用户不能创建或删除 VLAN 1。

(2) 交换机最多可创建的 VLAN 数要受交换机的硬件条件限制，不同型号的交换机允许用户创建的 VLAN 数有所不同。

7.2 VLAN 中继协议

7.2.1 VTP 概述

VTP(VLAN Trunk Protocol)是 VLAN 中继协议的缩写。该协议由思科公司创建，它是一种用来使 VLAN 配置信息在交换网内其他交换机上进行动态注册的二层协议。VTP 提供了一种用于管理网络上全部 VLAN 的简化方法，它允许网络管理员从 VTP 服务器上对网络中所有 VLAN 的增加、删除和重命名进行管理。在一台 VTP 服务器上配置一个新的 VLAN 信息时，该信息将自动传播到本域内的所有交换机上，减少在多台设备上配置同一信息的重复工作量，从而大大简化了网络的管理。该协议支持大多数的思科 Catalyst 系列产品。

1. VTP 域

VTP 被组织成管理域，它由一组交换机组成，且这些交换机应该满足以下几点要求。

(1) 域内的每台交换机都必须使用相同的 VTP 域名，不论是通过配置实现，还是由交换机自学得到。

(2) VTP 域内的所有交换机形成了一棵相互连接的树，每台交换机都通过这棵树与其他交换机相连。

(3) 交换机之间必须启用中继(连接的接口为 Trunk)，因为 VTP 信息只能在 Trunk 端口上传播。

(4) 一台交换机只能属于一个 VTP 域，不同域中的交换机不能共享 VTP 信息。

2. VTP 模式

根据交换机在 VTP 域中的作用不同，VTP 可以分为三种模式。

(1) 服务器模式(Server)：默认情况下交换机处于 VTP 服务器模式。VTP 服务器能够为服务器所在的域创建、修改或删除 VLAN，同时这些信息会通告给域中的其他交换机。每个 VTP 域必须至少有一台服务器，域中的 VTP 服务器可以有多台。

(2) 客户机模式(Client)：VTP 客户机不允许网络管理员创建、修改或删除 VLAN。它可以从 VTP 服务器接收信息，而且它们也发送和接收更新，但不能做任何改变，其配置不保存在 NVRAM 里。不能在客户机的交换机端口上增加新的 VLAN。

(3) 透明模式(Transparent)：该模式下的交换机不参与 VTP 域，它可以创建、修改或删除 VLAN，但这些 VLAN 信息并不会通告给其他交换机，它也不接收其他交换机的 VTP 通告而更新自己的 VLAN 信息。需要注意的是，它会通过 Trunk 链路转发接收到的 VTP 通告，从而充当了 VTP 中继的角色，因此完全可以把该交换机看成是透明的。

3. VTP 通告

VTP 通告用来在 VTP 域内的交换机之间传递 VLAN 信息的数据，从而使 VTP 域中的交换机的 VLAN 信息同步。

VTP 通告中包括管理域、版本号、配置修改编号、所知道的 VLAN、每个 VLAN 的相关参数等内容。该通告通常被发送到一个组播地址 01-00-0C-CC-CC-CC，该信息可被同一管理域中的所有其他设备自动学习到。

4．VTP 版本

在 VTP 域中可以使用两个版本，即 VTPv1、VTPv2，默认的 VTP 版本是 VTPv1。

在一个管理域中两个版本是不能互操作的，即同一个 VTP 域中所有的交换机都必须配置相同的 VTP 版本。如果一台交换机能够启用 VTPv2 但没有启用，这台交换机就能够和其他 VTPv1 的交换机共存；但是一旦该交换机启用了 VTPv2，那么会致使所有的交换机都启用 VTPv2。

VTPv1 与 VTPv2 的不同之处如下。

(1) 在 VTPv1 中，透明模式的交换机在转发 VTP 通告时先检查 VTP 版本和域名是否与本机相同，相同则转发，反之则不转发。而 VTPv2 则不检查版本号和域名就转发。

(2) VTPv2 支持令牌环交换和令牌环 VLAN。这是 VTPv2 与 VTPv1 的最大区别。

5．VTP 修正号

VTP 通告中有一个字段称为修正号(Revision)，初始值为 0。每当 VLAN 配置信息发生改变时，该修正号就增加 1。其值从 1～4294967295 开始，然后循环归 0 重新开始。为了防止交换机接收到被延迟的 VTP 通告，交换机只接收比本地保存的 Revision 号更高的通告。正因为如此，任何新加入到网络的交换机应该具有 Revision 号 0。VTP 的修正号保存在 Flash 中，关机也不会复位。可以采用下列方法进行复位。

(1) 将交换机的模式改变为透明模式后，再改变为服务器模式。

(2) 将交换机的域名改变一次，再改变回原来的域名。

6．VTP 修剪

VTP 修剪(VTP Pruning)是 VTP 的一个重要功能，其主要作用是可减少 Trunk 链路中不必要的广播、组播和其他单播流量。VTP 修剪只将广播发送到真正需要该信息的 Trunk 链路上。一般在交换机数目很多的地方，每个交换机通过 Trunk 链路连接，Trunk 链路能够承载所有的 VLAN 流量，但是有一些流量不必广播到无须运载它们的链路上。假如有一个 PC 属于 VLAN 10，它发送了一个广播，所有连接的交换机都会收到这个信息。如果启动了 VTP 修剪，那么仅当 Trunk 链路接收端上的交换机有端口在那个 VLAN 10 中时，才会将该 VLAN 的广播和未知单播转发到该 Trunk 链路上，从而减少 Trunk 链路上没有必要扩散的通信量，提高 Trunk 链路的带宽利用率。

默认情况下，所有的交换机都禁用 VTP 修剪，但当 VTP 服务器上启用了修剪时，整个域都会启用它。VLAN 1 不能启用修剪，因为它负责管理整个 VLAN。

7.2.2　VTP 配置

1．VTP 配置的常用命令

(1) 配置 VTP 管理域。

可以使用 vtp domain 命令配置 VTP 管理域，其格式如下：

```
Switch(config)# vtp domain domain-name
```

其中：domain-name 是一个 32 位字符长的文本串，表示管理域名。

(2) 配置 VTP 模式。

可以使用 vtp mode 命令来配置 VTP 的三种模式，其格式如下：

```
Switch(config)# vtp mode { server | client | transparent }
```

注意：只有 server 和 transparent 模式才可创建、修改或删除 VLAN。

(3) 设置 VTP 口令。

可以使用 vtp password 命令来配置 VTP 服务器的口令，其格式如下：

```
Switch(config)# vtp password vtp-password
```

使用 no vtp password 命令可以删除 VTP 口令，恢复到默认状态。

(4) 配置 VTP 版本。

可以使用 vtp version 命令来设置 VTP 版本，其格式如下：

```
Switch(config)# vtp version { 1 | 2 }
```

(5) 启用与关闭 VTP 修剪。

```
Switch(config)# vtp pruning
!启用 VTP 修剪
Switch(config)# no vtp pruning
!关闭 VTP 修剪
```

注意：在 VTP 透明模式下，VTP 修剪不起作用，VTP 修剪必须在 VTP 服务器模式下配置。
当服务器上启用了 VTP 修剪，整个域都启用了它。

(6) 从可修剪列表中去除某 VLAN。

可以使用 switchport 命令执行此功能，其格式如下：

```
Switch(config)# switchport trunk pruning vlan remove vlan-id
```

用逗号分隔不连续的 vlan-id，其间不要有空格，用短线表明一个 id 范围。比如去除
VLAN 2、3、4、6 和 8，命令如下：

```
Switch(config)# switchport trunk pruning vlan remove 2-4，6，8
```

(7) 检查 VTP 修剪的配置。

```
Switch(config)# show vtp status
```

(8) 查看端口的 trunk 信息。

```
Switch(config)# show interface trunk
```

2. VTP 配置实例

下面以图 7-2 所示的拓扑结构(采用 Catalyst 2960 交换机)为例说明 VTP 的配置。具体
要求如下。

(1) 按照拓扑要求连接交换机，在 VTP 服务器上配置 VLAN，配置为 VTP 客户机的交换机能够学习到 VLAN 信息，不能添加、删除和修改 VLAN。

(2) 配置为透明模式的交换机可以自己添加、删除和修改 VLAN，但不能学习 VLAN 信息。

(3) 当 VLAN 3 中 PC 发送广播时，交换机 A 会向所有的接口广播，而广播到交换机 B 没有任何意义，反而增加了不必要的带宽。当在 A 上启用了 VTP 修剪时，交换机 A 不会把广播发到交换机 B 上，因为 B 上没有 VLAN 3。

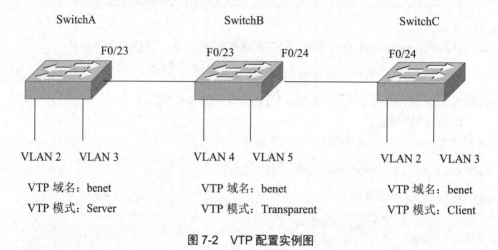

图 7-2　VTP 配置实例图

配置过程如下。

(1) 配置交换机 A。

```
switch>enable
switch# configure terminal
switch(config)# hostname switcha
switcha(config)# vtp domain benet
!创建 VTP 域名为 benet
switcha(config)# vtp mode server
!配置交换机的 VTP 模式为服务器模式
switcha(config)# vtp password 123
!配置 VTP 口令
switcha(config)# interface f0/23
switcha(config-if)# switchport mode trunk
!配置 f0/23 接口为 trunk
switcha# vlan database
switcha(vlan)# vlan 2
switcha(vlan)# vlan 3
switcha(config)# vtp pruning
!配置 VTP 修剪
```

(2) 配置交换机 B。

```
switch>enable
switch# confgure terminal
```

```
switch(config)# hostname switchb
switchb(config)# vtp domain benet
!创建 VTP 域名为 benet
switchb(config)# vtp mode transparent
!配置交换机的 VTP 模式为透明模式
switchb(config)# vtp password 123
!配置 VTP 口令
switchb(config)# interface f0/23
switchb(config-if)# switchport mode trunk
!配置 f0/23 接口为 trunk
switchb(config)# interface f0/24
switchb(config-if)# switchport mode trunk
!配置 f0/24 接口为 trunk
```

(3)　配置交换机 C。

```
switch> en
switch# configure terminal
switch(config)# hostname switchc
switchc(config)# vtp domain benet
!创建 VTP 域名为 benet
switchc(config)# vtp mode client
!配置交换机的 VTP 模式为客户机模式
switchc(config)# vtp password 123
!配置 VTP 口令
switchc(config)# interface f0/24
switchc(config-if)# switchport mode trunk
!配置 f0/24 接口为 trunk
```

配置完成后,可以使用 show ip int bri 命令查看端口摘要信息,使用 show vtp status 命令查看 VTP 的配置信息,以及使用 show vlan 命令查看 VLAN 信息。

注意:在交换机上配置 VTP 口令,用于保证网络内交换机 VLAN 配置的安全性。同一 VTP 域内的交换机,口令配置要一致,否则客户机在透明模式将学习不到。

7.3　VLAN 的识别

在交换式网络中,交换机端口常工作于两种模式:访问模式(Access Mode)或者干道模式(Trunk Mode)。所连接的链路相应地被称为接入链路和中继(Trunk)链路。

在访问链路中,访问端口(Access Port)是一个连接终端设备或者服务器的交换机接口。它只能属于某一个 VLAN,访问链路上的设备不能与其 VLAN 外的设备通信,除非数据包被路由器转发。

在多台互联的交换机网络中使用 VLAN 时,需要在交换机之间使用 VLAN 中继技术。Trunk 链路则负责在一个点对点的链路上同时传送多个 VLAN 的通信。Trunk 是一条点对点的链路,用于连接两台交换机、一台交换机和一台路由器或者服务器(需要特殊的适配卡),它可以承载 1~1005 个 VLAN。在 Trunk 协议中,多个 VLAN 的信息在一条链路上实现复用。

7.3.1　VLAN 的识别方法

在进行 VLAN 管理的网络中，交换机怎样判别某个帧属于哪一个 VLAN？VLAN 常常使用两种不同的帧标识机制来标识不同 VLAN 的帧。

1. 交换机间链路

交换机间链路(Inter-Switch-Link，ISL)是一个思科专用的封装协议。它可以使一个单独的物理以太接口支持多个 VLAN 接口。网络上使用 ISL 的设备看起来就好像是多个而不是一个网络接口。ISL 标记第一个以太帧的逻辑 VLAN 地址，该技术通常称为帧标记。ISL 标记主要用于思科 Catalyst 系列交换机的路由器与高性能服务器上的专用网卡(NIC)。ISL 标签(Tagging)能与 802.1Q 干线执行相同任务，只是所采用的帧格式不同。ISL 帧标签采用一种低延迟(Low-Latency)机制为单个物理路径上的多 VLAN 流量提供复用技术。ISL 主要用于实现交换机、路由器以及各节点(如服务器所使用的网络接口卡)之间的连接操作。为支持 ISL 功能特征，每台连接设备都必须采用 ISL 配置。ISL 所配置的路由器支持 VLAN 内通信服务。

ISL 在数据帧的前面添加了 26 字节的头，这个帧头包含 10 位的 VLAN ID。在帧的末尾还添加了一个 4 字节的循环冗余校验(CRC)。当数据在交换机之间传递时负责保持 VLAN 信息。这项技术提供了一种在一条高速骨干线路上传送多个 VLAN 数据的方法，如图 7-3 所示。ISL 只可以用于快速以太网的吉比特以太网。

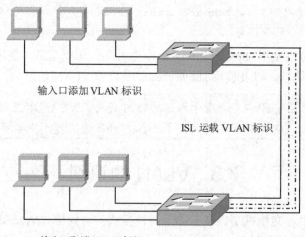

输入口添加 VLAN 标识

ISL 运载 VLAN 标识

输出口取消 VLAN 标识

图 7-3　ISL 功能示意图

2. IEEE 802.1Q VLAN 标准

1996 年 3 月，IEEE 802.1 Internet Working 委员会结束了对 VLAN 初期标准的修订工作。新标准进一步完善了 VLAN 的体系结构，统一了 Frame-Tagging 方式中不同厂商的标签格式，并制定了 802.1Q VLAN 标准(虚拟桥接局域网标准)。

如图 7-4 所示，IEEE 802.1Q 帧使用 4Byte 的标记头定义 Tag(标记)，4Byte 的 Tag 头包

括 2Byte 的 TPID(Tag Protocol Identifier)与 2Byte 的 TCI(Tag Control Infotmation)。其中 TPID 是固定的数值 0X8100，标识该数据帧承载 802.1Q 的 Tag 信息。TCI 包含以下组件：3bit 用户优先级；1bit CFI(Canonical Format Indicator)，默认值为 0；12bit 的 VID(VLAN Identifier，VLAN 标识符)。最多支持 250 个 VLAN(VLAN ID 1-4094)，其中 VLAN 1 是不可删除的默认 VLAN。

图 7-4 所示是以太网帧格式和 802.1Q 帧格式的比较。

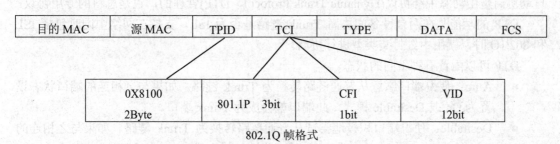

图 7-4 以太网帧格式和 802.1Q 帧格式的比较

在帧头内插入 VLAN 标识来表明 VLAN 这项标准支持在同一网段上传送多个 VLAN 的数据。IEEE 802.1Q 标准支持不同厂商的 VLAN，当用户使用不同品牌的交换机进行中继时，必须要使用 IEEE 802.1Q。

在 IEEE 802.1Q 标准中，Trunk 链路不属于任何一个 VLAN。Trunk 链路在交换机和路由器之间起着 VLAN 管道的作用。通过配置，可以让 Trunk 链路传送所有或部分 VLAN，其工作原理如图 7-5 所示。

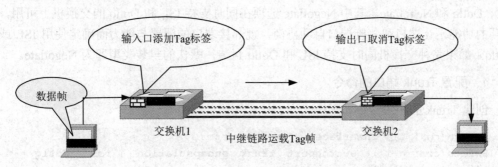

图 7-5 中继链路数据传输示意图

3. ISL 和 IEEE 802.1Q 的比较

ISL 和 IEEE 802.1Q 都提供中继功能。它们使用的报头不同，ISL 协议头和协议尾封装了整个第二层的以太帧，而 IEEE 802.1Q 并不封装以太帧，而是在以太帧中间添加一个 4Byte 的报头，该报头包含一个用于标识 VLAN 号的字段。

ISL 使用 10 位 VLAN ID 而 IEEE 802.1Q 使用 12 位的 VLAN ID，支持的 VLAN 数不

相同。

ISL 和 IEEE 802.1Q 都支持每个 VLAN 一个生成树的实例。

ISL 支持多个生成树的实例，而 IEEE 802.1Q 不支持多个生成树的实例。

ISL 是思科专用技术，而 IEEE 802.1Q 标准是国际标准，支持不同厂商的 VLAN。当用户使用不同品牌的交换机进行中继时，必须要使用 IEEE 802.1Q。

7.3.2 VLAN Trunk 的配置

对于 ISL 和 IEEE 802.1Q 的 Trunk 配置，要视交换机的操作系统而定。用户可指定 Trunk 链路使用 ISL 封装或者 802.1Q 封装或者自动协商封装类型(如果两种类型都支持)。Trunk 自动协商是由动态中继协议(Dynamic Trunk Protocol，DTP)管理的，也是思科的专用协议。

DTP 的功能是在两台设备间协商 Trunk 链路是否为 ISL，支持在网络中同时包括 ISL 和 802.1Q 时，就用中继封装类型进行协商。

DTP 可以配置五种不同的状态。

- Auto：使得端口愿意从普通链路转换为 Trunk 链路。如果与之相连的端口状态设置为 On 或 Desirable 模式，此端口就会成为 Trunk 端口。
- Desirable：使得端口积极地尝试从普通链路转换为 Trunk 链路。如果与之相连的端口设为 On、Desirable 或 Auto 时，此端口就会成为 Trunk 端口。
- On：将端口设为永久中继模式，并协商将普通链路转换为 Trunk 链路。即使与之相连的端口不同意转换为 Trunk 链路，此端口也会成为 Trunk 端口。
- Nonegotiate：将端口设为永久中继模式，但禁止其产生 DTP 帧。必须手工将邻接端口配置为 Trunk，以建立 Trunk 链路。
- Off：将端口设为永久非中继模式，并协商将链路转换为非 Trunk 链路。即使邻接端口不同意转换为非 Trunk 链路，此端口也会成为非 Trunk 端口。

除了 DTP 的配置选项外，在一个端口配置为 Trunk 链路时，有三种封装类型可供选择：ISL、Dotlq 和 Negotiate。其中 Negotiate 选项在同时支持 ISL 和 Dotlq 的交换机上可用，该选项的功能是让端口和邻接端口自动协商，视邻接端口的配置与能力而确定使用 ISL 或者 Dotlq。如果某种交换机同时支持 ISL 和 Dotlq 封装，默认的封装类型即为 Negotiate。

1. 配置 Trunk 端口的命令

创建 Trunk 的相关命令如下：

```
Switch(config)# interface iftype mod/port
Switch(config-if)# switchport trunk encapsulation { isl | dotlq |
negotiate }
Switch(config-if)# switchport trunk native vlan vlan-id
Switch(config-if)# switchport mode { trunk | dynamic desirable | dynamic
auto }
```

下面对上述命令进行说明。

(1) 首先要进入指定的接口配置模式。

(2) switchport trunk encapsulation 命令将端口配置为中继模式，并且设置相应的协议封装类型。

(3) switchport trunk native vlan 命令设置 Trunk 端口的 native VLAN。native VLAN 即指在该接口上收发的 untag 报文被默认所属的 vlan。在配置 Trunk 链路时，两端接口的 native VLAN 应相同，默认为 VLAN 1。

(4) switchport mode 命令设置接口的中继线模式。

- Trunk：将端口设置为永久的中继模式，在中继线的另一端相应的交换机端口应该采用同样的配置。
- Dynamic Desirable (默认情况)：端口主动尝试转变为中继线模式，如果与之相连的端口设为 on、desirable 或 auto 时，此端口就成为 Trunk 端口。
- Dynamic Auto：端口改变连接到中继模式。如果邻接端口被配置为 Trunk 或者 Dynamic Desirable，将协商中继线。

2．配置 Trunk 实例

如图 7-6 所示的网络拓扑，核心交换机为 Catalyst 3560，分支交换机为 Catalyst 2960。为了保证管理域能够覆盖所有的分支交换机，必须配置 Trunk。通过在交换机直接相连的端口配置 ISL 封装，即可跨越交换机进行整个网络的 VLAN 分配和配置。

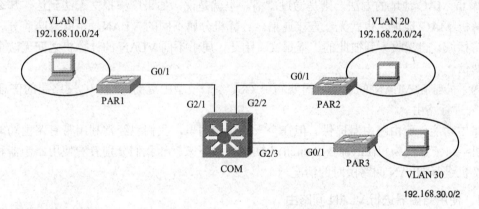

图 7-6　配置 Trunk 实例网络拓扑图

(1) 在核心交换机端的配置如下：

```
COM(config)#interface gigabitEthernet 2/1
COM(config-if)# switchport
!设置第三层交换机的端口为第二层交换端口
COM(config-if)# switchport trunk encapsulation isl
COM(config-if)# switchport mode trunk
COM(config)# interface gigabitEthernet 2/2
COM(config-if)# switchport
COM(config-if)# switchport trunk encapsulation isl
COM(config-if)# switchport mode trunk
COM(config)# interface gigabitEthernet 2/3
COM(config-if)# switchport
COM(config-if)# switchport trunk encapsulation isl
COM(config-if)# switchport mode trunk
```

(2) 在分支交换机端的配置如下：

```
PAR1(config)# interface gigabitEthernet 0/1
PAR1(config-if)# switchport mode trunk
PAR2(config)# interface gigabitEthernet 0/1
PAR2(config-if)# switchport mode trunk
PAR3(config)# interface gigabitEthernet 0/1
PAR3(config-if)# switchport mode trunk
```

7.4　VLAN 间的路由选择

7.4.1　VLAN 间的路由选择方式

我们已经知道，两台计算机即使连接在同一台交换机上，只要所属的 VLAN 不同就无法直接通信。要实现 VLAN 间通信，就必须依靠三层网络设备的转发。

为什么不同 VLAN 间不通过路由就无法通信呢？这是由于在局域网内通信，必须在数据帧头中指定目标主机的 MAC 地址。而为了获取 MAC 地址，TCP/IP 协议下使用的是 ARP，ARP 解析 MAC 地址的方法，则是通过广播。也就是说，如果广播报文无法到达，那么就无从解析 MAC 地址，也就无法直接通信。计算机分属不同的 VLAN，也就意味着分属不同的广播域，自然收不到彼此的广播报文。因此，属于不同 VLAN 的计算机之间无法直接互相通信。

为了能够在 VLAN 间通信，需要利用 OSI 参照模型中更高一层——网络层的信息(IP 地址)来进行路由。

路由功能一般由路由器提供。但在今天的局域网里，我们也经常利用带有路由功能的交换机——三层交换机(Layer 3 Switch)来实现。接下来就让我们分别看看使用路由器和三层交换机进行 VLAN 间路由时的情况。

1. 使用路由器进行 VLAN 间路由

在使用路由器进行 VLAN 间路由时，与构建横跨多台交换机的 VLAN 时的情况类似，我们还是会遇到"该如何连接路由器与交换机"这个问题。路由器和交换机的连接方式，大致有以下两种。

方式一：将路由器与交换机上的每个 VLAN 分别连接，如图 7-7 所示。

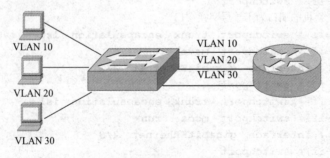

图 7-7　路由器与交换机连接图一

如果采用这种办法，可以想象它的扩展性就是个问题。每增加一个新的 VLAN，都需要消耗路由器的端口和交换机上的访问链接，而且还需要重新布设一条网线。而路由器通常不会带有太多 LAN 接口。新建 VLAN 时，为了对应增加的 VLAN 所需的端口，就必须将路由器升级成带有多个 LAN 接口的高端产品，这必然提高了使用成本，因此这种连接方法很少被使用。

方式二：路由器与交换机之间通过一条 Trunk 线连接，而这台交换机连接了所有必要的 VLAN，如图 7-8 所示。因为该路由器只用一个接口完成任务，所以也称为单臂路由器。

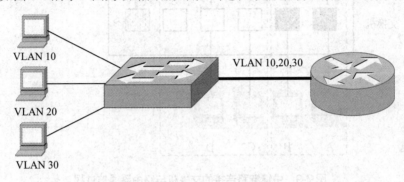

图 7-8　路由器与交换机连接图二

采用这种连接方式，首先将用于连接路由器的交换机端口设为 Trunk 端口，而且路由器上的端口也必须支持中继模式，采用的中继协议也必须相同；然后在路由器上定义各个 VLAN 的"子接口"(Subinterface)，即尽管实际与交换机连接的物理端口只有一个，但在理论上我们可以把它分割为多个虚拟端口。

采用这种方法的话，即使以后在交换机上新建 VLAN，仍只需要一条网线连接交换机和路由器。用户只需要在路由器上新建一个对应新 VLAN 的子接口就可以了。与第一种方法相比，扩展性要强得多，也不用担心需要升级 LAN 接口数不足的路由器或是重新布线。

接下来，我们来看看使用 Trunk 链路连接交换机与路由器时，VLAN 间路由是如何进行的。如图 7-9 所示，为各台计算机以及路由器的子接口设定 IP 地址：VLAN 10 的网络地址为 192.168.1.0/24，VLAN 20 的网络地址为 192.168.2.0/24。各计算机的 MAC 地址分别为 A、B、C、D，路由器 Trunk 链接端口的 MAC 地址为 R。

(1)　同一 VLAN 内的通信。

首先考虑计算机 A 与同一 VLAN 内的计算机 B 之间通信时的情形。计算机 A 发出 ARP 请求信息，请求解析 B 的 MAC 地址。交换机收到数据帧后，检索 MAC 地址列表中与收信端口同属一个 VLAN 的表项。结果发现，计算机 B 连接在端口 2 上，于是交换机将数据帧转发给端口 2，最终计算机 B 收到该帧。收发信双方同属一个 VLAN 之内的通信，一切处理均在交换机内完成。

(2)　不同 VLAN 间的通信。

下面考虑一下计算机 A 与计算机 C 之间通信时的情形。计算机 A 从通信目标的 IP 地址(192.168.2.1)得出 C 与本机不属于同一个网段，因此会向设定的默认网关转发数据帧。在发送数据帧之前，需要先用 ARP 获取路由器的 MAC 地址。得到路由器的 MAC 地址 R 后，接下来就是按图中所示的步骤发送去往 C 的数据帧。

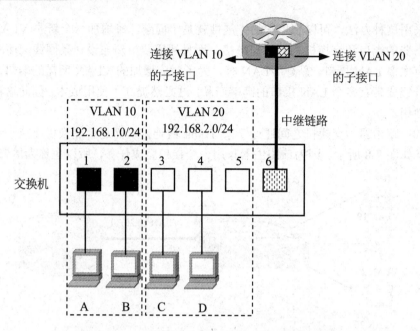

图 7-9 中继链路连接的交换机与路由器通信过程

计算机 A 发往计算机 C 的数据帧中，目标 MAC 地址是路由器的地址 R，但内含的目标 IP 地址仍是最终要通信的对象 C 的地址。交换机在端口 1 上收到 A 的数据帧后，检索 MAC 地址列表中与端口 1 同属一个 VLAN 的表项。由于 Trunk 链路会被看作属于所有的 VLAN，因此这时交换机的端口 6 也属于被参照对象。这样交换机就知道往 MAC 地址 R 发送数据帧，需要经过端口 6 转发。

从端口 6 发送数据帧时，由于它是 Trunk 链接，因此会被附加上 VLAN 识别信息。由于原先是来自 VLAN 10 的数据帧，因此会被加上 VLAN 10 的识别信息后进入 Trunk 链路。路由器收到数据帧后，确认其 VLAN 识别信息，由于它是属于 VLAN 10 的数据帧，因此交由负责 VLAN 10 的子接口接收。

接着，根据路由器内部的路由表，判断该向哪里中继。由于目标网络 192.168.2.0/24 是 VLAN 20，且该网络通过子接口与路由器直连，因此只要从负责 VLAN 20 的子接口转发就可以了。这时，数据帧的目标 MAC 地址被改写成计算机 C 的目标地址，并且由于需要经过 Trunk 链路转发，因此被附加了属于 VLAN 20 的识别信息。

交换机收到数据帧后，根据 VLAN 标识信息从 MAC 地址列表中检索属于 VLAN 20 的表项。由于通信目标——计算机 C 连接在端口 3 上，且端口 3 是普通的访问链接，因此交换机会将数据帧除去 VLAN 识别信息后转发给端口 3，最终计算机 C 才能成功地收到这个数据帧。

使用路由器进行 VLAN 间通信时，即使通信双方都连接在同一台交换机上，也必须经过"发送方→交换机→路由器→交换机→接收方"这样一个流程。

2. 使用三层交换机进行 VLAN 间路由

利用单臂路由实现 VLAN 间的路由，由于路由器的转发速率较慢，常常不能满足主干网络上的快速交换的需要，于是三层交换技术随之诞生。三层交换机通常采用硬件来实现三层的交换，其路由数据包的速率是普通路由器的 10 倍左右。利用三层交换机实现 VLAN 间路由如图 7-10 所示。

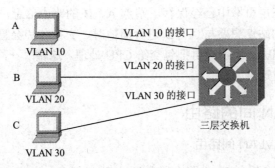

A
VLAN 10
VLAN 10 的接口
B
VLAN 20
VLAN 20 的接口
VLAN 30 的接口
C
VLAN 30
三层交换机

图 7-10　利用三层交换机实现 VLAN 间路由

三层交换(也称多层交换技术或 IP 交换技术)是相对于传统交换概念而提出的。简单地说，三层交换技术就是"二层交换技术+三层转发"。在三层交换机上，路由处理器位于交换机机箱的某块线路板上或交换引擎的模块上，交换机的背板提供了交换引擎和路由处理器之间的通信路径。从使用者的角度可以把三层交换机看成是二层交换机和路由器的组合。这个虚拟的路由器和每个 VLAN 都有一个接口进行连接，不过这个接口不是我们以前熟悉的 f0/0 或 f0/1 物理接口，而是被称为 VLAN 10 或 VLAN 20 的接口。

现在来看看三层交换机是如何工作的。假设图 7-10 中的两个站点 A 和 B 通过第三层交换机进行通信，由于站点 A 和站点 B 不在同一 VLAN 内，发送站点 A 首先向其"默认网关"发出 ARP 请求报文，而"默认网关"的 IP 地址其实就是虚拟的路由器的 VLAN 10 接口的 IP 地址。当发送站点 A 对"默认网关"的 IP 地址广播出一个 ARP 请求时，交换机就向 A 回一个 ARP 回复报文，告诉站点 A 此 VLAN 10 接口的 MAC 地址，同时可以通过软件把站点 A 的 IP 地址、MAC 地址与交换机直接相连的端口号等信息设置到交换芯片的三层硬件表项中。站点 A 收到这个 ARP 回复报文之后，进行目的 MAC 地址替换，把要发给 B 的包首先发给交换机。交换机收到这个包以后，同样首先进行源 MAC 地址学习和目的 MAC 地址查找。由于此时目的 MAC 地址为交换机的 MAC 地址，在这种情况下将会把该报文送到交换芯片的三层引擎处理。

一般来说，三层引擎会有两个表，一个是主机路由表，这个表以 IP 地址为索引，里面存放目的 IP 地址、下一跳 MAC 地址、端口号等信息。若找到一条匹配表项，就会在对报文进行一些操作之后将报文从表中指定的端口转发出去。若主机路由表中没有找到匹配条目，则会继续查找另一个表——网段路由表。这个表存放网段地址、下一跳 MAC 地址、端口号等信息。一般来说这个表的条目要少得多，但覆盖的范围很大，只要设置得当，基本上可以保证大部分进入交换机的报文都从硬件转发。这样不仅可大大提高转发速度，同时也可减轻 CPU 的负荷。若查找网段路由表也没有找到匹配表项，则交换芯片会把包送给 CPU 处理，进行软路由。由于站点 B 属于交换机的直连网段之一，CPU 收到这个 IP 报文以后，会直接以 B 的 IP 地址为索引检查 ARP 缓存。若没有站点 B 的 MAC 地址，则根据路由信息向 B 站广播一个 ARP 请求，B 站得到此 ARP 请求后向交换机回复其 MAC 地址。CPU 在收到这个 ARP 回复报文的同时，同样可以通过软件把站点 B 的 IP 地址、MAC 地址、接入交换机的端口号等信息设置到交换芯片的三层硬件表项中。然后把由站点 A 发来的 IP 报文发给站点 B,这样就完成了站点 A 到站点 B 的第一次单向通信。

由于芯片内部的三层引擎中已经保存了站点 A、B 的路由信息,以后站点 A、B 之间进行通信或其他网段的站点想要与 A、B 进行通信时,交换芯片会直接把包从三层硬件表项中指定的端口转发出去,而不必再把包交给 CPU 处理。这种"一次路由,多次交换"的方式,大大提高了转发速度。

7.4.2 配置 VLAN 间的路由

1. 单臂路由实现 VLAN 间路由

如图 7-11 所示,一台思科 2811 路由器(R2811)与一台 Catalyst 2960(S2960)交换机相连,要求通过对路由器和交换机的接口配置,实现 VLAN 间的路由。其中,S2960 的接口 f0/1-3 分配给 VLAN 10,f0/4-6 分配给 VLAN 20,f0/7-9 分配给 VLAN 30。

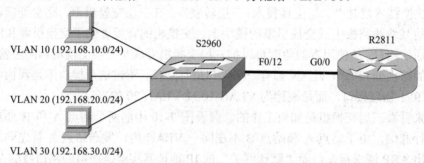

图 7-11 单臂路由实现 VLAN 间通信

(1) 在第二层交换机 S2960 上划分 VLAN,并配置 Trunk 接口。

```
Switch> enable
Switch # configure terminal
Switch(config)# hostname S2960
S2960(config)# exit
!设置路由器的名称
S2960# vlan database
S2960(vlan)# vlan 10 name vlan10
S2960(vlan)# vlan 20 name vlan20
S2960(vlan)# vlan 30 name vlan30
S2960(vlan)# exit
!创建 VLAN
S2960(config)# int range f0/1-3
!分配接口
S2960(config-if-range)# switchport access vlan 10
S2960(config-if-range)# exit
S2960(config)# int range f0/4-6
S2960(config-if-range)# switchport access vlan 20
S2960(config-if-range)# exit
S2960(config)# int range f0/7-9
S2960(config-if-range)# switchport access vlan 30
```

高职高专立体化教材 计算机系列

```
S2960(config-if-range)# exit
S2960(config)# int f0/12
S2960(config-if)#switchport trunk encapsulation dot1q
S2960(config-if)#switchport mode trunk
!将 f0/12 配置成 Trunk 接口
```

(2) 在路由器 R2811 的物理以太网接口下创建子接口，并定义封装类型。

```
Router>en
Router#configure terminal
Router(config)#hostname R2811
R2811(config)#int g0/0
R2811(config-if)#no shutdown
R2811(config)#int g0/0.1
!创建子接口
R2811(config-subif)#encapture dot1q 10
!指明子接口承载哪个 VLAN 的流量，并定义封装类型
R2811(config-subif)#ip address 192.168.10.1 255.255.255.0
!在子接口上配置 IP 地址，这个地址就是 VLAN 10 的网关
R2811(config)#int g0/0.2
R2811(config-subif)#encapture dot1q 20
R2811(config-subif)#ip address 192.168.20.1 255.255.255.0
R2811(config)#int g0/0.3
R2811(config-subif)#encapture dot1q 30
R2811(config-subif)#ip address 192.168.30.1 255.255.255.0
```

(3) 分别给三台 PC 配置 IP 地址、子网掩码、默认网关，并测试 PC 之间的连通性。

2. 三层交换实现 VLAN 间路由

下面再以图 7-12 中的拓扑为例介绍利用三层交换来实现 VLAN 间路由的配置。该图为一台第三层交换机 Catalyst 3560(S3560)与一台第二层交换机 Catalyst 2960(S2960)相连，要求通过两个交换机的接口配置，实现 VLAN 间的路由。S2960 的接口分配同上例。

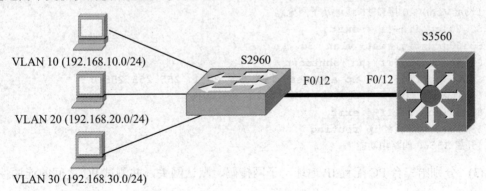

图 7-12 三层交换实现 VLAN 间通信

(1) 在第二层交换机 S2960 上划分 VLAN，并配置 Trunk 接口。

由于本例中交换机 S2960 上的 VLAN 划分及端口分配与上例相同，因此其配置方法也与上例相同，在此不再重复。

(2) 配置第三层交换机 S3560。

```
Switch> enable
Switch# configure terminal
Switch(config)# hostname S3560
S3560(config)# exit
!设置交换机的名称
S3560# vlan database
S3560(vlan)# vlan 10 name vlan10
S3560(vlan)# vlan 20 name vlan20
S3560(vlan)# vlan 30 name vlan30
S3560(vlan)# exit
S3560# show vlan
!创建并显示 VLAN
S3560# configure terminal
S3560(config)# int f0/12
S3560(config-if)#switchport
!设置为二层交换端口
S3560(config-if# speed 100
S3560(config-if)# duplex full
S3560(config-if)# switchport trunk encapsulation dot1q
!创建 Trunk
S3560(config-if)# swtichprot mode trunk
S3560(config-if)# exit
S3560(config)# int vlan 10
S3560(config-if)# no shutdown
S3560(config-if)# ip address 192.168.10.1 255.255.255.0
!设定 VLAN 10 接口 IP 地址及子网掩码
S3560(config-if)# exit
S3560(config)# int vlan 20
S3560(config-if)# no shutdown
S3560(config-if)# ip address 192.168.20.1 255.255.255.0
!设定 VLAN 20 接口 IP 地址及子网掩码
S3560(config-if)# exit
S3560(config)#int vlan 30
S3560(config-if)#no shutdown
S3560(config-if)# ip address 192.168.30.1 255.255.255.0
!设定 VLAN 30 接口 IP 地址及子网掩码
S3560(config-if)# exit
S3560(config)# ip routing
!开启 S3560 的路由功能
```

(3) 分别给三台 PC 配置 IP 地址、子网掩码、默认网关，并测试 PC 之间的连通性。

本 章 小 结

虚拟局域网是一项以局域网交换机为基础，通过将局域网内的设备逻辑地而不是物理地划分成一个个网段从而实现虚拟工作组的新兴技术。其最大的特点是在组成逻辑网时无须考虑用户或设备在网络中的物理位置。VLAN 在交换机上的实现方法，可以大致划分为基于交换端口、基于 MAC 地址、基于网络层协议和基于 IP 组播四类。从实现的机制或策略划分，VLAN 可分为静态 VLAN 和动态 VLAN 两种。思科公司创建的虚拟网络中继协议(VTP)是一种用来使 VLAN 配置信息在交换网内其他交换机上进行动态注册的二层协议。VTP 提供了一种用于管理网络上全部 VLAN 的简化方法，它允许网络管理员从 VTP 服务器上对网络中所有 VLAN 的增加、删除和重命名进行管理。该协议支持大多数的思科 Catalyst 系列产品。

在进行 VLAN 管理的网络中，交换机使用两种不同的帧标识机制来标识不同 VLAN 的帧，一是思科的交换机间链路(ISL)协议，二是 IEEE 的 802.1Q VLAN 标准，(虚拟桥接局域网标准)。ISL 是思科专用技术；而 IEEE 802.1Q 标准是国际标准，支持不同厂商的 VLAN，当用户使用不同品牌的交换机进行中继时，必须要使用 IEEE 802.1Q。用户可指定 Trunk 链路使用ISL封装或者802.1Q封装或者自动协商封装类型(如果两种类型都支持)进行配置。

VLAN 间的路由可以使用路由器或三层交换机进行，其中三层交换技术就是"二层交换技术+三层转发"，它采用硬件来实现三层的转发，可以实现"一次路由，多次交换"，大大提高了转发速度。

本 章 实 训

1. 实训目的

(1) 掌握在交换机上配置 VLAN 的方法。

(2) 掌握 VTP 的配置与管理。

(3) 掌握 Trunk 端口的配置方法。

(4) 掌握 VLAN 间路由的配置。

2. 拓扑结构

图 7-13 所示为在一个典型的快速以太局域网中实现 VLAN。它由一台具备三层交换功能的核心交换机(如 Catalyst 3560)接三台分支交换机(如 Catalyst 2960)。假设核心交换机名称为 COM，分支交换机分别为 PAR1、PAR2、PAR3，分别通过光纤模块与核心交换机相连。交换机接口名称及 IP 地址见图中标识。

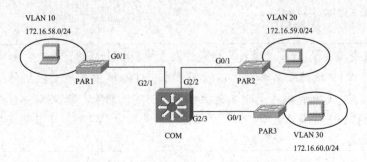

图 7-13　交换机综合实训拓扑图

如无硬件设备，建议使用思科 Packet Tracer 软件进行实训。

3. 实训内容

(1) 创建 VLAN。

(2) 配置 VLAN 间路由。

(3) 配置 VTP。

(4) 配置 Trunk。

4. 实训步骤

(1) 设置 VTP Domain。

VTP Domain 称为管理域。交换 VTP 更新信息的所有交换机必须配置为相同的管理域。如果所有的交换机都以中继线相连，那么只要在核心交换机上设置一个管理域，网络上所有的交换机都加入该域即可，这样管理域里所有的交换机就能够了解彼此的 VLAN 列表。

```
COM# vlan database
!进入 VLAN 配置模式
COM(vlan)# vtp domain COM
!设置 VTP 管理域名称 COM
COM(vlan)# vtp server
!设置交换机为服务器模式
PAR1# vlan database
!进入 VLAN 配置模式
PAR1(vlan)# vtp domain COM
!设置 VTP 管理域名称 COM
PAR1(vlan)# vtp Client
!设置交换机为客户端模式
PAR2# vlan database
!进入 VLAN 配置模式
PAR2(vlan)# vtp domain COM
!设置 VTP 管理域名称 COM
PAR2(vlan)# vtp Client
!设置交换机为客户端模式
PAR3# vlan database
!进入 VLAN 配置模式
PAR3(vlan)# vtp domain COM
!设置 VTP 管理域名称 COM
PAR3(vlan)# vtp Client
!设置交换机为客户端模式
```

注意：这里设置交换机为 Server 模式是指允许在本交换机上创建、修改、删除 VLAN 及其他对整个 VTP 域的配置参数，以及同步本 VTP 域中其他交换机传递来的最新的 VLAN 信息。Client 模式是指本交换机不能创建、删除、修改 VLAN 配置，也不能在 NVRAM 中存储 VLAN 配置，但可以同步由本 VTP 域中其他交换机传递来的 VLAN 信息。

(2)　配置 Trunk。

为了保证管理域能够覆盖所有的分支交换机，必须配置 Trunk。思科交换机能够支持任何介质作为中继线，目的是为实现中继可使用其特有的 ISL 标签。ISL 是一个在交换机之间、交换机与路由器之间及交换机与服务器之间传递多个 VLAN 信息及 VLAN 数据流的协议，通过在交换机直接相连的端口配置 ISL 封装，即可跨越交换机进行整个网络的 VLAN 分配和进行配置。

在核心交换机端配置如下：

```
COM(config)#interface gigabitEthernet 2/1
COM(config-if)#switchport
COM(config-if)#switchport trunk encapsulation isl
COM(config-if)#switchport mode trunk
COM(config)#interface gigabitEthernet 2/2
COM(config-if)#switchport
COM(config-if)#switchport trunk encapsulation isl
COM(config-if)#switchport mode trunk
COM(config)#interface gigabitEthernet 2/3
COM(config-if)#switchport
COM(config-if)#switchport trunk encapsulation isl
COM(config-if)#switchport mode trunk
```

在各分支交换机端配置如下：

```
PAR1(config)#interface gigabitEthernet 0/1
PAR1(config-if)#switchport mode trunk
PAR2(config)#interface gigabitEthernet 0/1
PAR2(config-if)#switchport mode trunk
PAR3(config)#interface gigabitEthernet 0/1
PAR3(config-if)#switchport mode trunk
```

至此，管理域就设置完毕了。

(3)　创建 VLAN。

一旦建立了管理域，就可以创建 VLAN 了。

```
COM(vlan)#Vlan 10 name vlan10
!创建一个编号为 10、名字为 VLAN10 的 VLAN
COM(vlan)#Vlan 20 name vlan20
!创建一个编号为 20、名字为 VLAN20 的 VLAN
COM(vlan)#Vlan 30 name vlan30
!创建一个编号为 30、名字为 VLAN30 的 VLAN
```

注意：这里的 VLAN 是在核心交换机上建立的。其实，只要是在管理域中的任何一台 VTP 属性为 Server 的交换机上建立 VLAN，它就会通过 VTP 通告整个管理域中的所有交换机。但是，如果要将交换机的端口划入某个 VLAN，就必须在该端口所属的交换机上进行设置。

(4)　将交换机端口划入 VLAN。

```
PAR1(config)#interface fastEthernet 0/1
```

```
!配置端口1
PAR1(config-if)#switchport access vlan 10
!归属VLAN10 VLAN
PAR1(config)#interface fastEthernet 0/2
PAR1(config-if)#switchport access vlan 20
PAR1(config)#interface fastEthernet 0/3
PAR1(config-if)#switchport access vlan 30
PAR2(config)#interface fastEthernet 0/1
PAR2(config-if)#switchport access vlan 10
PAR2(config)#interface fastEthernet 0/2
PAR2(config-if)#switchport access vlan 20
PAR2(config)#interface fastEthernet 0/3
PAR2(config-if)#switchport access vlan 30
PAR3(config)#interface fastEthernet 0/1
PAR3(config-if)#switchport access vlan 10
PAR3(config)#interface fastEthernet 0/2
PAR3(config-if)#switchport access vlan 20
PAR3(config)#interface fastEthernet 0/3
PAR3(config-if)#switchport access vlan 30
```

(5) 配置VLAN间路由。

到这里，VLAN已经基本划分完毕。但是，VLAN间如何实现三层(网络层)交换？这就要给各VLAN分配网络(IP)地址了。给VLAN分配IP地址分两种情况：给VLAN所有的节点分配静态IP地址；给VLAN所有的节点分配动态IP地址。下面就这两种情况分别介绍。

假设给VLAN 10分配的接口IP地址为172.16.58.1/24，网络地址为172.16.58.0/24；给VLAN 20分配的接口IP地址为172.16.59.1/24，网络地址为172.16.59.0/24；给VLAN 30分配的接口IP地址为172.16.60.1/24，网络地址为172.16.60.0/24。

如果动态分配IP地址，则设网络上的DHCP服务器IP地址为172.16.1.11。

① 给VLAN所有的节点分配静态IP地址。

首先在核心交换机上分别设置各VLAN的接口IP地址，如下所示：

```
COM(config)# interface vlan 10
COM(config-if)# ip address 172.16.58.1 255.255.255.0
!设置VLAN 10接口IP地址及子网掩码
COM(config)# interface vlan 20
COM(config-if)# ip address 172.16.59.1 255.255.255.0
!设置VLAN 20接口IP地址及子网掩码
COM(config)# interface vlan 30
COM(config-if)# ip address 172.16.60.1 255.255.255.0
!设置VLAN 30接口IP地址及子网掩码
```

再在各接入VLAN的计算机上设置与所属VLAN的网络地址一致的IP地址，并且把默认网关设置为该VLAN的接口地址。这样，所有的VLAN就可以互访了。

② 给VLAN所有的节点分配动态IP地址。

首先在核心交换机上分别设置各VLAN的接口IP地址和DHCP服务器的IP地址，如下所示：

```
COM(config)#interface vlan 10
COM(config-if)#ip address 172.16.58.1 255.255.255.0
!设置 VLAN 10 接口 IP 地址及子网掩码
COM(config-if)#ip helper-address 172.16.1.11
!设置 DHCP Server IP
COM(config)#interface vlan 20
COM(config-if)#ip address 172.16.59.1 255.255.255.0
!设置 VLAN 20 接口 IP 地址及子网掩码
COM(config-if)#ip helper-address 172.16.1.11
!设置 DHCP Server IP
COM(config)#interface vlan 30
COM(config-if)#ip address 172.16.60.1 255.255.255.0
!设置 VLAN 30 接口 IP 地址及子网掩码
COM(config-if)#ip helper-address 172.16.1.11
!设置 DHCP Server IP
```

再在 DHCP 服务器上设置网络地址分别为 172.16.58.0、172.16.59.0 和 172.16.60.0 的作用域，并将这些作用域的"路由器"选项设置为对应 VLAN 的接口 IP 地址。这样，就可以保证所有的 VLAN 可以互访了。

最后对各接入 VLAN 的计算机进行网络设置，将 IP 地址选项设置为自动获得 IP 地址即可。

复习自测题

一、选择题

1. 交换机在 OSI 的(　　)上提供 VLAN 间的连接。

    A. 第一层　　　　B. 第二层　　　　C. 第三层　　　　D. 第四层

2. 下列(　　)命令是将端口指派到一个 VLAN 上。

    A. access vlan vlan-id　　　　　　B. switchport access vlan-id

    C. vlan vlan-id　　　　　　　　　　D. set port vlan vlan-id

3. 如果 VTP 域内有 4 台交换机，最小需要配置(　　)和(　　)客户端口。

    A. 3；1　　　　B. 2；1　　　　C. 3；0　　　　D. 4；4

4. (　　)VTP 模式允许用户改变交换机的 VLAN。

    A. Client　　　　B. STP　　　　C. Server　　　　D. Transparent

5. 如果交换机配置了 3 个 VLAN，需要(　　)个 IP 子网。

    A. 0　　　　B. 1　　　　C. 2　　　　D. 3

6. 下列(　　)协议采用 Trunk 报头来封装以太帧。

    A. VTP　　　　B. ISL　　　　C. 802.1Q　　　　D. ISL 与 802.1Q

7. 交换机的(　　)技术可减少广播域。

    A. ISL　　　　B. 802.1Q　　　　C. VLAN　　　　D. STP

二、简答题

1. 什么是 VLAN？为什么要划分 VLAN？有哪几种 VLAN 划分方法？
2. 什么是 VTP？VTP 有哪几种模式？
3. 实现 VLAN 间通信有哪几种常见方式？
4. 简述三层交换机实现 VLAN 间路由的过程。

第8章 生成树协议

冗余链路是提高网络的可用性、减少网络故障时间的重要措施。但交换机的基本工作原理导致了这样的设计可能会在交换网络中产生广播风暴等问题。本章介绍在交换网络中既能保证冗余链路提供链路备份，又能避免环路、广播风暴等问题产生的技术——生成树技术。

完成本章的学习，你将能够：

- 设计冗余链路；
- 配置生成树协议。

核心概念：冗余链路、STP、RSTP、PVST 协议。

8.1 交换网络中的冗余链路

在由许多交换设备组成的网络环境中，为了提高网络的可用性，保证包括服务器在内的各种网络终端设备间正常通信，大多数情况下我们常在交换网络中采用多条链路连接交换设备形成备份连接，以保证线路上的单点故障如图 8-1 所示，不会影响正常网络的通信。备份连接也叫备份链路或冗余链路。如图 8-2 所示，交换机 SW1 与交换机 SW2 之间的链路就是一个备份连接。在主链路(SW1 与 SW3 之间的链路或者 SW2 与 SW3 之间的链路)出故障时，备份链路自动启用，从而提高网络的整体可靠性。

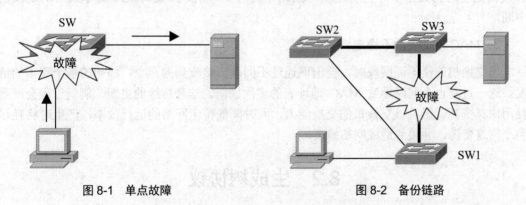

图 8-1 单点故障　　　　　　　　　　图 8-2 备份链路

使用冗余备份能够使网络更健全、稳定和可靠，但是备份链路使网络存在环路。图 8-2 中 SW1-SW2-SW3 就是一个环路。环路是备份链路所面临的最为严重的问题，环路将会导致广播风暴、多帧复制及 MAC 地址表不稳定等问题。

1. 广播风暴

在一些较大型的网络中，当大量广播包(如 MAC 地址查询信息等)同时在网络中传播时，便会发生数据包的碰撞。而网络试图缓解这些碰撞并重传更多的数据包，结果导致全网的可用带宽减少，并最终使得网络失去连接而瘫痪。这一过程被称为广播风暴。

网络中的一台设备能够将数据包发给网络中所有其他站点，这种技术称为广播。由于广播能够穿越由普通交换机连接的多个局域网段，因此几乎所有局域网的网络协议都优先使用广播方式来进行管理与操作。广播使用广播帧来发送、传递信息，广播帧没有明确的目的地址，发送的对象是网络中的所有主机，也就是说网络中的所有主机都将接收到该数据帧。

在一个规模较大的网络中，由于拓扑结构的复杂性，可能有许多大大小小的环路产生。由于以太网、令牌网等第二层协议均没有控制环路数据帧的机制，各个小型环路产生的广播风暴将不断扩散到全网，进而造成网络瘫痪。所以广播风暴是二层网络中灾难性的故障。

网络运行时，我们应当了解网络中所运行的所有协议以及这些协议的主要特点，这样才能更有利于对广播信息流量的控制。通常，交换机对网络中的广播帧不会进行任何数据过滤，因为这些地址信息不会出现在 MAC 层的源地址字段中。交换机总是直接将这些信息广播到所有端口。如果网络中存在环路，则这些广播信息将在网络中不停地转发，直至导致交换机出现超负荷运转，最终耗尽所有带宽资源而阻塞全网通信。

通过使用第三层的路由设备，能够很好地解决广播风暴问题。当客户端发出用来查询的广播包时，路由器能够将其截获并判断是否进行全网转发，从而大大减小了引发广播风暴连锁反应的可能性。

由于路由器能够有效隔离广播域，因此，有些局域网就设计成以路由器为中心的网络架构。但是，路由器通常又会成为网段(子网)间通信的瓶颈。

2．多帧复制

网络中如果存在环路，目的主机可能会收到某个数据帧的多个副本，此时会导致上层协议在处理这些数据帧时无所适从：究竟该处理哪个帧？严重时还可能导致网络连接的中断。

3．MAC 地址表的不稳定

当交换机连接不同网段时，会出现通过不同端口接收到同一个广播帧的多个副本的情况。这一过程也会同时导致 MAC 地址表的多次刷新。这种持续的更新、刷新过程会严重耗用内存资源，影响该交换机的交换能力，同时降低整个网络的运行效率，严重时将耗尽整个网络资源，并最终造成网络瘫痪。

8.2　生成树协议

生成树协议(Spanning-Tree Protocol，STP)最初是由美国数字设备公司(Digital Equipment Corp，DEC)开发的，后经电气电子工程师学会(Institute of Electrical Engineers，IEEE)进行修改，最终制定了相应的 IEEE 802.1d 标准。

8.2.1　生成树协议的功能

如上所述，在局域网通信中，为了能确保网络连接的可靠性和稳定性，常常需要网络提供冗余链路，但这又导致了交换回路的产生。因此，在交换网络中必须有一个机制来阻止回路。

生成树协议的主要功能就是为了解决网络中由于备份连接所产生的环路问题。当网络中有环路时，生成树协议通过生成树算法(Spanning Tree Algorithm，SPA)生成一个没有环路的网络。当主要链路出现故障时，能够自动切换到备份链路，保证网络的正常通信。具体的实现方法是：生成树协议通过在交换机上运行 SPA 算法，先使冗余端口置于"阻塞状态"，这样可使网络中的计算机在通信时只有一条链路有效；而当这个链路出现障碍时，生成树协议将会重新计算出网络的最优链路，将原处于"阻塞状态"的部分端口重新打开，从而确保网络连接的稳定性和可靠性。

8.2.2　生成树协议的原理

生成树协议的主要思想就是当网络中存在环路时，通过一定的算法将交换机的某些端口进行阻塞，从而使网络形成一个无环路的树状结构。

1. 生成树协议的基本概念

为了实现 STP 的功能，交换机之间必须要进行一些信息的交流，这些信息交流单元就称为桥协议数据单元(Bridge Protocol Data Unit，BPDU)。STP BPDU 是一种二层报文，其目的 MAC 是多播地址 01-80-C2-00-00-00，所有支持 STP 的交换机都会接收并处理收到的BPDU 报文。该报文的数据区里携带了用于生成树计算的所有有用的信息，如表 8-1 所示。

表 8-1　BPDU 报文

字　段	注　释
Protocol ID	协议 ID
Version	版本
Message Type	报文类型
Flag	表示发现网络拓扑变化、本端口状态的标志位
Root Bridge ID	本交换机所认为的根交换机的桥 ID，由 2B 优先级和 6BMAC 组成
Root Path Cost	本交换机到根交换机的路径成本，以下简称根路径成本
Bridge ID	由本交换机的 2B 优先级和其 6B MAC 地址组合而成的桥 ID
Port ID	发送该报文的端口 ID，端口信息由 1B 端口优先级和 1B 端口 ID 组成
Message Age	报文已存活的时间
Maximum Time	当一段时间未收到任何 BPDU，且生存期达到 Max Age 时，网桥则认为该端口连接的链路发生故障。默认为 20s
Hello　Time	发送 BPDU 的周期。默认为 2s
Forward　Delay	BPDU 全网传输延迟。默认为 15s

当交换机的一个端口收到高优先级的 BPDU 时(更小的 Root Bridge ID、更小的 Root Path Cost 等)，就在该端口保存这些信息，同时向所有端口更新并传播信息。如果收到比自己优先级低的 BPDU，交换机就会丢弃该信息。

这样的机制就使高优先级的信息在整个网络中传播，BPDU 的交流就有了下面的结果。

- 网络中选择了一个交换机作为根交换机(Root Bridge)。
- 每个交换机都计算出了到根交换机的最短路径。
- 除根交换机外的每个交换机都有一个根口(Root Port)，即提供到 Root Bridge 最短路径的端口。
- 每个 LAN 都有了指定交换机(Designated Bridge)，位于该 LAN 与根交换机之间的最短路径，指定交换机和 LAN 相连的端口称为指定端口(Designated Port)。
- 根口(Root Port)和指定端口(Designated Port)进入转发(Forwarding)状态。
- 其他的冗余端口就处于阻塞状态(Forwarding 或 Discarding)。

2．生成树协议的工作过程

生成树协议采用以下三个规则使某个端口进入转发状态。

- 生成树协议选择一个根交换机，该交换机的所有端口都处于转发状态。
- 每一个非根交换机将从其端口中选择一个到根交换机且管理成本最低的端口作为根端口，生成树协议将使根端口处于转发状态。
- 当一个网络中有多个交换机时，这些交换机会将其到根交换机的管理成本通告出去。其中具有最低管理成本的交换机作为指定交换机，指定交换机中发送最低管理成本 BPDU 的端口是指定端口，该端口处于转发状态。所有其他的端口都被置为阻塞状态。

下面以图 8-3 所示的网络拓扑为例进行描述生成树协议的工作过程。

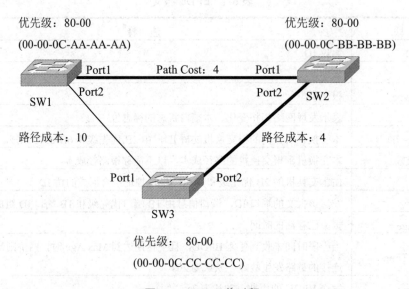

图 8-3　STP 工作过程

(1) 在网络中选择一个交换机作为根交换机(Root Bridge)。

正如所有的树都有树根那样，生成树也需要一个根，这通过在网络中选择一个根交换机来实现。在网络中，所有的交换机都分配了一个优先级，具有最小优先级的交换机将成为根交换机。如果所有交换机的优先级都相同，则具有最小 MAC 地址的交换机会成为根交换机。一开始所有交换机都通过发送带有自身交换机 ID 和优先级的 Hello 数据包声称自己是根交换机，如果一个交换机收到了另一个交换机的 Hello 数据包，则发现对方比自己更适合成为根交换机，交换机就停止声明自己是根交换机，而开始转发这个更好的交换机的 Hello 数据包。最终将有一个交换机在选举中胜出，所有的交换机都支持该交换机成为根交换机。

图 8-3 表述了该过程。假设 SW1、SW2、SW3 交换机都声明自己为根交换机。SW1 交换机在收到 SW2 交换机和 SW3 交换机的 Hello BPDU 后，发现 SW2 交换机和 SW3 交换机的 ID 都比自己的 ID 大，所以 SW1 交换机不会转发它们的 Hello BPDU。而 SW2 交换机和 SW3 交换机在收到 SW1 交换机的 Hello BPDU 后，SW1 交换机的 ID 比它们的 ID 要小(优先级相等，但 SW1 交换机的 MAC 地址小)，所以 SW2 交换机和 SW3 交换机将转发 SW1 的 Hello BPDU，最后就认为 SW1 交换机为根交换机。

(2) 根端口的选择。

除根交换机以外的每台交换机都将选择一个根端口(Root Port)，或者说选择一个"最靠近"根交换机的端口。这是通过判断有最小根路径成本(Lowest Root Path Cost)的端口实现的。所谓端口根路径成本是指从该端口到根交换机的路径成本。这个成本一直带在 BPDU 上，沿途的每台非根交换机的交换机都把接收 BPDU 的端口的本地端口成本(Local Port Cost)加上去，伴随 BPDU 的产生，就累加出了根路径成本。图 8-3 中除根交换机以外的另两台交换机各端口的根路径成本如表 8-2 所示。

表 8-2　非根交换机各端口的根路径成本

非根交换机	端　口	根路径成本
SW2	Port1	4
	Port2	4+10=14
SW3	Port1	10
	Port2	4+4=8

由上表可知，交换机 SW2 的 Port1 端口和交换机 SW3 的 Port2 端口分别为 SW2 和 SW3 的根端口。

(3) 指定端口的选择。

在每个网段选择一个交换机端口处理该段网络的流量，在网段内有最小根路径成本的端口就成为指定端口(Designated Port)，如图 8-2 中交换机 SW2 的 Port2 端口。

(4) 删除桥接环。

根端口和指定端口进入转发(Forwarding)状态，既不是根端口也不是指定端口的交换机端口被设为阻塞状态，如 SW1 的 Port1 和 SW3 的 Port1。这一步断开了不设置阻塞而会形成的所有桥接环(Bridging Loop)。

3．生成树协议的端口状态

每个交换机的端口都会经过一系列的状态。

● Disabled(禁用)：为了管理目的或者因为发生故障将端口关闭。

● Blocking(阻塞)：初始启用端口之后的状态。端口不能接收或者传输数据，不能把 MAC 地址加入它的地址表，只能接收 BPDU。如果检测到有一个桥接环，或者端口失去了根端口或指定端口的状态，就会返回到阻塞状态。

- Listening(监听)：若一个端口可以成为一个根端口或指定端口，则转入监听状态。该端口不能接收或传输数据，也不能把 MAC 地址加入到它的地址表，只能接收或发送 BPDU。
- Learning(学习)：在转发延时(Forward Delay)计时时间(默认为 15s)之后，端口进入学习状态。端口不能传输数据，但可以发送和接收 BPDU。现在可以学习 MAC 地址，并将其加入到地址表中。
- Forwarding(转发)：在下一次转发延时计时时间(默认为 15s)之后，端口进入转发状态。端口现在能够发送和接收数据，学习 MAC 地址，还能发送和接收 BPDU。

4．STP 的缺点

STP 解决了交换链路冗余问题。但是，随着应用的深入和网络技术的发展，它的缺点在应用中也被暴露了出来。STP 的缺陷主要表现在收敛速度上。

当网络拓扑发生变化时，新的 BPDU 要经过一定的时延才能传播到整个网络，这个时延称为转发延时，协议默认值是 15s。在所有交换机收到这个变化的消息之前，若旧拓扑结构中处于转发的端口还没有发现应该在新的拓扑中停止转发，则可能存在临时环路。为了解决临时环路的问题，生成树使用了一种定时器策略，即在端口从阻塞状态到转发状态中间加上一个只学习 MAC 地址但不参与转发的中间状态，两次状态切换的时间长度都是转发延时，这样就可以保证在拓扑变化的时候不会产生临时环路。但是，这个看似很好的解决方案实际上带来的却是至少两倍转发延时的收敛时间。

图 8-4 描述了生成树性能的三个计时器。

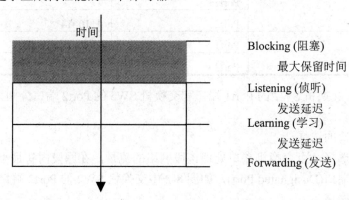

图 8-4　生成树性能的 3 个计时器

- Hello timer(BPDU 发送间隔)：定时发送 BPDU 报文的时间间隔，默认为 2s。
- Forward-Delay timer(转发延迟)：端口从 listening 转为 learning，或者从 learning 转为 forwarding 状态的时间间隔，默认为 15s。
- Max-Age timer(最大保留时间)：BPDU 报文消息生存的最长时间。当超过这个时间，报文消息将被丢弃，默认为 20s。

生成树经过一段时间(默认值是 50s 左右)稳定之后，所有端口或者进入转发状态，或者进入阻塞状态。STP BPDU 仍然会定时(默认为 1 次/2s)从各个交换机的指定端口发出，以维护链路的状态。如果网络拓扑发生变化，生成树就会重新计算，端口状态也会随之改变。

在生成树协议发展过程中，不断克服以前的缺陷，并不断开发新的特性。按照功能的改进情况，我们可以把生成树协议的发展过程划分成三代。

- 第一代生成树协议：STP/RSTP
- 第二代生成树协议：PVST/PVST+
- 第三代生成树协议：MISTP/MSTP

8.3 快速生成树协议

1. 快速生成树协议的改进

为了解决 STP 的缺陷，IEEE 推出了 802.1w 标准，作为对 802.1d 标准的补充。在 IEEE 802.1w 标准里定义了快速生成树协议(Rapid Spanning Tree Protocol，RSTP)。RSTP 在 STP 基础上作了以下三点重要改进，使收敛速度大大提高。

(1) 为根端口和指定端口设置了快速切换用的替换端口(Alternate Port)和备份端口(Backup Port)两种角色，当根端口或指定端口失效的情况下，替换端口或备份端口就会无时延地进入转发状态。图 8-5 中的所有交换机都运行 RSTP，SW1 是根交换机。假设 SW2 的端口 1 是根端口，端口 2 将能够识别这个拓扑结构，成为根端口的替换端口而进入阻塞状态。在端口 1 所在链路失效的情况下，端口 2 就能够立即进入转发状态，而无须等待两倍转发延时的时间。

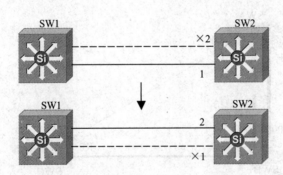

图 8-5 RSTP 协议的备份端口

(2) 在只连接两个交换端口的点对点链路中，指定端口只需与下游交换机进行一次握手就可以无时延地进入转发状态。如果是连接了三个以上交换机的共享链路，则下游交换机不会响应上游指定端口发出的握手请求，只能等待两倍转发延时进入转发状态。

(3) 直接与终端相连而不是与其他交换机相连的端口定义为边缘端口(Edge Port)。边缘端口可以直接进入转发状态，不需要任何延时。由于交换机无法知道端口是否直接与终端相连，所以需要人工配置。

2. RSTP 网络拓扑树的生成

如图 8-6 所示，假设三台交换机 SWA、SWB、SWC 的 Bridge ID 是递增的，即 SWA 的优先级最高，SWA 与 SWB 之间是千兆链路，SWB 和 SWC 为百兆链路，SWA 和 SWC

间为十兆链路。SWA 作为该网络的骨干交换机,对 SWB 和 SWC 都做了链路冗余,显然,如果让这些链路都生效则会产生广播风暴。

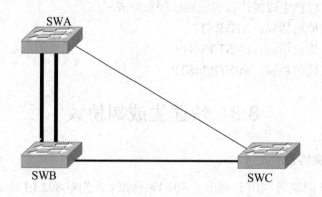

图 8-6　由三台交换机连接而成的环路拓扑

　　如果三台交换机都打开了 STP,它们通过交换 BPDU 选出根交换机为 SWA。SWB 发现有两个端口都连在 SWA 上,它就选出优先级最高的端口为根端口,另一个端口就被选为根端口的替换端口。而 SWC 发现它既可以通过 SWB 到 SWA,也可以直接到 SWA,但由于交换机通过计算发现通过 SWB 到 SWA 的链路成本比直接到 SWA 的低,于是 SWC 就选择了与 SWB 相连的端口为根端口,与 SWA 相连的端口为根端口的替换端口。选择好端口角色之后,就进入各个端口相应的状态,于是就生成了如图 8-7 所示的情况。

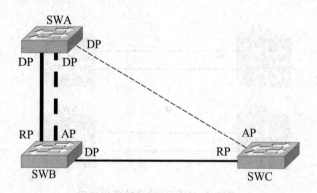

图 8-7　三台交换机都打开了生成树协议

　　如果 SWA 和 SWB 之间的活动链路出了故障,那么备份链路就会立即发挥作用,于是就形成了如图 8-8 所示的情况。

　　如果 SWB 和 SWC 之间的活动链路出了故障,那么 SWC 就会自动把替换端口转换为根端口,这就形成了如图 8-9 所示的情况。

3. RSTP 与 STP 的兼容性

　　RSTP 保证了在交换机或端口发生故障后,能够迅速地恢复网络连接。一个新的根端口可快速地转换到转发端口状态。局域网中交换机之间显式的应答使指定的端口可以快速地转换到转发端口状态。

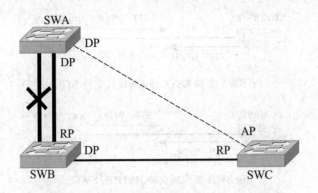

图 8-8　SWA 和 SWB 之间的活动链路出现故障

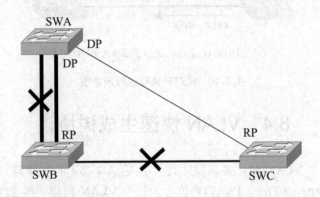

图 8-9　SWB 和 SWC 之间的活动链路出现故障

在理想的条件下，RSTP 应当是网络中使用的默认生成树协议。由于 STP 与 RSTP 之间的兼容性，由 STP 到 RSTP 的转换是无缝的。

RSTP 可以与 STP 完全兼容。RSTP 会根据收到的 BPDU 版本号来自动判断与之相连的交换机是支持 STP 还是支持 RSTP，如果是与 STP 交换机互连就只能按 STP 的转发方法，即过 30s 再转发，而无法发挥 RSTP 的最大功效。

另外，RSTP 和 STP 混用时还会遇到这样一个问题。如图 8-10(a)所示，SWA 支持 RSTP，SWB 只支持 STP。当它们互连时，SWA 发现与它相连的是 STP 交换机，就发送 STP 的 BPDU 来兼容它。但后来如果将 SWB 换成了支持 RSTP 的 SWC(如图 8-10(b)所示)，SWA 却依然在发 STP 的 BPDU，这样会使 SWC 也认为与之互连的是 STP 交换机，结果两台支持 RSTP 的交换机却以 STP 来运行，从而大大降低了效率。

为此，RSTP 提供了协议迁移(Protocol-Migration)功能来强制发送 RSTP BPDU。当 SWA 强制发送 RSTP BPDU 时，SWC 就发现与之互连的交换机支持 RSTP，于是两台交换机就都以 RSTP 运行了，如图 8-10(c)所示。

可见，RSTP 相对于 STP 的确改进了很多。为了支持这些改进，BPDU 的格式做了一些修改，但 RSTP 仍然向下兼容 STP，因此可以混合组网。

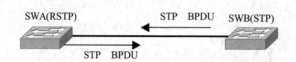

(a) SWA 支持 RSTP 而 SWB 只支持 STP

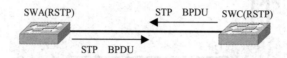

(b) SWB 被换成支持 RSTP 的 SWC

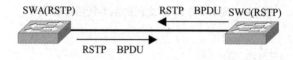

(c) 启用协议迁移功能后的 SWA 和 SWC

图 8-10　RSTP 调整过程示意图

8.4　VLAN 快速生成树协议

当网络上有多个 VLAN 时，必须保证每一个 VLAN 都不存在环路。思科的 VLAN 生成树(Per VLAN Spanning Tree，PVST)协议会为每个 VLAN 构建一棵 STP 树。这样做的好处是可以单独为每个 VLAN 控制哪些接口要转发数据，从而实现负载均衡。缺点是如果 VLAN 数量很多，会给交换机带来沉重负担。思科交换机默认的模式就是 PVST。

为了携带更多的信息，PVST BPDU 的格式和 STP/RSTP BPDU 格式已经不一样，发送的目的地址也改成了思科保留地址 01-00-0C-CC-CC-CD。而且在 VLAN Trunk 的情况下 PVST BPDU 被打上了 802.1Q VLAN 标签，所以 PVST 协议并不兼容 STP/RSTP。

思科后来又推出了经过改进的 PVST+协议，并成为交换机产品的默认生成树协议。经过改进的 PVST+协议在 VLAN 1 上运行的是普通 STP，在其他 VLAN 上运行 PVST 协议。PVST+协议可以与 STP/RSTP 互通，在 VLAN 1 上生成树状态按照 STP 计算。在其他 VLAN 上，普通交换机只会把 PVST BPDU 当作多播报文按照 VLAN 号进行转发，但这并不影响环路的消除，只是 VLAN 1 和其他 VLAN 的根交换机状态可能不一致。

8.5　多实例生成树协议

思科的多实例生成树协议(Multi-Instance Spanning Tree Protocol，MISTP)定义了"实例"的概念。STP/RSTP 是基于端口的，PVST/PVST+是基于 VLAN 的，而 MISTP 则是基于实例的。所谓实例就是多个 VLAN 的集合，通过将多个 VLAN 捆绑到一个实例中，就可以节省通信开销和资源占用率。

在使用的时候可以把多个相同拓扑结构的 VLAN 映射到一个实例中，这些 VLAN 在端口上的转发状态将取决于对实例在 MISTP 中的状态。网络中所有交换机的 VLAN 和实例的映射关系必须都一致，否则将影响网络的连通性。为了检测这种错误，MISTP BPDU 里除了携带实例号以外，还要携带实例对应的 VLAN 关系等信息，MISTP 不处理 STP/RSTP/PVST BPDU，所以不能兼容 STP/RSTP，甚至不能向下兼容 PVST/PVST+协议，在一起组网的时候会出现环路。为了让网络能够平滑地从 PVST+模式迁移到 MISTP 模式，思科在交换机产品里又做了一个可以处理 PVST BPDU 的混合模式 MISTP-PVST+，网络升级时需要先将设备都设置成 MISTP-PVST+模式，然后再全部设置成 MISTP 模式。

MISTP 既有 PVST 的 VLAN 认知能力和负载均衡能力，又拥有可以和 PSTP 相媲美的低 CPU 占有率，不过极差的向下兼容性和协议的私有性限制了 MISTP 的大范围应用。

多生成树协议(Multiple Spanning Tree，MST)来源于思科的 MISTP。它将许多基于 VLAN 的生成树集合成明确的实例，每个实例仅运行一个快速生成树，因而增强了 RSTP 的灵活性。

8.6 生成树协议的配置命令

下面以思科交换机为例，介绍生成树协议的主要配置命令。

(1) 打开、关闭 STP。

```
Switch(config)# [no] spanning-tree [vlan vlan-list]
```

该命令可对指定 VLAN 启用或禁用 STP(默认 no 时表示启用)。若默认 vlan vlan-list 选项，则在所有 VLAN 中启用 STP。

(2) 设置生成树协议的类型。

```
Swith(config)# spanning-tree mode { pvst | mst | rapid-pvst}
```

Cisco 交换机所支持的生成树协议类型包括 PVST、PVST+、Rapid-PVST+、MISTP 和 MST 等。该命令设置生成树协议的类型默认值为 pvst。若选 pvst 则允许 PVST+；若选 mst 则允许 MSTP 和 RSTP；若选 rapid-pvst 则允许 rapid-pvst+。

(3) 配置交换机在所有 VLAN 或指定 VLAN 中的优先级。

```
Switch(config)# spanning-tree [vlan vlan-list] priority priority
```

设置交换机的优先级关系到哪个交换机将成为整个网络或某个 VLAN 的根交换机，同时也关系到整个网络或某个 VLAN 的拓扑结构。建议网络管理员把核心交换机的优先级设得高些(数值越小则优先级越高)，这样有利于整个网络的稳定。

选项 vlan-list 的取值范围是 1～4096。选项 priority 的设置值有 16 个，都为 4096 的倍数，分别是 0、4096、8192、12288、16384、20480、24576、28672、32768、36864、40960、45056、49152、53248、57344、61440。默认值为 32768。

(4) 设置端口在所有 VLAN 或指定 VLAN 中的优先级。

```
Switch(config-if)#spanning-tree [vlan vlan-list] port-priority priority
```

该命令设置指定端口在所有 VLAN 或指定 VLAN 中的优先级，其中 priority 选项的取值范围是 0~255，默认值为 128。选项 *vlan-list* 的取值范围是 1~4096。

(5) 设置指定 VLAN 的转发延迟时间(端口状态改变的时间间隔)。

```
Switch(config)#spanning-tree vlan vlan-list forward-time delay
```

该命令设置指定 VLAN 的转发延迟时间值,选项 *delay* 取值范围为 4~15s,默认为 15s。

(6) 设置指定 VLAN 的 Hello(呼叫)计时器(定时发送 BPDU 报文的时间间隔)。

```
Switch(config)#spanning-tree vlan vlan-list hello-time interval
```

该命令设置指定 VLAN 的 Hello(呼叫)计时器为 *interval*，其取值范围为 1~10s，默认为 2s。

(7) 设置指定 VLAN 的 max-age (BPDU 报文消息生存的最长时间)。

```
Switch(config)#spanning-tree vlan vlan-list max-age agingtime
```

该命令设置指定 VLAN 的 max-age 为 agingtime ，其取值范围为 6~40s，默认为 20s。

(8) 设置端口路径代价的默认计算方法。

```
Switch(config)# spanning-tree pathcost method {long | short}
```

该命令设置端口路径代价的默认计算方法，设置值为长整型(long，32 位)或短整型(short，16 位)。默认情况下，思科交换机使用 short 端口代价值。如果有 10Gbps 或者更高带宽的端口，就应该将网络里每台交换机上的端口代价值的取值范围设置为 long。 若要恢复到默认值，可用 no spanning-tree pathcost method 命令。

(9) 在端口或者接口上启用 STP Root Guard 功能。

```
Switch(config-if)#spanning-tree guard {root | none}
```

该命令在端口或接口上启用 STP Root Guard 功能。如果连接到某端口上的另一个交换机试图成为根交换机，那么该端口就会转入 STP 的 root-inconsistent(监听)状态，当端口上检测不到 BPDU 的时候，就会返回到正常运行状态。

(10) 显示所有 VLAN 的 STP 信息。

```
Switch(config)#show spanning-tree [active [detail] ]
```

该命令将显示所有 VLAN 的 STP 信息，其中带有 detail 选项的命令会得到每个 VLAN 中每个端口的详细信息。例如:

```
Switch# show spanning-tree
VLAN001
Spanning tree enabled protocol ieee
Root ID   Priority    32769
          Address     000d.bca0.9a80
          This bridge is the root
          Hello Time 2 sec Max Age 20 sec   Forward Delay 15 sec
Bridge ID Priority    32769 (priority 32768 sys-id-ext 1)
          Address 000d.bca0.9a80
          Hello Time 2sec Max Age 20 sec    Forward Delay 15sec
```

```
        Aging Time 300
Interface   Port ID                    Designated    Port  ID
Name      Prio.Nbr  Cost Sts     Cost Bridge ID    Prio.Nbr
Fa0/5     128.5     19  FWD     0  32769 000d.bca0.9a80   128.5
...
```

下面的命令将显示 STP 中 backbonefast、blockedports、interface、pathcost、summary、uplinkfast 的相关信息。

```
Switch# show spanning-tree [backbonefast | blockedports | interface |
 pathcost method | summary [totals] | uplinkfast ]
```

例如：

```
Switch(config)# show spanning-tree pathcost method
Spanning tree default pathcost method used is short
```

8.7　生成树协议的配置实例

某学校为了开展计算机教学和网络办公，建立了一个计算机教室和一个学校办公区，这两处计算机网络通过两台交换机互联组成内部校园网。为了提高网络的可靠性，网络管理员用 2 条链路将交换机互连，现要在交换机上做适当配置，使网络避免环路。

本实例网络拓扑结构如图 8-11 所示。两台思科 Catalyst 2960 交换机分别命名为 SW1、SW2。PC1 与 PC2 在同一个网段，假设 IP 地址分别为 192.168.0.137 和 192.168.0.136，网络掩码为 255.255.255.0。

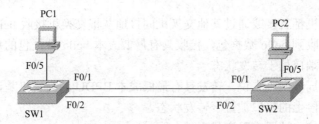

图 8-11　网络拓扑结构图

（1）先在每台交换机上进行端口配置。

```
SW1# configure terminal
SW1(config)#interface range f 0/1-2
SW1(config-if-range)#switchport mode trunk
SW1(config-if-range)#end
SW1#show vlan
!以上配置 SW1 的 Trunk 端口
SW2# configure terminal
SW2(config)#interface range f 0/1-2
SW2(config-if-range)#switchport mode trunk
SW2(config-if-range)#end
SW2#show vlan
```

```
!以上配置 SW2 的 Trunk 端口
```

(2) 在各台交换机上配置生成树。

```
SW1(config)# spanning-tree
SW1(config)# spanning-tree  mode  rstp
SW2(config)# spanning-tree
SW2(config)# spanning-tree  mode  rstp
```

(3) 按拓扑结构连接所有设备，并在各台交换机上查看生成树配置信息。

```
SW1#show  spanning-tree
SW2#show  spanning-tree
```

(4) 测试同一 VLAN 的 PC 间的网络连通性，并将交换机间的任何一条连线切断，测试其连通性。

本 章 小 结

使用生成树协议，可以保证桥接网络环境中存在多条冗余物理链路时，只有一条活动的路径。生成树通过以下特性来达到此目标：

(1) 所有交换机的借口最终都将进入转发或阻塞的稳定状态。处于转发状态下的接口是生成树的一部分。

(2) 一个交换机被选举为根交换机。选举过程从所有交换机都声明自己为根交换机开始，直到最后某个交换机被所有交换机认为是最佳的根交换机为止。根交换机的所有接口都处于转发状态。

(3) 每个交换机都直接或通过其他交换机间接地从根交换机接收 hello 数据包。每个交换机在多个接口上收到 hello 数据包，接收具有最低成本 hello 数据包的那个端口被称为交换机的根端口，该端口处于转发状态。

(4) 对每一个局域网段来说，转发具有最低成本 BPDU 的交换机是该网段的指定交换机。该交换机在网段上的接口被置于转发状态。

(5) 所有其他接口被置为阻塞状态。

本 章 实 训

1. 实训目的

理解快速生成树协议 RSTP 的配置及原理，并掌握 RSTP 的配置技能。

2. 实训内容

配置快速生成树协议 RSTP。

3. 实训设备和环境

(1) 思科 Catalyst 2960 交换机 3 台。

(2) PC 6 台。

(3) 配置线 1 根。

(4) 直通网线 9 根。

如无硬件设备，建议使用思科 Packet Tracer 软件进行实训。

4. 拓扑结构

网络拓扑结构，如图 8-12 所示。

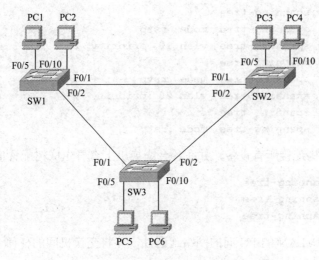

图 8-12　网络拓扑结构图

5. 实训要求

(1) 每个交换机上都划分两个 VLAN，即 VLAN 10 和 VLAN 20。每台交换机上所连接的两台 PC 分别属于 VLAN 10 和 VLAN 20，在同一个 VLAN 内的主机要求能相互通信。将交换机 SW1 设置为 VLAN 10 的根交换机，SW2 交换机设置为 VLAN 20 的根交换机。

(2) 测试生成树协议。配置好后，将交换机间连线中的任何一条线路切断，测试其连通性。

6. 实训步骤

(1) 先在每台交换机上创建 VLAN 并进行端口划分。

例如在交换机 SW1 上进行如下配置：

```
SW1# vlan database
SW1(vlan)# vlan 10 name vlan10
SW1(vlan)# vlan 20 name vlan20
SW1(vlan)# exit
SW1# configure terminal
SW1(config)#interface range f 0/1-2
SW1(config-if-range)#switchport mode trunk
SW1(config-if-range)#exit
SW1(config)#interface f 0/5
SW1(config-if)#switchport access vlan 10
```

```
SW1(config-if)#exit
SW1(config)# interface  f 0/10
SW1(config-if)#switchport  access   vlan  20
SW1(config-if)#end
SW1#
```

SW2、SW3 的配置与 SWA 相似。

(2) 在各台交换机上配置生成树。

```
SW1(config)# spanning-tree
SW1(config)# spanning-tree  mode  rstp
SW1(config)# spanning-tree  vlan 10 priority  0
SW2(config)# spanning-tree
SW2(config)# spanning-tree  mode  rstp
SW2(config)# spanning-tree  vlan 20 priority  0
SW3(config)# spanning-tree
SW3(config)# spanning-tree  mode  rstp
```

(3) 按拓扑结构连接所有设备，并在各台交换机上查看生成树配置信息。

```
SW1#show  spanning-tree
SW2#show  spanning-tree
SW3#show  spanning-tree
```

(4) 测试同一 VLAN 的 PC 间的网络连通性，并将交换机间的任何一条连线切断，测试各 PC 间的连通性。

复习自测题

一、选择题

1. STP 的主要目的是(   )。

    A. 保护单一环路   B. 消除网络的环路

    C. 保持多个环路   D. 减少环路

2. 在根交换机上，所有的端口是(   )。

    A. 根端口   B. 阻塞端口

    C. 指定端口   D. 非指定端口

3. 生成树协议在非根交换机上选择根端口的方式是(   )。

    A. 到根网桥的管理成本最高的端口

    B. 到根网桥的管理成本最低的端口

    C. 到备份根网桥的管理成本最低的端口

    D. 到备份根网桥的管理成本最高的端口

4. 下列选项中为根交换机的是(   )。

    A. 最低优先级的网桥   B. 最低 BID 值的网桥

    C. 最高 BID 值的网桥   D. MAC 地址值最大的网桥

5. 生成树协议的 BID(Bridge ID)是由(   )组成的。

    A. 网桥优先级与网桥 IP 地址

    B. 网桥优先级与网桥 MAC 地址

    C. 网桥 MAC 地址与网桥 IP 地址

    D. 网桥 MAC 地址与端口号

6. 生成树协议中所有端口稳定后必须是(   )。

    A. 所有的端口都转变成阻塞状态

    B. 所有的端口都转变成转发状态

    C. 所有端口要么是阻塞状态，要么是监听状态

    D. 所有端口要么是阻塞状态，要么是转发状态

7. 生成树协议中从阻塞转态变换到监听转态的默认时间是(   )。

    A. 2s   B. 15s   C. 20s   D. 30s

8. 设置 VLAN 端口优先级的命令是(   )。

    A. (config)#spanning-tree port-priority pore-priority

    B. > spanning-tree port-priority port-priority

    C. # spanning-tree port-priority port-priority

    D. (config-if)# spanning-tree port-priority port-priority

二、简答题

1. 简述 STP 的工作过程。

2. RSTP 对 STP 有哪些改进？

第 9 章　访问控制列表的配置

互联网的开放性决定了网络上的数据可以任意流动，但有时候需要对数据进行控制。通过设置访问控制列表来控制和过滤通过路由器的信息流是一种方法。本章主要讲述使用标准访问控制列表和扩展访问控制列表控制网络流量的方法，同时提供了标准访问控制列表和扩展访问控制列表以及在路由接口应用 ACL 的例子。

完成本章的学习，你将能够：
- 描述访问控制列表的分类及其工作过程；
- 会根据应用需求配置各种访问控制列表。

核心概念：访问控制列表、标准 ACL、扩展 ACL、命名 ACL。

9.1　访问控制列表

9.1.1　ACL 概述

访问控制列表简称 ACL(Access Control Lists)，它使用包过滤技术，在路由器上读取第三层或第四层包头中的信息，如源地址、目的地址、源端口、目的端口以及上层协议等。根据预先定义的规则决定哪些数据包可以接收、哪些数据包需要拒绝，从而达到访问控制的目的。配置路由器的访问控制列表是网络管理员一件经常性的工作。例如，网络管理员可以通过配置访问列表来达到允许用户访问 Internet，却不允许外部用户通过 Telnet 进入到本地局域网的目的。

ACL 技术早期仅在路由器上受支持，近些年来已经扩展到三层交换机，现在有些最新的二层交换机也开始支持 ACL。ACL 适用于所有的路由协议，例如 IP、IPX 等。当数据包经过路由器时，都可以利用 ACL 来允许或拒绝对某一网络或子网的访问。ACL 在网络中的使用如图 9-1 所示。

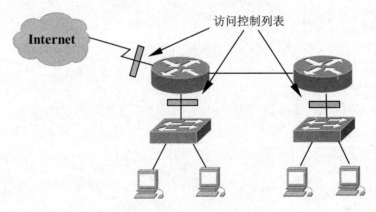

图 9-1　网络中使用 ACL

ACL 的作用主要表现在两个方面：一方面保护资源节点，阻止非法用户对资源节点的访问；另一方面限制特定的用户节点所能具备的访问权限。ACL 的应用非常广泛，可以实现如下功能。

(1) 检查和过滤数据包。ACL 通过将访问控制列表应用到路由器接口来管理流量和检查特定的数据包。任何经过该接口的流量都要接受 ACL 中规则的检测，以此决定被路由的分组是转发还是丢弃，从而过滤网络流量。例如，可以允许 E-mail 流量被路由，但同时要阻塞所有 Telnet 流量。

(2) 限制网络流量，提高网络性能。ACL 能够按照优先级或用户队列处理数据包。通过排队确保路由器不去处理那些不需要的分组。排队限制了网络流量，减少了网络拥堵。

(3) 限制或减少路由更新的内容。ACL 能够限制或简化路由器选择更新的内容，常用于限制特定网络的信息通过网络传播。

(4) 提供网络访问的基本安全级别。通过在路由器上配置 ACL，可以允许一个主机访问网络的一部分，而阻止其他主机访问相同的区域。

正确配置 ACL 和明确在网络的什么地方放置 ACL 是非常重要的。由于 ACL 涉及的配置命令很灵活，功能也很强大，所以设计时应该遵循如下原则。

(1) 顺序处理原则。

对 ACL 表项的检查是按照自上而下的顺序进行的。从第一行起，直到找到第一个符合条件的行为止，其余的行不再继续比较。因此必须考虑在访问控制列表中放入语句的次序，比如测试性的语句最好放在 ACL 的最顶部。

(2) 最小特权原则。

对 ACL 表项的设置应只给受控对象完成任务所必需的最小权限。如果没有 ACL，则等于 permit any。一旦添加了 ACL，就默认在每个 ACL 中最后一行为隐含的拒绝(deny any)。如果之前没找到一条许可(permit)语句，则意味着包将被丢弃。所以每个 ACL 必须至少有一行 permit 语句，除非用户想将所有数据包丢弃。

(3) 最靠近受控对象原则。

尽量考虑将扩展的 ACL 放在靠近源地址的位置上。这样创建的过滤器就不会反过来影响其他接口上的数据流。另外，尽量使标准的 ACL 靠近目的地址。由于标准 ACL 只使用源地址，如果将其靠近源会阻止报文流向其他端口。

ACL 的定义必须基于某个接口和协议。如果想在某个接口控制某种协议的数据流，则必须对该接口处的这种协议定义单独的 ACL。通常对每一个路由器接口的每一个方向、每一种协议都可以创建一个 ACL。另外，必须把 ACL 应用到需要过滤的那个路由器的接口上，否则 ACL 就不会起到过滤作用。

9.1.2 ACL 的工作原理

ACL 是一组条件判断语句的集合，主要定义了数据包进入路由器接口及通过路由器转发和流出路由器接口的行为。无论是否使用 ACL，处理过程的开始都是一样的。当一个数据包进入路由器的某一个接口时，路由器首先检查该数据包是否可路由或可桥接。然后路由器检查是否在入站接口上应用了 ACL。如果有 ACL，就将该数据包与 ACL 中的条件语句相比较。如果数据包被允许通过，就继续检查路由器选择表条目以决定转发到的目的接口。ACL 不过滤由路由器本身发出的数据包，只过滤经过路由器的数据包。下一步，路由器检查目的接口是否应用了 ACL。如果没有应用，数据包就被直接送到目的接口输出。

ACL 按照各语句的逻辑次序顺序执行，如图 9-2 所示。如果与某个条件语句相匹配，数据包就被允许或拒绝通过，而不再检查剩下的条件语句。如果数据包与第一条语句没有匹配，则将继续与下一条语句进行比较。如果所有的条件语句都没有被匹配，则最后将强加一条拒绝全部流量的隐含语句。使用这条拒绝全部流量的语句在 ACL 中最后一行看不到，默认情况下在最后也是拒绝所有的流量。如果数据包与第一条语句相匹配被拒绝通过，则它就会被丢弃，而不会再跟 ACL 中其余的任何语句进行比较。

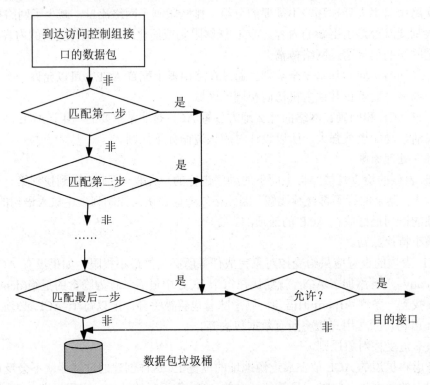

图 9-2　ACL 匹配性检查

9.2　配置标准访问控制列表

最广泛使用的访问控制列表是 IP 访问控制列表，它工作于 TCP/IP 协议组。按照访问控制列表检查 IP 数据包参数的不同，可以将其分为标准 ACL 和扩展 ACL 两种类型。此外 Cisco IOS 11.2 版本中还引入了 IP 命名 ACL 类型。从本节开始介绍各种 ACL 的配置方法。

9.2.1　标准 ACL 的工作过程

标准 ACL 只检查可以被路由的数据包的源地址，从而允许或拒绝基于网络、子网或主机 IP 地址的某一协议通过路由器。其工作过程如图 9-3 所示。

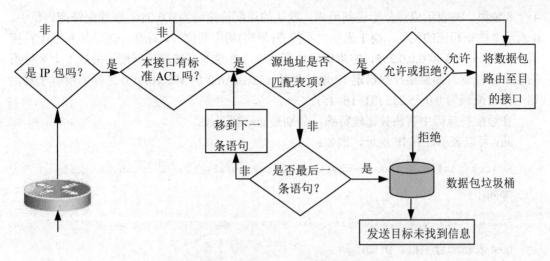

图 9-3　标准 ACL 的工作过程

从路由器某一接口进来的数据包经过检查其源地址和协议类型,并且与 ACL 条件判断语句相比较,如果匹配,则执行允许或拒绝。如果该数据包被允许通过,就从路由器的出口转发出去;如果该数据包没有被允许,就丢弃它。当网络管理员要允许或阻止来自某一网络的所有通信流量,或者要拒绝某一协议的所有通信流量时,可以使用标准 ACL 来实现这一目标。

9.2.2　配置标准 ACL

标准 ACL 的配置步骤如下。

1. 定义标准 ACL

在全局配置模式下使用 access-list 命令,创建一个标准的 ACL,其详细语法如下:

```
Router(config)# access-list access-list-number {deny | permit} source
[source-wildcard] [log]
```

表 9-1 列出了该命令语法中的参数及描述。

表 9-1　标准 ACL 参数及描述

参　数	描　述
access-list-number	访问控制列表表号,用来指定入口属于哪一个访问控制列表。对于标准 ACL 来说,是一个 1~99 或 1300~1999 之间的数字
deny	如果满足测试条件,则拒绝从该入口来的通信流量
permit	如果满足测试条件,则允许从该入口来的通信流量
source	数据包的源地址,可以是网络地址或是主机 IP 地址
source-wildcard	(可选项)通配符掩码,又称反掩码,用来跟源地址一起决定哪些位需要匹配
log	(可选项)生成相应的日志消息,用来记录经过 ACL 入口的数据包的情况

需要说明的是,命令中使用的通配符掩码是一个 32 位的数字字符串,它被用点号分成

4个8位组，并表示成点分十进制形式。默认的通配符掩码为0.0.0.0。在通配符掩码位中，0表示"检查相应的位"，而1表示"不检查(忽略)相应的位"。比如，源地址和通配符掩码为172.16.30.0和0.0.0.255，它告诉路由器前3个8位组必须精确匹配，最后1个8位组的值可以任意。如果用户想指定IP地址为从172.16.16.0到172.16.31.0之间的所有子网，则通配符掩码为0.0.15.255 (31-16=15)。

在通配符掩码中有两种比较特殊，分别是any和host。

any可以表示任何IP地址，例如：

```
Router(config)# access-list  10  permit  0.0.0.0  255.255.255.255
```

等同于：

```
Router(config)# access-list  10  permit  any
```

host表示一台主机，例如：

```
Router(config)# access-list  10  permit  172. 16. 30.22  0.0.0.0
```

等同于：

```
Router(config)# access-list  10  permit  host  172. 16. 30.22
```

另外，可以通过在access-list命令前加no的形式，来删除一个已经建立的标准ACL，使用语法格式如下：

```
Router(config)# no access-list access-list-number
```

例如：

```
Router(config)# no  access-list  10
```

如果想修改一个已经含有已分配表号的条件判断语句的访问控制列表，只能通过使用该命令删除该访问控制列表中的所有条件判断语句，再重新建立新的访问控制列表。

2. 将标准ACL应用到某一接口上

在创建了一个ACL并分配好表号之后，为了让该ACL真正起作用，必须把它应用到一个接口上。用access-group命令可以实现此功能，配置时必须先进入到目的接口的接口配置模式下。access-group命令的语法格式如下：

```
Router(config-if)# ip access-group access-list-number { in | out }
```

其中：参数in和out表示ACL作用在接口上的方向，两者都是以路由器作为参照物。如果in和out都没有指定，那么默认为out。

需要说明的是，在每个接口、协议、方向上只能有一个访问控制列表。

下面以一个实例来说明标准ACL的配置和验证过程。

如图9-4所示，某企业销售部、市场部的网络和财务部的网络通过路由器RTA和RTB相连，整个网络配置RIPv2路由协议，保证网络正常通信。要求在RTB上配置标准ACL，允许销售部的主机PC1访问路由器RTB，但拒绝销售部的其他主机访问RTB，并允许销售部、市场部网络上所有其他流量访问RTB。

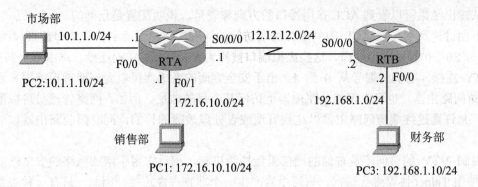

图 9-4 标准 ACL 配置

(1) 配置标准 ACL。

在 RTB 路由器上配置如下：

```
RTB(config)# access-list 1 permit host 172.16.10.10
RTB(config)# access-list 1 deny 172.16.10.0 0.0.0.255
RTB(config)# access-list 1 permit any
RTB(config)# interface s0/0/0
RTB(config-if)# ip access-group 1 in
```

(2) 验证标准 ACL。

配置完 IP 访问控制列表后，如果想知道是否正确，可以使用 show access-lists、show ip interface 等命令进行验证。

① show access-lists 命令。

该命令用来查看所有访问控制列表的内容。

```
RTB# show access-lists
Standard ip access list 1
    10  permit 172.16.10.20
    20  deny 172.16.10.0, wildcard bits 0.0.0.255 (16 matches)
    30  permit any (18 matches)
```

注意：也可使用"show ip acess-lists"命令，但它只显示 IP 访问列表信息。

② show ip interface 命令。

该命令用于查看 ACL 作用在 IP 接口上的信息，并指出 ACL 是否正确设置。

```
RTB# show ip interface
Serial 0/0/0 is up,line protocol is up
  Internet address is 12.12.12.12/24
  Broadcast address is 255.255.255.255
  Address determined by setup command
  MTU is 1500 bytes
  Helper address is not set
  Directed broadcast forwarding is disabled
  Outgoing access list is not set
  Inbound access list is 1
...
```

从输出结果可以看到 ACL 作用接口的方向和表号，说明配置是正确的。

下面讨论利用标准 ACL 限制虚拟终端访问的问题。路由器上的物理端口或接口(例如 Fa0/0 或 S0/0/0)都是虚拟端口，这些虚拟端口被称为虚拟终端(VTY)连接。路由器上共有 5 个 VTY 连接，它们的编号从 0 到 4。出于安全方面的考虑，可以允许或者拒绝用户通过 VTY 访问路由器，也可以拒绝从路由器上访问某个目的地址。例如，网络管理员可以配置 ACL，允许通过终端访问路由器以达到管理或者处理故障的目的，同时限制路由器以外的访问。

限制 VTY 的访问不是普通的通信流量控制机制，相反它用于增加网络的安全性能。VTY 使用 Telnet 协议进行访问，与路由器产生一个非物理性连接。因此，只有一种类型的 VTY ACL。同样，这种限制应该被放置在所有的 VTY 连接中，因为它不能控制用户使用哪个连接登录路由器。

VTY ACL 的创建和在端口上建立 ACL 是一样的，只是应用 VTY ACL 到虚拟连接时，用命令 access-class 代替命令 access-group。下面通过图 9-5 来说明如何配置一个 VTY 访问控制列表，只允许网络 192.168.1.0/24 中的主机 192.168.1.100 telnet 路由器 RTA。

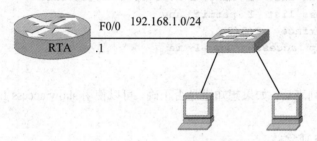

PC1:192.168.1.100/24   PC2:192.168.1.10/24

图 9-5   用标准 ACL 限制 Telnet 访问

```
RTA(config)# access-list 10 permit host 192.168.1.100
RTA(config)# line vty 0 4
RTA(config-line)# password cisco
RTA(config-line)# login
RTA(config-line)# access-class 10 in
```

在配置 VTY 连接的访问控制列表时要记住以下几点：
- 在配置接口的访问时可以使用数字表号或命名的 ACL。
- 只有数字的访问列表才可以应用到虚拟连接中。
- 用户可以连接所有的 VTY，因此所有的 VTY 连接都应用相同的 ACL。

9.3   配置扩展访问控制列表

9.3.1   扩展 ACL 的工作过程

扩展 ACL 比标准 ACL 功能更强大，使用更广泛，因为它可以基于分组的源地址、目的地址、协议类型、端口号和应用来决定允许或者拒绝访问。因而扩展 ACL 比标准 ACL

提供了更广阔的控制范围和更多的处理方法。路由器根据扩展 ACL 来检查分组的工作流程如图 9-6 所示。

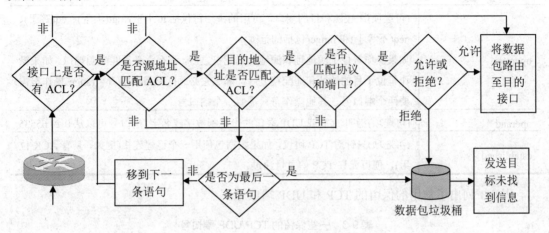

图 9-6 扩展 ACL 的工作流程

9.3.2 配置扩展 ACL

1. 定义扩展 ACL

定义扩展 ACL 仍然使用 access-list 命令，该命令的完整语法如下：

```
Router(config)# access-list access-list-number {deny | permit} protocol
source [source-wildcard destination destination-wildcard] [operator
operand] [established]
```

这个命令的 no 形式用来删除扩展 ACL，以下是该命令的 no 形式语法：

```
Router(config)# no access-list access-list-number
```

扩展 ACL 语句的语法很长并限制在终端窗口中。对该命令的有关参数详细说明如表 9-2 所示。

表 9-2 扩展 ACL 参数及描述

参 数	描 述
access-list-number	访问控制列表表号，使用一个 100~199 或 2000~2699 之间的数字来标识一个扩展访问控制列表
deny	如果条件符合就拒绝后面指定的特定地址的通信流量
permit	如果条件符合就允许后面指定的特定地址的通信流量
protocol	用来指定协议类型，如 IP、ICMP、TCP 或 UDP 等
source 和 destination	数据包的源地址和目的地址，可以是网络地址或主机 IP 地址
source-wildcard	应用于源地址的通配符掩码
destination-wildcard	应用于目的地址的通配符掩码位

参　数	描　述
operator	(可选项)比较源和目的端口，可用的操作符包括 lt(小于)、gt(大于)、eq(等于)、neq(不等于)和 range(包括的范围) 如果操作符位于源地址和源地址通配符之后，那么它必须匹配源端口。如果操作符位于目的地址和通配符之后，那么它必须匹配目的端口。range 操作符需要两个端口号，其他操作符只需要一个端口号
operand	(可选项)指明 TCP 或 UDP 端口的十进制数字或名字。端口号可以从 0 到 65535
established	(可选项)只针对 TCP 协议，如果数据包使用一个已建连接(例如，具有 ACK 位组)，便可允许 TCP 信息量通过

表 9-3 列出了常用的保留的 TCP 和 UDP 端口号。

表 9-3　一些保留的 TCP/UDP 端口号

端　口　号	关　键　字	描　述
7	ECHO	回显
20	FTP-DATA	文件传输协议(数据)
21	FTP	文件传输协议(控制)
23	TELNET	终端连接
25	SMTP	简单邮件传输协议
53	DOMAIN	域名服务器(DNS)
69	TFTP	简单文件传输协议
80	HTTP	超文本传输协议(WWW)

2. 将扩展 ACL 应用到某一接口

用 access-group 命令把一个已经建立的扩展 ACL 应用到某一个接口。access-group 命令的使用方法与标准 ACL 完全一样，这里不再赘述。

下面以一个实例来说明扩展 ACL 的配置和验证过程。

如图 9-7 所示，某企业销售部的网络和财务部的网络通过路由器 RTA 和 RTB 相连，对整个网络配置 RIPv2 路由协议，保证网络正常通信。

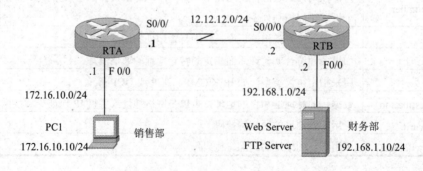

图 9-7　扩展 ACL 的配置

要求在 RTA 上配置扩展 ACL，实现以下 4 个功能：

(1) 允许销售部网络 172.16.10.0 的主机访问 WWW Server 192.168.1.10。

(2) 拒绝销售部网络 172.16.10.0 的主机访问 FTP Server 192.168.1.10。

(3) 拒绝销售部网络 172.16.10.0 的主机 Telnet 路由器 RTB。

(4) 拒绝销售部主机 172.16.10.10　Ping 路由器 RTB。

在路由器 RTA 上配置如下：

```
RTA(config)# access-list 100 permit tcp  172.16.10.0  0.0.0.255 host
192.168.1.10 eq 80
    RTA(config)# access-list 100 deny  tcp  172.16.10.0  0.0.0.255 host
192.168.1.10 eq 20
    RTA(config)# access-list 100 deny  tcp  172.16.10.0  0.0.0.255 host
192.168.1.10 eq 21
    RTA(config)# access-list 100 deny  tcp  172.16.10.0  0.0.0.255 host
12.12.12.2 eq 23
    RTA(config)# access-list 100 deny  tcp  172.16.10.0  0.0.0.255 host
192.168.1.2 eq 23
    RTA(config)# access-list 100 deny  icmp  host 172.16.10.10  host 12.12.12.2
    RTA(config)# access-list 100 deny  icmp  host 172.16.10.10  host 192.168.1.2
    RTA(config)# access-list 100 permit  ip  any  any
    RTA(config)# interface  f0/0
    RTA(config-if)# ip  access-group  100  in
```

注意： "access-list 100 permit ip any any" 这一行非常重要，因为路由器默认状态下拒绝所有的流量，在列表的最后暗含一条拒绝所有流量的语句，如果没有这一行，那么其余的通信流量都将被拒绝。

验证扩展 ACL 同样使用 show access-list 和 show ip interface 命令进行，其使用方法与标准 ACL 相同，在此不再赘述。

总之，扩展 ACL 功能很强大，它可以控制源 IP、目的 IP、源端口、目的端口等，能实现更加精确的流量控制。不过它也存在一个缺点，那就是在没有硬件 ACL 加速的情况下，扩展 ACL 会消耗大量的路由器 CPU 资源。

9.4　命名的访问列表

Cisco IOS 软件 11.2 版本中引入了 IP 命名 ACL，命名 ACL 允许在标准 ACL 和扩展 ACL 中使用一个字母数字组合的字符串(名字)代替前面所使用的数字来表示 ACL 表号。使用命名 ACL 有以下好处：

● 不受 99 条标准 ACL 和 100 条扩展 ACL 的限制。

● 网络管理员可以方便地对 ACL 进行修改，而无须删除 ACL 之后再对其进行重新配置。

配置一个命名 ACL 使用 ip access-list 命令，其语法格式如下：

```
Router(config)# ip access-list {extended | standard} name
```

该命令将用户置于 ACL 配置模式下。在 ACL 配置模式下，通过指定一个或多个允许及拒绝条件，来决定一个数据名是允许通过还是被丢弃，语法格式如下：

```
Router(config-{std-|ext-}nacl)# permit {source [source-wildcard] | any}
```

或

```
Router(config-{std-|ext-}nacl)# deny  {source [source-wildcard] | any}
```

ACL 配置命令中，permit 或 deny 操作符用于通知路由器当一个分组满足某一 ACL 语句时应执行转发还是丢弃操作。

下面以一个实例来说明命名 ACL 的配置方法。

1. 配置标准命名 ACL

网络拓扑结构如图 9-8 所示。

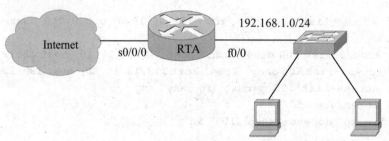

PC1:192.168.1.100/24   PC2:192.168.1.10/24

图 9-8 命名 ACL 网络配置拓扑

要求在路由器 RTA 上进行配置，以阻塞来自某部门子网 192.168.1.0/24 的通信流量，而允许转发所有其他部门的通信流量。配置命令如下：

```
RTA(config)# ip access-list standard acl_std
RTA(config-std-nacl)# deny 192.168.1.0 0.0.0.255
RTA(config-std-nacl)# permit any
RTA(config-std-nacl)# exit
RTA(config)# interface f0/0
RTA(config-if)# ip access-group acl_std in
```

2. 配置扩展命名 ACL

如果只拒绝该部门子网中的 FTP 和 Telnet 通信流量通过 f0/0，其具体配置如下：

```
RTA(config)# ip acess-list extended acl_ext
RTA(config-ext-nacl)# deny tcp 192.168.1.0 0.0.0.255 any eq 21
RTA(config-ext-nacl)# deny tcp 192.168.1.0 0.0.0.255 any eq 20
RTA(config-ext-nacl)# deny tcp 192.168.1.0 0.0.0.255 any eq 23
RTA(config-ext-nacl)# permit ip any any
RTA(config-ext-nacl)# exit
RTA(config)# interface f0/0
RTA(config-if)# ip access-group acl_ext in
```

命名 ACL 允许删除任意指定的语句，但新增的语句只能被放到 ACL 的结尾。下面的例子说明了如何删除和新增 ACL 语句。

```
Router(config)# ip access-list extended test
Router(config-ext-nacl)# permit ip host 1.1.1.1 host 2.2.2.2
Router(config-ext-nacl)# permit tcp any host 5.5.5.5 eq www
Router(config-ext-nacl)# permit icmp any any
Router(config-ext-nacl)# permit udp any host 10.10.10.1 eq tftp
Router(config-ext-nacl) # ^z
%SYS-5-CONFIG_I: Configured from console by console
Router# show access-lists
Extended IP access list test
   permit ip host 1.1.1.1 host 2.2.2.2 (0 matches)
   permit tcp any host 5.5.5.5 eq www (0 matches)
   permit icmp any any (0 matches)
   permit udp any host 10.10.10.1 eq tftp (0 matches)
Router# configure terminal
Enter configuration commands, one per line. End with CNTL/Z.
Router(config)# ip access-list extended test
Router(config-ext-nacl)# no permit icmp any any
Router(config-ext-nacl)#permit tcp any host 10.10.10.5 eq telnet
Router(config-ext-nacl) # ^z
%SYS-5-CONFIG_I: Configured from console by console
Router# show access-lists
Extended IP access list test
   permit ip host 1.1.1.1 host 2.2.2.2 (0 matches)
   permit tcp any host 5.5.5.5 eq www (0 matches)
   permit udp any host 10.10.10.1 eq tftp (0 matches)
   permit tcp any host 10.10.10.5 eq telnet (0 matches)
```

在实现命名 ACL 之前，需要注意以下两点：

● Cisco IOS 软件 11.2 之前的版本不支持命名 ACL。

● 不能够以同一个名字命名多个 ACL。例如，将一个标准 ACL 和一个扩展 ACL 都命名为 cisco 是不允许的。

本 章 小 结

访问控制列表使用包过滤技术，在路由器上读取第三层或第四层包头中的信息，例如源地址、目的地址、源端口、目的端口以及上层协议等。根据预先定义的规则决定哪些数据包可以接收、哪些数据包需要拒绝，从而达到访问控制的目的。在路由器上实现的访问控制列表是一个连续的条件判断语句集合，这些语句对数据包的地址或上层协议进行网络通信流量的控制，从而提供基本的网络通信流量过滤能力，从而对网络安全起到很好的保护作用。

本章主要介绍了访问控制列表的定义和工作过程等，通过实例重点介绍了标准访问控制列表、扩展访问控制列表和命名访问控制列表及其配置方法。通过本章的学习，读者可以在网络设计和网络实现的过程中有效地使用访问控制列表。

本 章 实 训

1. 实训目的

(1) 掌握 ACL 设计原则和工作过程。
(2) 掌握配置标准 ACL。
(3) 掌握配置扩展 ACL。
(4) 掌握配置命名 ACL。
(5) 掌握 ACL 的调试。

2. 拓扑结构

实验拓扑图如图 9-9 所示。如无硬件设备,建议使用 Cisco Packet Tracer 软件进行实训。

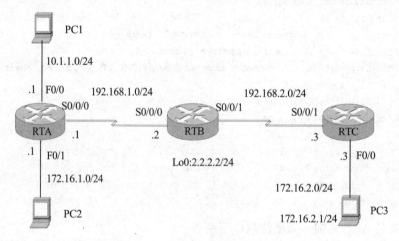

图 9-9　实验拓扑图

3. 实训内容

(1) 配置标准 ACL。要求拒绝 PC2 所在网段访问路由器 RTB,同时只允许主机 PC3 访问路由器 RTB 的 Telnet 服务。整个网络配置 EIGRP 保证 IP 的连通性。

(2) 删除内容 1 所定义的标准 ACL,配置扩展 ACL。要求只允许 PC2 所在网段的主机访问路由器 RTB 的 WWW 和 Telnet 服务,并拒绝 PC3 所在的网段 ping 路由器 RTB。

(3) 用命名 ACL 来实现内容 1 和 2 的要求。

4. 实验步骤

(1) 准备工作。

在完成本实训之前,先按以下步骤(在三组路由器中同时进行)保证网络的连通性。

① 配置路由器各端口的 IP 地址,启用相应端口,并确认上述操作成功。
② 配置 PC 的 IP 地址,并确认操作正确。

③ 在 PC 中分别 ping 本组路由器的端口，并确认能 ping 通。

④ 在路由器中设置 EIGRP，保证到其他网络的连通性。

以路由器 RTA 为例，进行如下操作：

```
RTA(config)#router  eigrp1
RTA(config-router)#network 10.1.1.0  0.0.0.255
RTA(config-router)#network 172.16.1.0  0.0.0.255
RTA(config-router)#network 192.168.1.0
RTA(config-router)#no auto-summary
```

路由器 RTB 和 RTC 的配置与 RTA 相仿。

⑤ 在 PC 中 ping 对应组路由器的端口，确认能 ping 通。

(2) 配置标准 IP 访问控制列表。

① 在路由器 RTB 上创建表号为 1 的标准 ACL，有两点要求。

● 定义标准 ACL，拒绝 PC2 所在网段访问路由器 RTB。

```
RTB(config)#access-list 1 deny 172.16.1.0  0.0.0.255
```

● 允许其他任意主机的访问。

```
RTB(config)#access-list 1 permit any
```

② 将上述标准 ACL 应用到路由器的 s0/0/0 端口、in 方向。

```
RTB(config)#interface  s0/0/0
RTB(config-if)#ip access-group 1 in
```

③ 在路由器 RTB 上创建表号为 2 的标准 ACL。

● 定义标准 ACL，要求只允许主机 PC3 访问路由器 RTB 的 Telnet 服务。

```
RTB(config)#access-list 2 permit  172.16.2.1
```

● 将上述标准 ACL 应用到路由器的所有虚拟终端端口(VTY 0～4)、in 方向。

```
RTB(config)#line vty 0 4
RTB(config-line)#access-class 2  in
RTB(config-line)#password cisco
RTB(config-line)#login
```

④ 用 show ip access-lists 和 show ip interface 命令查看所定义的 IP 访问控制列表及路由器接口的情况，并记录结果。

```
RTB#show ip access-lists
RTB#show ip interface
```

⑤ 实验调试。

在 PC1 网络所在的主机上 ping 2.2.2.2(应该能通)，在 PC2 网络所在的主机上 ping 2.2.2.2(应该不通)，然后在主机 PC3 上 Telnet 2.2.2.2(应该成功)。

(3) 配置扩展 IP 访问控制列表。

① 首先配置路由器 RTA。创建扩展 ACL，表号为 100，只允许 PC2 所在网段的主机

访问路由器 RTB 的 WWW 和 Telnet 服务,并将其应用到接口 f0/0、in 方向。

```
RTA(config)#access-list 100 permit tcp 172.16.1.0 0.0.0.255 host 2.2.2.2 eq www
RTA(config)#access-list 100 permit tcp 172.16.1.0 0.0.0.255 host 192.168.1.2
eq www
RTA(config)#access-list 100 permit tcp 172.16.1.0 0.0.0.255 host 192.168.2.2
eq www
RTA(config)#access-list 100 permit tcp 172.16.1.0 0.0.0.255 host 2.2.2.2 eq
telnet
RTA(config)#access-list 100 permit tcp 172.16.1.0 0.0.0.255 host 192.168.1.2
eq telnet
RTA(config)#access-list 100 permit tcp 172.16.1.0 0.0.0.255 host 192.168.2.2
eq telnet
RTA(config)#interface f0/0
RTA(config-if)#ip access-group 100 in
```

② 然后配置路由器 RTB。

● 删除在配置标准 ACL 时定义的标准 ACL。

```
RTB(config)#no access-list 1
RTB(config)#no access-list 2
```

● 将路由器配置成 Web 服务器。

```
RTB(config)#ip http server
RTB(config)#line vty 0 4
RTB(config-line)#password cisco
RTB(config-line)#login
```

③ 再配置路由器 RTC。创建扩展 ACL,表号为 101,拒绝 PC3 所在的网段 ping 路由器 RTB,并将其应用到接口 f0/0、in 方向。

```
RTC(config)#access-list 101 deny icmp 172.16.2.0 0.0.0.255 host 2.2.2.2 log
RTC(config)#access-list 101 deny icmp 172.16.2.0 0.0.0.255 host 192.168.1.2
log
RTC(config)#access-list 101 deny icmp 172.16.2.0 0.0.0.255 host 192.168.2.2
log
RTC(config)#access-list 101 permit ip any any
RTC(config)#interface f0/0
RTC(config-if)#ip access-group 101 in
```

注意:参数 "log" 会生成相应的日志消息,用来记录经过 ACL 入口的数据包的情况。另外,尽量考虑将扩展的访问控制列表放在靠近过滤源的位置上,这样创建的过滤器就不会反过来影响其他接口上的数据流。

④ 实验调试。

● 分别在 PC2 上访问路由器 RTB 的 Telnet 和 WWW 服务,然后查看并记录访问控制列表 100。

```
RTA#show ip access-lists
```

- 用 PC3 上所在的网段的主机 ping 路由器 RTB，然后查看并记录路由器 RTC 的日志信息。
- 在路由器 RTC 上查看并记录访问控制列表 101。

```
RTC#show access-lists
```

(4) 配置命名 IP 访问控制列表。

① 在 RTB 路由器上配置命名的标准 ACL，实现实训内容 1 的要求。

```
RTB(config)#ip access-list standard  acl_stand
RTB(config-std-nacl)#deny 172.16.1.0 0.0.0.255
RTB(config-std-nacl)#permit any
RTB(config)#interface s0/0/0
RTB(config-if)#ip access-group acl_stand in
RTB(config)#ip access-list standard acl_class
RTB(config-std-nacl)#permit 172.16.2.1
RTB(config-if)#line vty 0 4
RTB(config-line)#access-class acl_class in
```

② 在 RTB 路由器上查看并记录命名访问控制列表。

```
RTB#show access-lists
```

③ 在 RTA 和 RTC 路由器上配置命名的扩展 ACL，实现实训内容 2 中的要求。

```
RTA(config)#ip access-list extended ext_1
RTA(config-ext-nacl)#permit tcp 172.16.1.0 0.0.0.255 host 2.2.2.2 eq www
RTA(config-ext-nacl)#permit tcp 172.16.1.0 0.0.0.255 host 192.168.1.2 eq www
RTA(config-ext-nacl)#permit tcp 172.16.1.0 0.0.0.255 host 192.168.2.2 eq www
RTA(config-ext-nacl)#permit  tcp  172.16.1.0  0.0.0.255 host 2.2.2.2 eq
telnet
RTA(config-ext-nacl)#permit tcp 172.16.1.0 0.0.0.255 host 192.168.1.2 eq
telnet
RTA(config-ext-nacl)#permit tcp 172.16.1.0 0.0.0.255 host 192.168.2.2 eq
telnet
RTA(config)#interface f0/0
RTA(config-if)#ip access-group acl_ext1 in
RTC(config)#ip access-list extended acl_ext3
RTC(config-ext-nacl)#deny icmp 172.16.2.0 0.0.0.255 host 2.2.2.2 log
RTC(config-ext-nacl)#deny icmp 172.16.2.0 0.0.0.255 host 192.168.1.2 log
RTC(config-ext-nacl)#deny icmp 172.16.2.0 0.0.0.255 host 192.168.2.2 log
RTC(config-ext-nacl)#permit ip any any
RTC(config)#interface f0/0
RTC(config-if)#ip access-group acl_ext3 in
```

④ 在 RTA 和 RTC 路由器上查看将记录命名访问控制列表。

```
RTA#show access-lists
RTC#show access-lists
```

复习自测题

一、填空题

1. ACL 分为_____和_____两种类型。
2. 当应用 ACL 时，以_____为参照物区分 in 和 out 的方向。
3. ACL 最后一条隐含_____。
4. 标准 ACL 的编号范围是_____，扩展 ACL 的编号范围是_____。
5. any 的含义是_____，它与_____语句等同。
6. host 的含义是_____，它与_____语句等同。
7. 如果用户想指定 IP 地址为从 192.168.10.0 到 192.168.35.0 之间的所有子网，则通配符掩码为_____。
8. 利用标准 ACL 可以控制 Telnet 会话，把 ACL 应用到虚拟端口上使用的命令是_____。

二、简答题

1. 如何理解 ACL 的工作过程？
2. 标准 ACL 和扩展 ACL 的有何区别和联系？
3. 配置标准 ACL 和扩展 ACL 的一般过程是什么？
4. 如何配置标准 ACL 以控制 Telnet 会话？

第 10 章 广域网接入技术

广域网是将地理位置相距较远的多个计算机系统按照网络协议通过通信线路连接起来以实现计算机之间相互通信的计算机系统的集合。广域网覆盖的地理范围很广，小到一个城市，大到一个国家甚至全球。广域网技术主要体现在 OSI 参考型的物理层及数据链路层，有时也会涉及网络层。当前存在各种各样的广域网协议，如 X.25、HDLC、PPP、DDN、ISDN 等。本章将主要介绍广域网的常见接入方式，包括 HDLC、PPP、帧中继等常见的广域网协议及其配置，另外，还将介绍 NAT 技术。

完成本章的学习，你将能够：

- 描述常见的广域网接入方法；
- 掌握 HDLC 协议及其配置；
- 掌握 PPP 协议的封装及其验证；
- 掌握 NAT 技术及其应用；
- 掌握帧中继技术及其配置。

核心概念： 广域网、HDLC、PPP、NAT、帧中继。

10.1 广域网概述

10.1.1 广域网的连接

广域网(WAN)不同于局域网(LAN)。局域网只在一座建筑或者其他很小的地域范围内连接工作站、终端及其他设备。而广域网是由多个局域网相互连接而成的，它所建立的数据连接将跨越一个广阔的地域，一般覆盖的范围可从几百公里到几千公里。因此，人们通常需要租用电信和数据通信公司的通信线路，而不是自己铺设线路。广域网所能提供的带宽可以从几 Kbps 到几千 Mbps。如图 10-1 所示就是一个典型的广域网连接。

其中：

- 中心交换局是指在一个给定的区域内所有局部环路的交换设备，由服务提供商(ISP)提供。
- 本地回路(Local Loop 或 Last-mile)是指连接用户端设备和 ISP 的线缆，通常是一对双绞线，俗称"最后一公里"。
- 用户前端设备(Customer Premises Equipment，CPE)指安装在用户端的设备。它可以是一个 Modem，也可以是 CSU(Channel Service Unit)/DSU(Data Service Unit)，用来把数据转换为可以在本地回路传输的信号，CPE 通常是向 ISP 租用或购买的。
- 分界线(Demarcation)形成了 CPE 和该服务的本地回路之间的界线，实际上就是接线盒，是 ISP 和用户之间责任的分界。

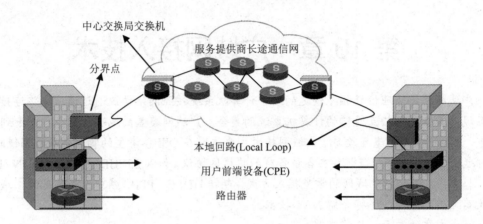

图 10-1 广域网连接示意图

广域网的主要设备包括路由器、CSU/DSU、Modem、通信服务器等。如果本地回路是数字回路，则路由器需要连接到 CSU/DSU(即用户前端设备)；如果本地回路是模拟回路，则路由器需要连接到 Modem。路由器(当然也包括诸如计算机、终端、协议转换器、多路复用器等设备)是 DTE(Data Terminal Equipment，数据终端设备)，它安装在用户到 ISP 接口的用户端，可以作为一个数据源或数据目标。而不论是 CSU/DSU 还是 Modem 都最终把数据放在本地回路进行传输，它们都称为 DCE(Data Communications Equipment，数据通信设备)，是用户到 ISP 接口的提供者端，用来将从 DTE 设备得到的数据转化成一种广域网服务设备可以接收的形式。 DCE 还提供一个信号，用来同步 DCE 和 DTE 之间的数据传输。

10.1.2 广域网串行线路标准

广域网技术主要体现在 OSI 参考型的物理层及数据链路层。

广域网的物理层协议描述广域网连接的电气、机械的运行和功能，还描述 DCE 和 DTE之间的接口，如图 10-2 所示。

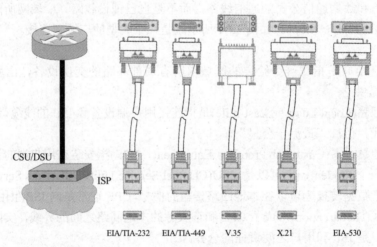

图 10-2 广域网串行线路标准

思科的设备支持如下串行标准或接口类型：EIA/TIA-232、V.35、EIA/TIA-530 等。

当为路由器订购一条串行线缆时，会收到一条 DB-60 屏蔽串行传输线，这条线缆有适合上述标准的连接器。这条屏蔽串行传输线靠近路由器的那端有一个 DB60 连接头，它能接到串行广域网接口卡的 DB-60 端口上。串行传输线的另一端是符合要求的标准连接头。连接头样式取决于 DCE 的连接类型，各种设备的文档会指出自身的使用标准。

10.1.3　广域网的第二层封装

广域网的数据链路层则描述了帧如何在系统之间单一路径上进行传输和进行帧的封装，如图 10-3 所示。常用的帧封装格式有 HDLC(高级数据链路控制)、PPP(点到点)、帧中继、ISDN 等，协议的选择取决于广域网技术和通信设备。

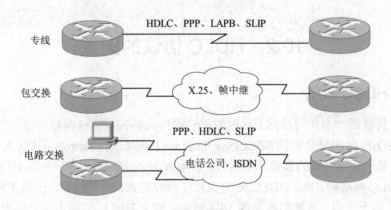

图 10-3　广域网第二层封装

广域网链路主要有四类：专用线路、电路交换线路、包交换线路和信元交换线路。

(1) 专用线路简称专线也通称点对点，就是 ISP 为用户两端保留专用线路或通道，用户能以稳定的速度随时传输数据。这种方法费用很昂贵，DDN 就是一个例子。

(2) 包交换线路使用的是能提供端到端连接的虚电路，物理连接由被编程的交换设备提供。包交换线路的典型是帧中继(Frame Relay)，不同用户的数据帧到了同一帧中继交换网络中，帧中继交换机根据帧中继路由表进行交换，把帧发给目的设备。通常包交换线路价格比专线低，通信质量也能得到用户的认可，使用比较普遍。

(3) 电路交换线路就是发送者与接收者在呼叫期间必须存在一条专用的电路路径。典型的电路交换线路的例子就是电话服务和综合业务数字网(ISDN)，通信双方首先进行呼叫，ISP 根据呼叫临时建立一条线路或通道，之后可以开始数据通信，通信完毕后拆除线路。通常电路交换线路速率低、质量较差、按时收费、价格低廉。

(4) 信元交换线路的典型例子是异步传输控制 ATM，它需要把各种服务类型的数据转换为定长的小单元(信元)，信元允许用硬件进行处理，减少了传输延时。这种交换方式现在使用较少。

下面是典型的广域网封装类型：

(1) HDLC 协议(High-Level DataLink Control，高级数据链路控制协议)：该协议是点对点专用链路和电路交换连接的默认封装类型。HDLC 是一种面向比特的同步数据链路层协议,它一般用于路由器设备之间的通信。

(2) 点对点协议(Point-Point-Protocol,PPP):通过同步和异步电路提供路由器到路由器和主机到网络的连接。PPP 被设计为与几个网络层协议(例如 IP 和 IPX)一起工作。它还有内置的安全机制,例如密码验证协议(PAP)和竞争握手验证协议(CHAP)等。

(3) 串行线路网际协议(Serial Line Internet Protocol,SLIP)。它使用 TCP/IP 的点对点串行连接的标准协议。SLIP 有很多方面已经被 PPP 替代了。

(4) X.25/平衡链路访问过程(Link Access Procedure Balanced,LAPB).这是一个 ITU-T 标准,它定义了怎样连接维护公用数据网络上远程终端访问和计算机通信的 DTE 和 DCE。

(5) 帧中继:这是一个交换式数据链路层协议的工业标准,它处理多个虚电路。帧中继是 X.25 的下一代,它经过改进消除了 X.25 中的一些消耗时间的处理,例如纠错和流控制等。

10.2 HDLC 协议的配置

10.2.1 HDLC 简介

HDLC 协议是一个在同步网上传输数据、面向比特的数据链路层协议,它是由国际标准化组织(ISO)根据 IBM 公司的 SDLC(Synchronous Data Link Control)协议扩展开发而成的。

HDLC 是一个点对点的数据传输协议,其帧的结构有两种类型:ISO HDLC 帧结构,和 Cisco HDLC 帧结构。ISO HDLC 采用 SDLC 的帧格式,支持同步,全双工操作,分为物理层及 LLC 两个子层。其帧结构如图 10-4 所示,整个 HDLC 的帧由标志字段、地址字段、控制字段、数据字段、帧校验序列字段等组成。由于 HDLC 是点对点串行线路上的帧封装格式,所以其帧格式和以前介绍的以太网帧格式有很大差别,HDLC 没有源 MAC 地址和目的 MAC 地址。所谓点对点线路是指该线路只有两个主机存在,那么从线路一端进入的数据一定是到达对端的,所以理论上可以不需要第二层地址。

帧标志序列(F)	地址(A)	控制(C)	数据(D)	校验和(FCS)	帧标志序列(F)

图 10-4 ISO HDLC 帧格式

Cisco HDLC 的帧结构在 ISO HDLC 的基础上增加了一个思科专有位(Proprietary),如图 10-5 所示。它无 LLC 子层,因此 Cisco HDLC 对上层数据只进行物理封装,而没有应答和重传机制,所有的纠错处理都由上层协议处理。

帧标志序列(F)	地址(A)	控制(C)	专有位(P)	数据(D)	校验和(FCS)	帧标志序列(F)

图 10-5 Cisco HDLC 帧格式

由于 Cisco HDLC 和 ISO HDLC 的帧结构不同,所以两者互不兼容。在具体组网时,如果链路的两端都是思科设备,则可采用 Cisco HDLC 协议,其效率要比 PPP 协议高得多。但如果思科设备与非思科设备连接,则不能采用 HDLC 协议,而应采用 PPP 协议。

10.2.2 HDLC 的配置

1. 配置命令

（1）设置 HDLC 封装。

思科路由器的串口在默认时使用 Cisco HDLC 协议封装，所以不需要配置。如果串口的封装不是 HDLC，则需使用 encapsulation 命令进行配置。命令格式如下：

```
Router(config-if)# encapsulation hdlc
```

（2）设置 DCE 端线路速率。

思科路由器接 DDN 专线时，同步串口需要通过 V.35 或 V.24DTE 线缆连接 CSU/DSU。此时思科路由器为 DTE，CSU/DSU 为 DCE，由 CSU/DSU 提供时钟。如两台路由器直接通过 DET/DCE 线缆连接，一台路由器作为 DTE，另一台路由器作为 DCE，就必须由作为 DCE 的路由器提供。因此，必须设置时钟频率。命令格式如下：

```
Router(config-if)# clock rate speed
```

此外，与 HDLC 配置相关的还有如下命令。

Clear interface serial unit：复位指定的硬件接口。

Show interface serial [unit]：显示接口状态。

2. 配置实例

如图 10-6 所示，RouterA 的 IP 地址为 202.168.10.1，RouterB 的 IP 地址是 202.200.10.2，它们都使用 s0/0/0 口进行连接。

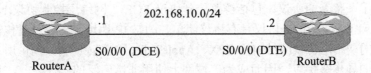

图 10-6 HDLC 封装配置拓扑图

（1）对 RouterA HDLC 的配置：

```
RouterA# configure terminal
RouterA(config)# interface s0/0/0
!进入端口配置状态
RouterA(config-if)# ip address 202.168.10.1 255.255.0.0
!配置 IP 地址及子网掩码
RouterA(config-if)# encapsulation hdlc
!封装 HDLC
RouterA(config-if)# clock rate 64000
!设置 DCE 时钟
RouterA(config-if)# no shutdown
!启用端口
```

(2) 对 RouterB HDLC 的配置:

```
RouterB# configure terminal
RouterB(config)# interface s0/0/0
RouterB(config-if)# ip address 202.168.10.2 255.255.0.0
RouterB (config-if)# encapsulation hdlc
RouterB(config-if)# no shutdown
```

(3) 查看端口的封装类型:

```
RouterA# show interface s0/0/0
Serial 0/0/0 is up, line protocol is up
Hardware is MCI Serial
Internet address is 192.200.10.1, subnet mask is 255.255.255.0
MTU 1500 bytes, BW 1544 Kbit, DLY 20000 usec, rely 255/255, load 1/255
Encapsulation HDLC, loopback not set,
keepalive set (10 sec)
...
```

10.3 点对点协议(PPP)配置

10.3.1 PPP 协议简介

PPP(Point-to-Point-Protocol)是提供在点对点链路上承载网络层数据包的一种数据链路层协议。在广域网中,其他厂商的路由器如果不支持 Cisco HDLC 封装,当非思科路由器之间、思科路由器与非思科路由器连接时,在专线连接或拨号连接时,则 PPP 协议成为必选的协议。

PPP 定义了一整套的协议,包括链路控制协议(LCP)、网络层控制协议(NCP)和认证协议(PAP 和 CHAP)。由于 PPP 协议具有协议简单、动态 IP 地址分配、可对传输数据进行压缩、支持更多的网络层协议(例如 IP、IPX、AppleTalk、DECnet 等)、提供用户认证、易于扩展以及支持同异步等优点,因而成为广域网上使用非常广泛的协议之一。目前,它已成为各种主机、网桥和路由器之间通过拨号或专线方式建立点对点连接的首选方案,主要用于家庭拨号上网、ADSL 上网、局域网的点对点连接等。

1. PPP 帧格式

PPP 帧格式如图 10-7 所示,和 HDLC 帧格式相似。二者主要区别在于:PPP 是面向字符的,而 HDLC 是面向位的。

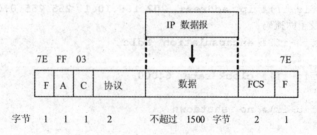

图 10-7 PPP 帧格式图

可以看出，PPP 帧的前 3 个字段和最后两个字段与 HDLC 的格式是一样的。标志字段 F 为 01111110(即 0x7E)，表示帧的开始或结束。地址字段 A 和控制字段 C 都是固定不变的，分别为 0xFF、0x03。PPP 协议不是面向比特的，因而所有的 PPP 帧长度都是整数字节。

与 HDLC 不同的是协议字段。该字段为 2 个字节，用于表示封装在帧中的数据字段的协议类型。如：

- 0x0021 表示信息字段是 IP 数据报。
- 0xC021 表示信息字段是链路控制数据 LCP。
- 0x8021 表示信息字段是网络控制数据 NCP。
- 0xC023 表示信息字段是安全性认证 PAP。
- 0xC223 表示信息字段是安全性认证 CHAP，等等。

数据字段包含协议字段中指定的协议的数据包，长度为 0～1500 字节。

2. PPP 链路工作过程

PPP 链路的工作过程可用图 10-8 来说明。整个过程包括四个阶段：链路建立阶段、链路认证阶段、网络层控制协议阶段和链路终止阶段。

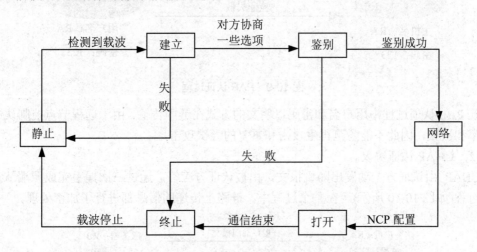

图 10-8　PPP 链路工作过程

(1) 链路建立阶段：PPP 通信双方发送 LCP 数据包来交换配置信息，一旦配置信息交换成功，链路即宣告建立。LCP 数据包包含一个配置选项域，该域允许设备协商配置选项，例如最大接收单元数目、特定 PPP 域的压缩和链路认证协议等。如果 LCP 数据包中不包括某个配置选项，那么将采用该配置选项的默认值。

(2) 链路认证阶段：LCP 负责测试链路的质量是否能承载网络层的协议。链路质量测试是 PPP 协议提供的一个可选项，也可不执行。同时，如果用户选择了认证协议，那么本阶段将完成认证过程。

(3) 网络层控制协议阶段：在完成上两个阶段后，进入该阶段。PPP 开始使用相应的网络层控制协议配置网络层的协议，例如 IP、IPX 等。配置成功后，该网络层协议就可通过这条链路发送报文了。

(4) 链路终止阶段：认证失败、链路质量失败、载波丢失或管理员关闭链路后进入该阶段。此时，LCP用交换链路终止包的方法终止链路。

3．PPP 认证功能

PPP 认证功能是指在建立 PPP 链路的过程中进行密码的验证，验证通过则建立连接，否则拆除链路。

PPP 支持两种认证协议：密码认证协议(PAP)和询问握手认证协议(CHAP)。

(1) PAP 认证协议。

认证双方通过两次握手完成认证过程(如图 10-9 所示)。它是一种用于对试图登录到 PPP 服务器上的用户进行身份验证的方法。首先由被认证方发送用户名和密码到认证方，认证方根据用户配置是否有此用户和密码是否正确，返回不同的响应(通过认证或认证失败)。PAP 协议仅在连接建立阶段进行，在数据传输阶段不进行 PAP 认证。

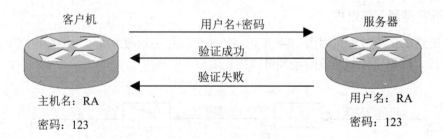

图 10-9　PAP 认证过程

在 PAP 认证过程中用户名和密码以明文的方式在链中传输。由于远程节点控制认证重试频率和次数，因此不能防范再生攻击和重复的尝试攻击。

(2) CHAP 认证协议。

CHAP 由认证方主动发出随机报文，由被认证方应答，通过三次握手完成源端节点的认证过程(如图 10-10 所示)。在整个过程中，链路上传递的信息都进行了加密处理。

图 10-10　CHAP 认证过程

CHAP 认证工作过程：A 机(被认证方)欲通过 PPP 协议连接 B 机(认证方)，而 B 机设置了 CHAP 认证，则当 A 机拨通 B 机后，由 B 机将一段随机数据和自身的名字发给 A 机，A 机根据此名字查到自己的密码，用该密码和 MD5 算法对收到的随机数据进行摘要而得到 16 字节的密文，然后将该密文和 A 机自身的名字一起发送给 B 机。B 机收到该密文后，首先查到 A 的密码，同样用此密码对以前发送的随机数据，通过 MD5 算法进行加密并将自己算出的加密结果与从 A 中收到的加密结果相比较。如果一致，A 与 B 可继续进行协商，否则 B 机将切断线路。

CHAP 协议不仅仅在链路建立阶段进行，而且在以后的任何时候都可以周期性地进行。CHAP 的这种周期性认证的特性使得链路更为安全，并且 CHAP 不允许连接发起方在没有收到询问消息的情况下进行认证尝试。CHAP 每次使用不同的询问消息，每个消息都是随机的唯一的值。并且 CHAP 不直接传送密码，只传送一个随机的询问消息以及该询问消息与密码经过 MD5 加密运算后的加密值。所以 CHAP 可以防止再生攻击，其安全性要比 PAP 高。

10.3.2　PPP 协议的配置

1．PPP 协议配置相关命令

(1)　封装 PPP 协议。

```
Router(config-if)# encapsulation ppp
```

注意：同一条链路的两端封装方式都应该是 PPP，否则将无法正常通信。

(2)　在本路由器上记录对端路由器名字和密码。

```
Router(config)# username username password password
```

其中：username 和 password 是指对端的用户名和密码。

(3)　设置本地路由器名字和密码。

```
Router(config)# hostname hostname
Router(config)# enable secret secret-string
```

(4)　配置认证方式。

```
Router(config-if)# ppp authentication [ chap | chap pap | pap chap | pap ]
```

如果 PAP 和 CHAP 都被启用，链路协商期间将请求第一种认证方法。如果对等路由器建议使用第二种方法或简单地拒绝第一种方法，将使用第二种方法。

(5)　向对端路由器发送认证信息。

```
Router(config-if)# ppp pap sent-username name password password
```

在本地路由器上配置在远程路由器上登录的用户名和密码。

2．PAP 认证配置实例

如图 10-11 所示，串行链路两端的封装方式均为 PPP，且都采用 PAP 认证。

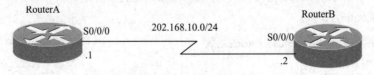

图 10-11　PPP 配置拓扑图

通常在实际应用中采用双向认证,即 RouterA 要认证 RouterB,同时 RouterB 也要认证 RouterA,配置过程如下:

(1) 配置 RouterA。

```
Router(config)# hostname RouterA
!设置 RouterA 的名字
RouterA(config)# username RouterB password 12345
!设置对端的用户名和密码
RouterA (config)# interface s0/0/0
!进入接口配置模式
RouterA (config)# ip address 202.168.10.1 255.255.255.0
!设置 IP 地址及子网掩码
RouterA (config-if)# encapsulation ppp
!封装 PPP 协议
RouterA (config-if)# ppp authentication pap
!设置认证协议
RouterA(config-if)# ppp pap sent-username RouterA password 54321
!发送验证信息
RouterA (config-if)# no shutdown
!启用端口
```

(2) 配置 RouterB。

```
Router(config)# hostname RouterB
!设置 RouterB 的名字
RouterB(config)# username RouterA password 54321
!设置对端的用户名和密码
RouterB (config)# interface s0/0/0
!进入接口配置模式
RouterB(config)# ip address 202.168.10.2 255.255.255.0
!设置 IP 地址及子网掩码
RouterB(config-if)# encapsulation ppp
!封装 PPP 协议
RouterB(config-if)# ppp authentication pap
!设置认证协议
RouterB (config-if)#ppp pap sent-username RouterB password 12345
!发送验证信息
RouterB (config-if)# no shutdown
!启用端口
```

3. CHAP 认证配置实例

仍以图 10-11 所示的拓扑结构为例,配置双向的 CHAP 认证。

(1) 配置 RouterA。

```
Router(config)# hostname RouterA
!设置 RouterA 的名字
RouterA(config)# username RouterB password 12345
!设置对端的用户名和密码
RouterA(config)# interface s0/0/0
```

```
RouterA (config)# ip address 202.168.10.1 255.255.255.0
!设置 IP 地址及子网掩码
RouterA(config-if)# encapsulation ppp
!封装 PPP 协议
RouterA(config-if)# ppp authentication chap
!设置认证协议
RouterA(config-if)# no shutdown
```

(2) 配置 RouterB。

```
Router(config)# hostname RouterB
!设置 RouterB 的名字
RouterB(config)# username RouterA password 12345
!设置对端的用户名和密码
RouterB(config)# interface s0/0/0
RouterA (config)# ip address 202.168.10.1 255.255.255.0
!设置 IP 地址及掩码
RouterB(config-if)# encapsulation ppp
!封装 PPP 协议
RouterB(config-if)# ppp authentication chap
!设置认证协议
RouterB(config-if)# no shutdown
```

注意：配置时要求用户名为对方路由器名，而密码必须一致。这是因为 CHAP 默认使用本地路由器的名字作为建立 PPP 连接时的识别符。路由器在收到对方发送过来的询问消息后，将本地路由器的名字作为身份标识发送给对方。在收到对方发过来的身份标识之后，默认使用本地认证方法，即在配置文件中寻找，看看有没有用户身份标识和密码。如果有，计算机加密值，结果正确则认证通过；否则认证失败，连接无法建立。

10.4 NAT 技术

10.4.1 NAT 概述

NAT(Network Address Translation，网络地址转换)是一种将一个 IP 地址域(如 Intranet)转换为另一个 IP 地址域(如 Internet)的技术。NAT 技术的出现是为了解决 IP 地址日益短缺的问题，它将多个内部地址映射为少数几个甚至一个公网地址，这样就可以使内部网络中的主机(通常使用私有地址)透明地访问外部网络中的资源。同时，外部网络中的主机也可以有选择地访问内部网络。而且，NAT 能使得内外网络隔离，从而能提供一定的网络安全保障。

1. NAT 术语

(1) 内部网络(Inside)。指那些由机构或企业所拥有的网络，与 NAT 路由器上被定义为 inside 的接口相连。

(2) 外部网络(Outside)。指除了内部网络之外的所有网络,常为 Internet 网络,与 NAT 路由器上被定义为 outside 的接口相连。

(3) 内部本地地址(Inside Local Address)。内部网络主机使用的 IP 地址。这些地址一般为私有 IP 地址,它们不能直接在 Internet 上路由,因而也就不能直接用于访问 Internet,必须通过网络地址转换,以合法的 IP 地址的身份来访问 Internet。

(4) 内部全局地址(Inside Global Address)。内部网络使用的公有 IP 地址,这些地址是向 ICANN 申请才可取得的公有 IP 地址。当使用内部本地地址的主机要与 Internet 通信时,NAT 转换需要使用该地址。

(5) 外部本地地址(Outside Local Address)。外部网络主机使用的 IP 地址,这些地址不一定是公有 IP 地址。

(6) 外部全局地址(Outside Global Address)。外部网络主机使用的 IP 地址。这些地址是全局可路由的公有 IP 地址。

2. NAT 的工作原理

如图 10-12 所示,在局域网内部网络中使用内部地址。当内部节点 PC1 要访问外部的 HOST 主机时,PC1 发送源地址为 192.168.1.100,目的地址是 210.32.166.58 的 IP 报文,该 IP 报文将被路由到边界路由器。边界路由器收到这个 IP 报文后,将源地址改变为公有地址 202.10.65.3,并私有地址 192.168.1.100 与公有地址 202.10.65.3 间的地址映射关系存入地址映射表,然后发出修改后的 IP 报文;当 HOST 主机收到报文,回复报文到达路由器后,路由表再根据地址映射表中的地址的对应关系,把目的地址转换为 PC1 的地址,这样就完成了私有地址主机与 Internet 主机的通信。

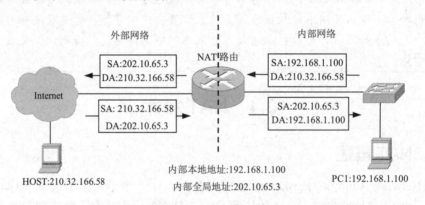

图 10-12 NAT 工作原理

NAT 功能通常被集成到路由器、防火墙、ISDN 路由器或者单独的 NAT 设备中。例如思科路由器中已经加入这一功能,网络管理员只需在路由器的 IOS 中设置 NAT 功能,就可以实现对内部网络的屏蔽。

NAT 的主要作用是节约地址空间。在任一时刻,如果内部网络中只有少数节点与外界建立连接,那么就只有少数的内部地址需要被转化成全局地址,可以减少对合法地址的需求。同时,NAT 还可以使多个内部节点共享一个外部地址,从而使多台计算机共享 Internet 连接。当多个内部主机共享一个合法的 Internet 上的 IP 地址时,地址转换是通过端口多路利用，即改变外出数据包的源端口并进行端口映射(NAPT)来完成的。这一功能很好地解决了公共 IP 地址紧缺的问题。通过这种方法，用户可以只申请一个合法 IP 地址，就把整个局域网中的计算机接入 Internet 中。

除了节约地址外，NAT 还能简化配置，增加网络规划的灵活性。使用 NAT 可以在规划地址时有更大的灵活性，从而简化内部网的设计。另外，当两个有地址重叠的私有内部网要相互连接时，可以使用 NAT 来防止地址冲突，而避免逐个改变节点地址这项繁杂的工作。

3. NAT 的类型

NAT 有三种类型：静态 NAT(Static NAT)、动态 NAT(Pooled NAT)和网络地址端口转换 NAPT(Network Address Port Translation)。

(1) 静态 NAT 是设置最为简单和最容易实现的一种。内部网络中的每个主机都被永久映射为外部网络中的某个合法的地址。它在 NAT 表中为每一个需要转换的内部地址创建了固定的转换条目，映射了唯一的全局地址。内部地址与全局地址一一对应。每当内部节点与外界通信时，内部地址就会转化为对应的全局地址，如图 10-13 所示。

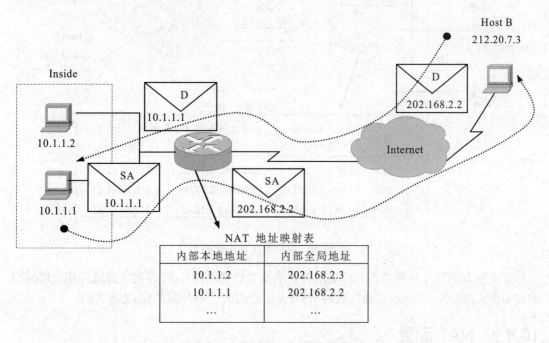

图 10-13 静态 NAT 工作示意图

(2) 动态 NAT 则是将可用的全局地址的地址集定义为 NAT 池(NAT Pool)，对于要与外界进行通信的内部节点，如果还没有建立转换映射，边缘路由器或者防火墙将会动态地从 NAT 池中选择全局地址对内部地址进行转换。每个转换条目在连接建立时动态建立，而在连接终止时再被回收。这样，网络的灵活性大大增强了，所需要的全局地址进一步减少。值得注意的是，当 NAT 池中的全局地址被全部占用，以后的地址转换的申请就会被拒绝，这样会造成网络连通性的问题。所以应该使用超时操作选项来回收 NAT 池的全局地址。另外，由于每次的地址转换是动态的，所以同一个节点在不同连接中的全局地址是不同的，这会使 SNMP 的操作复杂化。

(3) 地址端口转换是动态转换的一种变形。它可以使多个内部节点共享一个全局 IP 地址，而使用源和目的地址的 TCP/UDP 的端口号来区分 NAT 表中的转换条目及内部地址，这样就更节省了地址空间。例如，假设内部节点 10.1.1.3、10.1.1.2 都用源端口 1723 向外发送数据包，NAPT 路由器把这两个内部地址都转换为全局地址 202.168.2.2，而使用不同的源端口号 1492 和 1723。当接收方收到的源端口号为 1492 时，则返回的数据包在边缘网关处，目的地址和端口被转换为 10.1.1.3:1723。而当接收方收到的源端口号为 1723 时，目的地址和端口被转换为 10.1.1.2:1723。如图 10-14 所示。

Inside

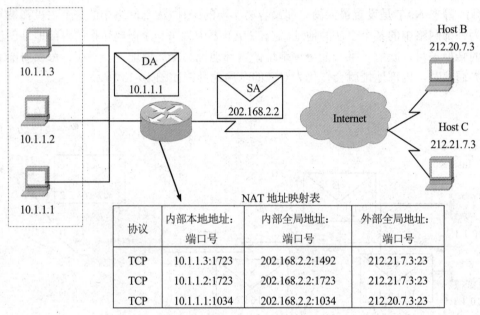

NAT 地址映射表

协议	内部本地地址: 端口号	内部全局地址: 端口号	外部全局地址: 端口号
TCP	10.1.1.3:1723	202.168.2.2:1492	212.21.7.3:23
TCP	10.1.1.2:1723	202.168.2.2:1723	212.21.7.3:23
TCP	10.1.1.1:1034	202.168.2.2:1034	212.20.7.3:23

图 10-14　NAPT 工作示意图

以上所有的地址转换功能，都是由防火墙或者边缘路由器(即连接内部网络和公用网络的路由器)完成的，该功能对通信的各节点(无论是内部还是外部的)都是透明的。

10.4.2　NAT 配置

1. 静态 NAT 配置

当外出的数据包到达边缘网关时，从 NAT 表中查找相应的静态转换条目，检索出对应的全局地址，并替换数据包中的源地址(内部地址)。而当外部的数据包要通过边界路由器时，目的地址(全局地址)被替换成相应的内部地址。

在思科路由器上配置静态 NAT，可在全局配置模式下执行命令，如表 10-1 所示。

表 10-1 静态 NAT 配置命令及步骤

步　骤	命　令	说　明
第 1 步	ip nat inside source static local-ip global-ip	配置内部本地地址和内部全局地址间的转换关系
第 2 步	interface iftype　mod/port	进入内部接口配置模式
第 3 步	ip nat inside	定义该接口连接内部网络
第 4 步	interface iftype　mod/port	进入外部接口配置模式
第 5 步	ip nat outside	定义该接口连接外部网络

要查看 NAT 配置信息，可以使用如表 10-2 所示的两个命令。

表 10-2 查看 NAT 配置信息的命令

命　令	说　明
show ip nat translations	显示生效的 NAT 设置
show ip nat statistics	显示 NAT 的统计信息

下面以一个实例来说明静态 NAT 的配置过程。如图 10-15 所示，内部网络中有两台 PC，它们使用的是内部本地地址。要求正确配置静态地址转换，使这两台 PC 都能访问 Internet。其中 PC1 和 PC2 使用的内部全局地址分别为 210.29.193.2 和 210.29.193.3，路由器内部网络接口 f 0/0 的 IP 地址为 10.1.1.1，外部网络接口 s0/010 的 IP 地址为 210.29.193.1。

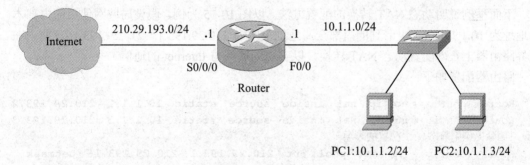

图 10-15 NAT 配置拓扑图

路由器配置如下：

```
Router(config)# ip nat inside source  static 10.1.1.2  210.29.193.2
Router(config)# ip nat inside source  static 10.1.1.3  210.29.193.3
Router(config)# interface  f0/0
Router(config-if)# ip address 10.1.1.1 255.255.255.0
Router(config-if)# ip nat  inside
Router(config-if)# no  shutdown
Router(config)# interface  s0/0/0
Router(config-if)# ip address 210.29.193.1 255.255.255.0
Router(config-if)# ip nat  outside
Router(config-if)# no  shutdown
```

配置完成后，可以使用 show ip nat translations 命令来查看地址转换列表。

2．动态 NAT 配置

当外出的数据包到达边界路由器时，首先检查 NAT 表，看是否已经建立映射。如果没有，则动态地从 NAT 池中映射一个全局地址，建立转换条目，并替换源地址。当连接终止时，转换条目则被删除，全局地址被 NAT 池回收。

在思科路由器上配置动态 NAT，可在全局配置模式下执行，如表 10-3 所示的命令。

表 10-3　动态 NAT 配置命令及步骤

步　骤	命　令	说　明
第 1 步	ip nat pool name start-ip end-ip { netmask netmask | prefix-length prefix-length }	定义一个用于动态 NAT 转换的内部全局地址池
第 2 步	access-list access-list-number permit source [source-wildcard]	定义标准 ACL，匹配该 ACL 的内部本地地址可动态转换
第 3 步	ip nat inside source { list {access-list-number|name} pool name }	配置内部本地地址和内部全局地址间的转换关系
第 4 步	interface iftype　mod/port	进入内部接口配置模式
第 5 步	ip nat inside	定义该接口连接内部网络
第 6 步	interface iftype　mod/port	进入外部接口配置模式
第 7 步	ip nat outside	定义该接口连接外部网络

下面举例说明动态 NAT 转换的配置方法。以图 10-15 为例，假设局域网使用的内部本地地址为 10.1.1.0/24，申请到的内部全局地址范围为 210.29.193.1～210.29.193.16，要求在边界路由器上正确配置动态 NAT 转换，以实现局域网与 Internet 的通信。

路由器配置如下：

```
Router(config)# no ip nat inside source static 10.1.1.2 210.29.193.2
Router(config)# no ip nat inside source static 10.1.1.3 210.29.193.3
!删除上例中静态 NAT 配置的表项
Router(config)# ip nat pool out 210.29.193.1 210.29.193.16 netmask
255.255.255.0
!定义内部全局地址池"out"，地址池中地址范围为 210.29.193.1～210.29.193.16
Router(config)# access-list 1 permit 10.1.1.0 0.0.0.255
!用标准 ACL 定义允许地址转换的内部本地地址范围为 10.1.1.0/24
Router(config)# ip nat inside source list 1 pool out
!配置内部本地地址与内部全局地址间的转换关系
Router(config)# interface f0/0
Router(config-if)# ip address 10.1.1.1 255.255.255.0
Router(config-if)# ip nat inside
Router(config-if)# no shutdown
Router(config)# interface s0/0/0
Router(config-if)# ip address 210.29.193.1 255.255.255.0
Router(config-if)# ip nat outside
Router(config-if)# no shutdown
```

注意: 由于静态映射一直存在于 NAT 表中,因此在实现本例之前先将其删除,这样可以防止由残留的配置所带来的问题。

3. 地址端口转换(NAPT)的配置

NAPT 也称为复用动态地址转换,是最为常用的网络地址转换类型。NAT 设备通过映射 TCP 和 UDP 端口号来跟踪和记录不同的会话。使用 NAPT 可以让成百上千的私有地址节点使用一个全局地址访问 Internet。

NAPT 通常与一个到 NAT 地址池的动态映射一起使用。这样,NAT 设备可以选用一对一的动态映射,直到可能的地址几乎被耗尽,然后 NAT 将利用剩余的地址。在思科路由器上,NAT 将首先复用地址池中的第一个地址,直到达到能力极限,然后再移至第二个地址,以此类推。

在思科路由器上配置 NAPT,可在全局配置模式下执行,如表 10-4 所示的命令。

表 10-4　NAPT 配置的命令与步骤

步　骤	命　令	说　明
第 1 步	ip nat pool name start-ip end-ip { netmask netmask | prefix-length prefix-length }	定义一个用于动态 NAT 转换的内部全局地址池
第 2 步	access-list access-list-number permit source [source-wildcard]	定义标准 ACL,匹配该 ACL 的内部本地地址可动态转换
第 3 步	ip nat inside source { list {access-list-number|name } pool name　overload}	配置内部本地地址和内部全局地址间的转换关系
第 4 步	interface iftype　mod/port	进入内部接口配置模式
第 5 步	ip nat inside	定义该接口连接内部网络
第 6 步	interface iftype　mod/port	进入外部接口配置模式
第 7 步	ip nat outside	定义该接口连接外部网络

与表 10-3 相对照,两者不同之处在于第 3 步。关键字"overload"使路由器可以由每个内部主机的 TCP 和 UDP 端口号区分使用同一本地 IP 地址的多个会话,从而可以用一个全局地址代表许多本地地址。

下面举例说明 NAPT 的配置方法。仍以图 10-15 为例,局域网使用的内部本地地址为10.1.1.0/24。现只有一个内部全局地址 210.29.193.1,这个地址配置在路由器的 s0/0/0 接口上。要求在边界路由器上正确配置动态 NAT 转换,以实现局域网与 Internet 的通信。

路由器配置如下:

```
Router(config)# ip nat pool naptout 210.29.193.1 210.29.193.1 netmask
255.255.255.0
!定义内部全局地址池"out",地址池中地址为 210.29.193.1
Router(config)# access-list 1 permit 10.1.1.0 0.0.0.255
!用标准 ACL 定义允许地址转换的内部本地地址范围为 10.1.1.0/24
Router(config)# ip nat inside source list 1 pool naptout overload
!配置内部本地地址与内部全局地址间的转换关系,带有 overload 参数
Router(config)# interface f0/0
```

```
Router(config-if)# ip address 10.1.1.1 255.255.255.0
Router(config-if)# ip nat inside
Router(config-if)# no shutdown
Router(config)# interface s0/0/0
Router(config-if)# ip address 210.29.193.1 255.255.255.0
Router(config-if)# ip nat outside
Router(config-if)# no shutdown
```

10.5 帧中继技术

10.5.1 帧中继协议概述

1. 什么是帧中继

帧中继(Frame Relay，FR)是面向连接的广域网数据交换协议，它工作在 OSI 参考模型的物理层和数据链路层，属于典型的包交换技术。帧中继的操作与 X.25 类似，但是比 X.25 更有效，普遍认为它是 X.25 的替代品。X.25 基于模拟线路，网络设施质量较差。为保证网络数据传输的可靠性，数据链路层的每个节点都要对收到的数据做大量的检查和处理，如差错校验等。同时还要保留原始帧的副本，直到它们收到来自下一个节点的确认消息为止。所以导致延迟时间较长，传输速率较慢。而帧中继建立在大容量、低损耗、低误码率的数字线路之上，噪声较小。它舍去了 X.25 复杂的第三层查错和重发机制，中间节点只转发帧而不回送确认帧，只是在目的节点收到一帧后才回送端到端的确认，从而加快了网络的传输速率。

帧中继的工作原理是节点收到帧的目的地址后立即转发，无须等待收到整个帧并做相应的处理后再转发。如果帧在传输过程中出现差错，则当节点检测到差错时，可能该帧的大部分内容已被转发到了下一个节点。这使得帧中继被归为一种"不可靠"的服务，但连接两端的帧中继设备负责使帧中继成为一种可靠的服务，它们为帧中继执行查错和重发机制。当检测到该帧有错误时，节点立即停止转发，并发一个指示到下一个节点，下一个节点接到指示后立即终止转发并将该帧丢弃，然后请求源节点重发。这种正在接收一个帧时就对其转发的方式称为快速分组交换。帧中继的最大带宽可达到 2Mbps。

2. 帧中继的虚电路

帧中继传输是基于虚电路的。根据建立虚电路的不同方式，可以将虚电路分为两种类型：永久虚电路(PVC)和交换虚电路(SVC)。

永久虚电路是永久建立的链路，由 ISP 在其帧中继交换机静态配置交换表实现，不管电路两端的设备是否连接上，它总是为其保留相应的带宽。PVC 减少了与虚电路的建立和终止相联系的带宽占用，但因为需要经常性地保持虚电路有效，所以也相应地增加了费用。

交换虚电路是通过某协议协商产生的虚电路，这种虚电路根据需要动态建立，并在数据传输完成后就断开，主要用于偶然的数据传输情况。

目前在帧中继中使用最多的方式是永久虚电路方式。

3. 帧中继地址 DLCI

帧中继协议是一种统计方式的多路复用服务，它允许在同一物理连接中共存多个逻辑连接(通常也称为信道)。这就是说，它在单一物理传输线路上能够提供多条虚电路。每条虚电路是用数据链路连接标识符(Data Link Connection Identifer，DLCI)来标识的。DLCI 只具有本地的意义，也就是在 DTE-DCE 之间有效，不具有端到端的 DTE-DTE 之间的有效性。即在帧中继网络中，不同的物理接口上相同的 DLCI 并不表示是同一个虚连接。DLCI 的长度为 10b，其最大值可达 1024，因此帧中继网络用户接口上最多可支持 1024 条虚电路，其中用户可用的 DLCI 范围是 16～991。由于帧中继虚电路是面向连接的，本地不同的 DLCI 连接到不同的对端设备，因此我们可以认为 DLCI 就是 DCE 提供的"帧中继地址"。

4. 静态地址映射

帧中继的地址映射是把对端设备的 IP 地址与本地的 DLCI 相关联，以使网络层协议使用对端设备的 IP 地址能够寻址到对端设备。帧中继主要用来承载 IP，在发送 IP 报文时，根据路由表只知道提出报文的下一跳 IP 地址。发送前必须由下一跳 IP 地址确定它对应的 DLCI。这个过程通过查找帧中继地址映射表来完成，因为地址映射表中存放的是下一跳 IP 地址和 DLCI 的映射关系。地址映射表的每一项均由服务商在帧中继交换机中手工配置。

当交换机收到一个数据帧时，首先进行 CRC 校验。如果正确，就从帧中取出 DLCI 地址，然后与地址映射表比较，该表将告诉交换机的哪个输出端口对应于该 DLCI，也就是对应于 PVC。找到对应的输出端口后，交换机就将该帧通过这个端口发送出去。如果校验错误，交换机就将该帧丢弃。

5. 本地管理信息 LMI

帧中继提供了一个帧中继交换机和 DTE(路由器)之间的简单信令，这个信令就是 LMI(Local Management Interface)。LMI 包括多种路由器和帧中继交换设备间的信号标准，可用来管理和维护设备间的状况。LMI 的主要目的如下：

- 确定路由器知道的 PVC 的操作状态。
- 发送维持数据包，以保证 PVC 始终处于有效状态，不因暂时无数据发送而失效。
- 通知路由器哪些 PVC 可以使用。

LMI 有以下 3 种类型。

- Cisco：由思科公司和另外三家公司组成的企业联盟定义的类型。
- ANSI：由 ANSI(美国国家标准协会)制定的标准。
- Q933a：由 ITU-T Q.933 附录 A 制定的标准。

在帧中继交换机和路由器之间必须采用相同的 LMI 类型。通常用户在申请 PVC 时，ISP 会通知用户所使用的 LMI 类型。思科路由器在 11.2 版本以后的 IOS 中具有自动检测 LMI 类型的功能。

10.5.2　帧中继协议的配置

1. 帧中继配置的命令

(1) 开启帧中继交换功能。

把路由器当成帧中继交换机，命令如下：

```
Router(config)# frame-relay switching
```

(2) 配置帧中继数据封装。

在接口配置模式下使用 encapsulation frame-relay 命令进行帧中继数据封装，命令如下：

```
Router(config-if)# encapsulation  frame-relay [ cisco | ietf ]
```

cisco 和 ietf 为帧中继协议的封装格式。cisco 是思科路由器的默认格式，ietf 为遵守 IETF 标准的数据封装形式。如果思科路由器与其他厂家路由设备相连，则应使用 ietf 格式。

(3) 设置 LMI 类型。

```
Router(config-if)# frame-relay lmi-type {ansi | cisco | q933a}
```

思科路由器默认的 LMI 类型为 cisco。从 Cisco IOS 11.2 版本开始，支持本地管理接口 LMI 自动识别，这使得接口自动确定交换机支持的 LMI 类型，用户可以不明确配置 LMI 接口类型。

(4) 映射协议地址与 DLCI 号。

使用静态映射表将指定的下一个中继协议地址映射到指定的 DLCI。静态映射不需要反向 ARP 请求，反向 ARP 是在帧中继网络中建立动态地址的一种方法。反向 ARP 允许路由器或访问服务器发现与虚电路相联系的设备的网络协议地址。提供静态映射时，指定 DLCI 上指定协议的反向 ARP 自动无效。

当在另一终端上的路由器根本不支持反向 ARP 时，或当帧中继上的指定协议不支持反向 ARP 时，必须使用静态映射。定义指定协议地址与 DLCI 之间的静态路由命令如下：

```
Router(config-if)# frame-relay map protocol protocol-address dlci
[broadcast]
```

protocol 参数指定了所支持的协议，例如 IP、AppleTalk 协议、DECnet 协议以及 IPX 协议等；protocol-address 参数指定了该协议的地址；dlci 参数指定了虚拟电路的 DLCI 号；broadcast 关键字规定多路广播无效时应转发广播。

例如：将目标 IP 地址 172.16.120.1 映射到 DLCI 100 的实例如下。

```
Router(config)# interface s0/0/1
Router(config-if)# frame-relay map ip 172.16.120.1  100  broadcast
```

(5) 定义子接口。

```
Router(config)# interface intrface-type number sub {multipoint |
point-to-point}
```

其中：multipoint 为多台路由器通过一条虚电路连接到本地路由器；point-to-point 为一条路由器连接到本地路由器。

(6) 为子接口定义一个 DLCI。

```
Router(config-if)# frame-relay interface-dlci dlci [ietf | cisco]
```

每个子接口都必须用它的 DLCI 进行标识。如果有必要，则可以为每个子接口设置封装类型。如果没有设置，就从主物理接口的类型继承。

（7） 清除动态创建的帧中继连接映射。

```
Router# clear   frame-relay-inarp
```

（8） 相关 show 命令。

```
Router# show  interface  intrface-type  number
```

显示有关封装和第一层及第二层的状态信息。

```
Router# show  frame-relay  lmi
```

显示 LMI 通信量统计数据。

```
Router# show  frame-relay  pvc  [pvc-id]
```

显示路由器上配置的所有 PVC 的状态或者指定 PVC 的状态。

```
Router# show  frame-relay  map
```

显示连接的当前映射条目和信息，可以查看配置的静态映射条目，也可以查看路由器获知的反向 ARP 条目。

2. 帧中继配置实例

（1） 将图 10-16 中的思科路由器 R2 配置为帧中继交换机。

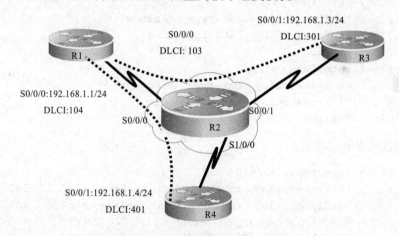

图 10-16 将路由器配置为帧中继交换机

配置步骤如下：

① 开启帧中继交换功能。

```
R2(config)# frame-relay  switching          ！开启帧中继交换功能
```

② 配置接口帧中继封装。

```
R2(config)# interface  s0/0/0
R2(config-if)# no  shutdown
R2(config-if)# clock rate  64000
！该接口为 DCE，要配置时钟
R2(config-if)# encapsulation  frame-relay
```

```
!进行帧中继封装，取默认封装类型 cisco
R2(config-if)# exit
R2(config)#interface s0/0/1
R2(config-if)# no shutdown
R2(config-if)# clock rate 64000
R2(config-if)# encapsulation  frame-relay
R2(config-if)# exit
R2(config)# interface s1/0/0
R2(config-if)# no shutdown
R2(config-if)# clock rate 64000
R2(config-if)# encapsulation  frame-relay
R2(config-if)# exit
```

③ 配置 LMI 类型。

```
R2(config)# interface  s0/0/0
R2(config-if)# frame-relay  lmi-type  cisco
! 配置 LMI 类型
R2(config-if)# frame-relay  intf-type  dce
```
!将该接口配置为帧中继的 DCE。要注意的是，这里的帧中继接口 DCE 与 s0/0/0 接口是 DCE 还是 DTE 无关，也就是说即使 s0/0/0 是 DTE，也可以把它配置为帧中继的 DCE
```
R2(config-if)#exit
R2(config)# interface  s0/0/1
R2(config-if)# frame-relay  lmi-type  cisco
R2(config-if)# frame-relay  intf-type  dce
R2(config-if)# exit
R2(config)# interface  s1/0/0
R2(config-if)# frame-relay  lmi-type  cisco
R2(config-if)# frame-relay  intf-type  dce
R2(config-if)#exit
```

④ 配置帧中继交换表。

```
R2(config)# interface  s0/0/0
R2(config-if)# frame-relay  route  103  interface  s0/0/1  301
R2(config-if)# frame-relay  route  104  interface  s1/0/0  401
```
!如果 s0/0/0 接口收到 DLCI=103 的帧，则经过 s0/0/1 接口交换出去，并将 DLCI 改为 301
!如果 s0/0/0 接口收到 DLCI=104 的帧，则经过 s1/0/0 接口交换出去，并将 DLCI 改为 401
```
R2(config-if)# exit
R2(config)# interface  s0/0/1
R2(config-if)# frame-relay  route  301  interface  s0/0/0  103
R2(config-if)# exit
R2(config)# interface  s1/0/0
R2(config-if)# frame-relay  route  401  interface  s0/0/0  104
R2(config-if)#exit
```

⑤ 实训调试。
可采用如下命令进行查看。

```
R2#Show  frame-relay  route
R2#Show  frame-relay  pvc
```

R2#**Show frame-relay lmi**

(2) 配置点对点子接口实例。

所谓子接口实际上是一个逻辑的接口，而并不存在真正物理上的子接口。子接口有两种类型：点对点、点对多点。采用点对点子接口时，每一个子接口用来连接一条 PVC，每条 PVC 的另一端连接到另一路由器的一个子接口或物理接口。这种子接口的连接与通过物理接口的点对点连接效果是一样的。每一对点对点的连接都在不同的子网中。如图 10-17 所示，RA 的两个子接口在不同的子网上。

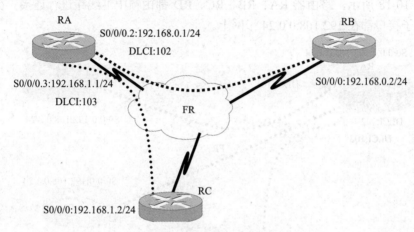

图 10-17 点对点子接口配置实例拓扑图

在配置子接口时，由于每个 PVC 被当作一个点对点连接，因此可以像配置物理接口那样配置。所不同的是有的配置在物理接口上进行，而有的配置在子接口上进行。

配置命令如下：

```
RA(config)# interface s0/0/0
RA(config-if)# no ip adress
!删除其原有的 IP
RA(config-if)# encapsulation fram-relay
!封装帧中继，默认类型为 cisco
RA(config-if)# frame-relay lmi-type cisco
RA(config-if)# no shutdown
RA(config-if)# exit
RA(config)# interface s0/0/0.2 point-to-point
!创建一个点对点的子接口
RA(config-if)#ip address 192.168.0.1 255.255.255.0
RA(config-if)# fram-relay interface-dlci 102
!给路由器上的子接口 s0/0/0.2 指定一个帧中继 dlci。此处不能使用 frame-relay map ip
命令来配置帧中继映射
RA(config-if)# exit
RA(config)# interface s0/0/0.3 point-to-point
!用同样的方法配置 s0/0/0.3 子接口
RA(config-if)#ip address 192.168.1.1 255.255.255.0
RA(config-if)#fram-relay interface-dlci 103
RA(config-if)#end
```

RA#

> **注意：** 可以使用 no interface s0/0/0.3 命令来删除子接口，然而重新启动路由器该子接口才真正被删除。

(3) 配置点对多点子接口实例。

一个点对多点接口被用来建立多条 PVC，这些 PVC 连接到远端路由器的多个子接口或物理接口。这时，所有加入连接的接口(不管是物理接口还是子接口)都应该在同一个子网上。如图 10-18 所示，路由器 RA、RB、RC、RD 都由帧中继线路进行连接。在 RA 上创建的 3 个子接口都在 192.168.0.0/24 子网上。

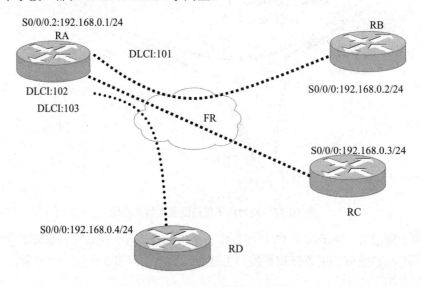

图 10-18 多点子接口配置实例拓扑图

路由器 RA 上的点对多点子接口的配置如下：

```
RA(config)# interface  s0/0/0
RA(config-if)# no  ip  address
!删除其原有的IP
RA(config-if)# encapsulation  frame-relay
!封装帧中继，默认类型为cisco
RA(config-if)# frame-relay  lmi-type  cisco
RA(config-if)# no  shutdown
RA(config-if)# exit
RA(config)# interface  s0/0/0.2  multipoint
!创建一个多点子接口
RA(config-if)#ip  address  192.168.0.1  255.255.255.0
RA(config-if)# frame-relay  map  ip  192.168.0.2  101  broadcast
RA(config-if)# frame-relay  map  ip  192.168.0.3  102  broadcast
RA(config-if)# frame-relay  map  ip  192.168.0.4  103  broadcast
!将目标地址192.168.0.2映射到DLCI  101，将192.168.0.3映射到DLCI  102，将
192.168.0.4映射到DLCI  103，允许转发广播
RA(config-if)# exit
RA(config)#
```

本 章 小 结

广域网技术主要体现在物理层和数据链路层。物理层描述广域网连接的电气、机械的运行和功能，而数据链路层则描述帧如何在系统之间的单一路径上进行传输和帧的封装。HDLC、PPP 以及帧中继是广域网上常用的封装。HDLC 是一个点对点的数据传输协议。思科 HDLC 和 ISO HDLC 互不兼容。在具体组网时，如果链路的两端都是思科设备，则可采用思科 HDLC 协议；但如果思科设备与非思科设备连接，则不能采用 HDLC 协议，而应采用 PPP。PPP 是提供在点对点链路上承载网络层数据包的一种数据链路层协议，它定义了一整套协议，包括链路控制协议(LCP)、网络层控制协议(NCP)和认证协议(PAP 和 CHAP)。PAP 认证通过两次握手建立，口令以明文方式发送，安全性较低；CHAP 认证通过三次握手建立，口令以密文方式发送，安全性较高。帧中继是一种采用虚电路，面向连接服务的广域网技术。它在单一物理传输线路上能够提供多条虚电路。每条虚电路用数据链路连接标识符 DLCI 来标识。帧中继的地址映射是把对端设备的 IP 地址与本地的 DLCI 相关联，以使得网络层协议使用对端设备的 IP 地址能够寻址到对端设备。地址映射表的每一项由服务商在帧中继交换机中手工配置。本地管理接口 LMI 是帧中继交换机和 DTE 之间的信令，它有三种类型：思科、ANSI 和 Q993。NAT 是一种将一个 IP 地址域转换到另一个 IP 地址域的技术，它有三种类型：静态 NAT、动态 NAT 和网络地址端口转换 NAPT。其中 NAPT 使用十分广泛。

本 章 实 训

本章所有的实训，如无硬件设备，建议使用思科 Packet Tracer 软件进行。

实训 1　HDLC 和 PPP 封装

1. 实训目的

通过该实训，让学生可以掌握如下技能：

(1) 串行线路上的封装概念。

(2) HDLC 封装。

(3) PPP 封装。

2. 实训拓扑

实训 1 的拓扑结构见图 10-19。

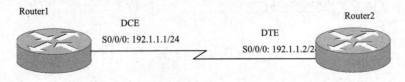

Router1　DCE　S0/0/0: 192.1.1.1/24　　DTE　S0/0/0: 192.1.1.2/24　Router2

图 10-19　实训 1 拓扑结构

3. 实训步骤

(1) 在两路由器上配置 IP 地址，保证其连通。

```
Router1(config)# interface s0/0/0
Router1(config-if)# ip address 192.1.1.1 255.255.255.0
Router1(config-if)#clock rate 64000
Router1(config-if)# no shutdown
Router1(config-if)# end
Router1#show interface s0/0/0
Router2(config)# interface s0/0/0
Router2(config-if)# ip address 192.1.1.2 255.255.255.0
Router2(config-if)# no shutdown
Router2(config-if)# end
Router2#show interface s0/0/0
```

(2) 改变串行链路两端的接口封装为 PPP 封装。

```
Router1(config)# interface s0/0/0
Router1(config-if)# encapsulation PPP
Router1(config-if)# end
Router2(config)# interface s0/0/0
Router2(config-if)# encapsulation PPP
Router2(config-if)# end
Router1# show interface s0/0/0
```

4. 实训调试

(1) 测试 Router1、Router2 之间的连通性。

```
Router1#ping 192.1.1.2
```

(2) 将串行线路两端封装不同协议，验证两路由器之间是否连通。

```
Router1(config)# interface s0/0/0
Router1(config-if)# encapsulation PPP
Router1(config-if)# end
Router2(config)# interface s0/0/0
Router2(config-if)# encapsulation HDLC
Router2(config-if)# end
Router1#show interface s0/0/0
```

实训 2   PAP 认证

1. 实训目的

掌握 PAP 认证方式的配置与验证方法。

2. 实训拓扑

如图 10-19 所示。

3. 实训步骤

(1) 在两端路由器上配置 IP 地址及时钟(实训 1 已做)。

(2) 在远程路由器 Router1(客户端)上进行 PPP 封装。

```
Router1(config)# interface s0/0/0
Router1(config-if)# encapsulation PPP
```

(3) 在远程路由器 Router1(客户端)上配置的中心路由器 Router2(服务端)上登录用户名和密码。

```
Router1(config-if)# PPP pap sent-username Router1 password 123456
```

(4) 在中心路由器 Router2(服务端)上采用 PPP 封装。

```
Router2(config)# interface s0/0/0
Router2(config-if)# encapsulation PPP
```

(5) 在中心路由器 Router2(服务端)上，配置 PAP 验证。

```
Router2(config-if)# PPP authentication pap
```

(6) 在中心路由器 Router2(服务端)上添加远程路由器 Router1(客户端)设置的用户名和密码。

```
Router2(config-if)# username Router1 password 123456
```

以上步骤完成了 Router1 在 Router2 上的单向验证。但在实际应用中常采用双向验证，可用同样的方法完成 Router2 在 Router1 上的验证。

(7) 在远程路由器 Router2(客户端)上配置的中心路由器 Router1(服务端)上登录用户名和密码。

```
Router2(config-if)# PPP pap sent-username Router2 password 654321
```

(8) 在中心路由器 Router1(服务端)上配置 PAP 验证。

```
Router1(config-if)# PPP authentication pap
```

(9) 在中心路由器 Router1(服务端)上添加的远程路由器 Router2(客户端)上设置用户名和密码。

```
Router2(config-if)# username Router2 password 654321
```

4. 实训调试

```
Router1# debug PPP authentication
```

使用"debug PPP authentication"命令可以查看 PPP 认证过程。

实训 3 CHAP 认证

1. 实训目的

掌握 CHAP 认证方式的配置与验证方法。

2. 实训拓扑

见图 10-19。

3. 实训步骤

(1) 在两端路由器上配置 IP 地址及时钟(实训 1 已做)。

(2) 使用"username 用户名 password 密码"命令为对方配置用户名和密码。

```
Router1(config-if)# username  Router2  password  123456
Router2(config-if)# username  Router1  password  123456
```

要求用户名为对方路由器名,双方密码必须相同。

(3) 路由器两端串口采用 PPP 封装,并配置 CHAP 验证。

```
Router1(config)# interface  s0/0/0
Router1(config-if)# encapsulation  ppp
Router1(config-if)# ppp  authentication   chap
Router2(config)# interface  s0/0/0
Router2(config-if)# encapsulation  ppp
Router2(config-if)# ppp  authentication   chap
```

4. 实训调试

```
Router1# debug  ppp  authentication
```

使用"debug PPP authentication"命令可以查看 PPP 认证过程。

实训 4   配置静态 NAT

1. 实训目的

掌握静态 NAT 的特征、配置及调试方法。

2. 实训拓扑

实训 4 的拓扑结构参见图 10-20。

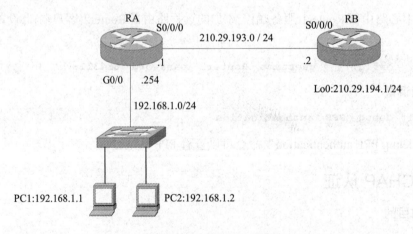

图 10-20   静态 NAT 配置

3. 实训步骤

(1)　配置路由器 RA 提供静态 NAT 服务。

```
RA(config)# ip nat inside source static   192.168.1.1  210.29.193.3
RA(config)# ip nat inside source static   192.168.1.2  210.29.193.4
!配置静态 NAT 映射
RA(config)# interface g0/0
RA(config-if)#ip nat  inside
!把 RA 的 g0/0 接口配置成 NAT 的内部接口
RA(config-if)#exit
RA(config)# interface s0/0/0
RA(config-if)# ip nat  outside
!把 RA 的 s0/0/0 接口配置成 NAT 的外部接口
RA(config-if)# exit
RA(config)# router rip
RA(config-router)# version 2
RA(config-router)# no auto-summary
!关闭路由信息自动汇总功能
RA(config-router)# network 210.29.193.0
```

(2)　配置路由器 RB。

```
RB(config)# router rip
RB(config-router)# version 2
RB(config-router)# no auto-summary
!关闭路由信息自动汇总功能
RB(config-router)#network 210.29.193.0
RB(config-router)#network 210.29.194.0
```

4. 实训调试

先在 PC1、PC2 上 ping 210.29.194.1(RB 上的环回地址)，再执行以下命令：

```
RA# debug ip nat
!查看地址翻译过程
RA# show ip nat translations
!查看 NAT 表
```

实训 5　配置动态 NAT

1. 实训目的

掌握动态 NAT 的特征、配置及调试方法。

2. 实训拓扑

见图 10-20。

3. 实训步骤

(1)　配置路由器 RA 提供动态 NAT 服务。

```
RA(config)# ip nat pool  NAT  210.29.193.3  210.29.193.254  netmask
255.255.255.0
```
!配置动态 NAT 转换的地址池，包括 IP 地址 210.29.193.3-210.29.193.254
```
RA(config)# ip nat inside  source  list 1 pool  NAT
```
!配置动态 NAT 映射
```
RA(config)# access-list 1 permit 192.168.1.0  0.0.0.255
```
!允许动态 NAT 转换的内部地址范围
```
RA(config)# interface  g0/0
RA(config-if)# ip nat  inside
```
!把 RA 的 g0 接口配置为 NAT 的内部接口
```
RA(config-if)# exit
RA(config)# interface  s0/0/0
RA(config-if)# ip nat outside
```
!把 RA 的 s0/0/0 接口配置为 NAT 的外部接口
```
RA(config-if)# exit
RA(config)# router  rip
RA(config-router)# version  2
RA(config-router) # no  auto-summary
```
!关闭路由信息自动汇总功能
```
RA(config-router)#network  210.29.193.0
```

(2) 配置路由器 RB。

```
RB(config)# router  rip
RB(config-router)# version  2
RB(config-router)# no  auto-summary
RB(config-router)# network  210.29.193.0
RB(config-router)# network  210.29.194.0
```

4. 实训调试

先在 PC1、PC2 上 ping 210.29.194.1(RB 上的环回地址)和 telnet 210.29.194.1，再执行以下命令：

```
RA# debug ip nat
```
!查看地址翻译过程
```
RA# show ip nat  translations
```
!查看 NAT 表
```
RA# show  ip nat  statistics
```
!查看 NAT 转换的统计信息

实训 6   配置 NAPT

1. 实训目的

掌握 NAPT 的特征、配置及调试方法。

2. 实训拓扑

见图 10-20。

3. 实训步骤

(1) 配置路由器 RA 提供 NAPT 服务。

```
RA(config)# ip nat pool  NAT  210.29.193.3  210.29.193.254  netmask
255.255.255.0
!配置动态 NAT 转换的地址池，包括 IP 地址 210.29.193.3-210.29.193.254
RA(config)# ip nat inside  source  list 1 pool  NAT  overload
!配置 NAPT
RA(config)# access-list  1   permit  192.168.1.0   0.0.0.255
!允许动态 NAT 转换的内部地址范围
RA(config)# interface  g0/0
RA(config-if)# ip  nat   inside
!把 RA 的 g0/0 接口配置成 NAT 的内部接口
RA(config-if)# exit
RA(config)# interface  s0/0/0
RA(config-if)# ip  nat  outside
!把 RA 的 s0/0/0 接口配置成 NAT 的外部接口
RA(config-if)# exit
RA(config)# router  rip
RA(config-router)# version  2
RA(config-router)# no  auto-summary
!关闭路由信息自动汇总功能
RA(config-router)# network  210.29.193.0
```

(2) 配置路由器 RB。

```
RB(config)# router  rip
RB(config-router)#version  2
RB(config-router)#no  auto-summary
!关闭路由信息自动汇总功能
RB(config-router)#network  210.29.193.0
RB(config-router)#network  210.29.194.0
```

4. 实训调试

先在 PC1、PC2 上 ping 210.29.194.1(RB 上的环回地址)和 telnet 210.29.194.1，再执行以下命令：

```
RA#debug  ip  nat
!查看地址翻译过程
RA#show  ip  nat  translations
!查看 NAT 表
RA#show  ip  nat  statistics
!查看 NAT 转换的统计信息
```

复习自测题

一、填空题

1. 用_____命令查看 NAT 转换表。

2. NAT 有＿＿＿＿＿＿＿、＿＿＿＿＿＿＿、＿＿＿＿＿＿三种类型。

3. 广域网技术主要涉及 OSI 的＿＿＿＿＿层和＿＿＿＿＿层。

4. 广域网链路主要有四类:＿＿＿＿＿＿、＿＿＿＿＿＿、＿＿＿＿＿、＿＿＿＿＿。

5. LMI 的类型有＿＿＿＿、＿＿＿＿＿和＿＿＿＿＿。

6. 在帧中继中，可以实现 IP 地址和 DLCI 映射的方法有＿＿＿＿和＿＿＿＿＿＿。

7. 帧中继的封装类型有＿＿＿＿＿＿＿＿＿＿＿＿＿和＿＿＿＿＿＿＿＿。

8. 采用点对多点子接口时，不同 PVC 对应的子接口应在＿＿＿＿的子网上；采用点对点子接口时，不同 PVC 对应的子接口应在＿＿＿＿＿＿的子网上。

二、简答题

1. 相对于 X.25 分组交换网，帧中继有什么优点？

2. PPP 会话的建立有哪些过程？

3. PAP 认证与 CHAP 认证有何区别？

4. 帧中继的封装类型有哪些？

5. 在路由器上配置帧中继有哪些步骤？

6. 什么是帧中继 LMI？LMI 的作用是什么？

7. NAT 的作用是什么？试叙述各种类型的 NAT 的工作原理。

高职高专立体化教材 计算机系列

参 考 文 献

[1]　[美]Kenneth D. Reed. TCP/IP 基础. 7 版[M]. 北京：电子工业出版社，2004.

[2]　　[美]里德. 网络互联设备. 7 版[M]. 北京：电子工业出版社，2004.

[3]　梁广民，王隆杰. 思科网络实验室路由、交换实验指南[M]. 北京：电子工业出版社，2007.

[4]　梁广民，王隆杰. 网络设备互联技术[M]. 北京：清华大学出版社，2006.

[5]　宁芳露，杨旭东. 网络互联及路由器技术教程与实训[M]. 北京：北京大学出版社，2005.

[6]　甘刚，孙继军. 网络设备配置与管理[M]. 北京：中国水利水电出版社，2006.

[7]　　[美]Cisco Systems 公司. 思科网络技术学院教程. 3 版[M]. 北京：人民邮电出版社，2004.

[8]　H3C. H3C 网络学院教程(第五学期)[M]. 北京：杭州华三公司，2007.

[9]　冯昊，黄治虎，伍技祥. 交换机/路由器的配置与管理[M]. 北京：清华大学出版社，2005.

[10]　刘晓辉，刘险峰，王雪梅. 网络硬件设备完全技术宝典. 3 版[M]. 北京：中国铁道出版社，2013.

[11]　贾卓生. 互联网及其应用[M]. 北京：机械工业出版社，2011.